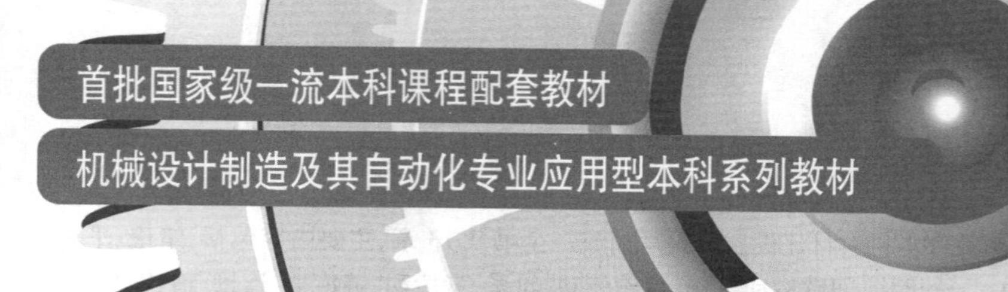


# 机械设计基础案例教程

主　编　刘　静　朱　花　于双洋
副主编　夏福中　常军然
参　编　谢文涓　杨华明

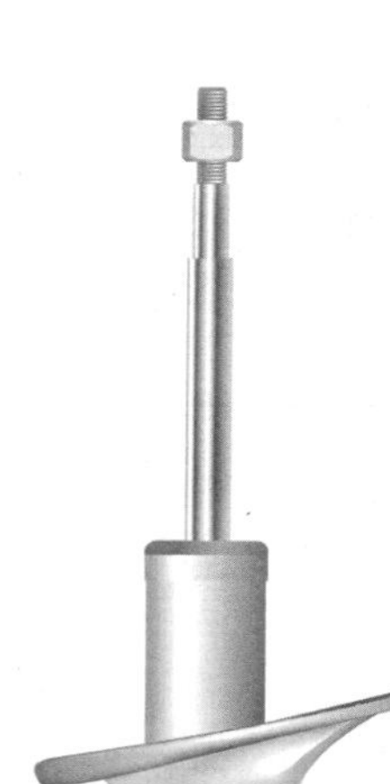

重庆大学出版社

## 内容简介

本书按照教育部“十四五”高等教育本科教材建设意见编写而成。全书共13章，主要内容包括：绪论、平面机构及其自由度、平面连杆机构、凸轮机构、间歇运动机构、齿轮传动、轮系、带传动、链传动、连接、轴、轴承、机械创新设计。每章均附有小结和一定量的习题。本书按32～40学时编写，在实际教学中，使用者可根据院校自身的特点和不同的专业要求，对教材内容进行取舍。本书还提供了大量与教学内容相关的动画视频、工程录像及彩色图片等，读者可通过扫描二维码观看相关内容。

本书可作为高等学校近机械类和非机械类专业机械设计基础课程的教材，也可作为自考教材，还可供工程技术人员参考。

**图书在版编目(CIP)数据**

机械设计基础案例教程 / 刘静，朱花，于双洋主编

. -- 重庆 : 重庆大学出版社，2021.8

机械设计制造及其自动化专业应用型本科系列教材

ISBN 978-7-5689-2693-5

Ⅰ. ①机… Ⅱ. ①刘… ②朱… ③于… Ⅲ. ①机械设计—案例—高等学校—教材 Ⅳ. ①TH122

中国版本图书馆CIP数据核字(2021)第091589号

**机械设计基础案例教程**

主编 刘 静 朱 花 于双洋

副主编 夏福中 常军然

策划编辑：范 琪

责任编辑：荀荟羽 版式设计：范 琪

责任校对：谢 芳 责任印制：张 策

*

重庆大学出版社出版发行

出版人：饶帮华

社址：重庆市沙坪坝区大学城西路21号

邮编：401331

电话：(023)88617190 88617185(中小学)

传真：(023)88617186 88617166

网址：http://www.cqup.com.cn

邮箱：fxk@cqup.com.cn (营销中心)

全国新华书店经销

重庆荟文印务有限公司印刷

*

开本：787mm×1092mm 1/16 印张：10.5 字数：272千

2021年8月第1版 2021年8月第1次印刷

ISBN 978-7-5689-2693-5 定价：35.00元

---

# 前言

本书在满足非机械类专业对机械设计基础课程要求的前提下,遵循“少而精、广而浅”的原则,强调实例应用,体现创新。编者参阅和借鉴了大量文献,结合多年的教学实践经验,本着理论与实践并行的原则,并考虑到专业的通用性特点而编写本书。本书具有以下特色:

(1)重在对机械结构设计宽泛、概貌的“面”上进行了解,而不求“点”上的深入介绍。例如:在机械结构设计所涉及的选材、通用零件、连接、机构、传动及标准件、标准化等方面,都让学生得到基本及概略的了解,而不在任何一方面迫切地追求深入。

(2)重在了解机械结构“可以实现什么样的应用目标”,而不在课程内深究其技术和设计细节。例如:对于各种机构,重在了解它们能完成怎样的运动动作,各有什么优缺点;对于各种传动形式,重在了解其不同的特点和适用条件等。而深入掌握和进一步设计应用,则留待学生日后继续深造。

(3)注重实践性。

①在结构上,每章都有相应的案例导入。如第 4 章“平面连杆机构”中,以瓦特蒸汽机等案例引入;第 7 章“齿轮机构”中,以指南针等案例引入。为了便于学生自学,在每一章的结尾对所述内容进行了归纳和总结,并附有一定量的习题。在编写方式上符合学生的认知规律,注重学生综合设计能力的熏陶与培养,使学生能初步掌握机械设计的整个过程。书中各章附有思考题和习题,例题、思考题、习题的选择均与工程应用背景相结合。

②在内容上,常用机构、连接、各种传动等理论内容都从实用出发,着重于阐明组成、特性对比和适用场合。尽量采用日常用品作为实例展开阐述,这类产品贴近工作实际,其直观性也有利于提高学生学习机械结构的兴趣。同时,加大实践性作业的比例,通过作业引导学生去观察实物、分析实物、动手拆装

产品实物，使学生在实践中学得更加灵活、牢靠和有趣。

（4）注重创新性。设计的核心是创新，而结构创新往往就是功能创新的基础，这应该是学习本课程的重点之一。对此本书针对专题知识，专门设置了第 13 章“机械创新设计”，给出多个创新设计案例，培养学生的学习兴趣，激发学生的创新意识，提高本课程的教学效果。

本书由刘静、朱花、于双洋担任主编，夏福中、常军然担任副主编，谢文涓、杨华明参与了全书的校对工作。

由于作者水平有限，书中难免存在缺点与不当，恳请读者给予批评指正。

编　者

2021 年 2 月

# 目录

# 第1章 绪论

在长期的生产实践中，人类为了减轻体力劳动，改善劳动条件，提高劳动生产率，发明创造了各种各样的机械，如汽车、缝纫机、洗衣机、拖拉机、电动机、机床等。机械行业虽然是一个比较古老的行业，但是它不会过时。世界上绝大多数先进、尖端的行业都是以机械行业为基础，例如“神舟十二号”载人飞船、“嫦娥五号”登月着陆器、“奋斗者号”深海探测器、微型医疗器械等，都可以看成机械行业科技进步和发展的产物。本章主要介绍机械、机器、机构及其组成，说明本课程的研究内容、课程性质和任务，简要介绍机械设计的一般要求和过程。

## 1.1 本课程研究的内容、性质和任务

### 1.1.1 机械及其组成

(1)零件

任何机器都是由许多零件组成的。若将一部机器拆卸，拆到不可再拆的最小单元就是零件。从制造工艺的角度来看，零件是加工的最小单元。根据使用范围的不同，机械零件可分为两类：一类为广泛用于各种机械的通用零件，如螺钉、键、销、轴、轴承、弹簧、齿轮等；另一类则是只用在某些机械中的专用零件，如风扇的叶片、洗衣机的波轮等。

(2) 构件

一个构件通常是由若干零件组成的。如内燃机中的连杆，其结构如图1.1所示，它由连杆体1、连杆螺栓2、螺母3和连杆头4等零件组成，这些零件刚性地连接在一起组成一个刚性系统，机器运动时作为一个整体来运动。所以，构件是一个由若干零件组成的刚性系统，是运动的最小单元。当然也有构件仅由一个零件组成。

(3)机构

机构是由若干构件组成的，机构的功用在于传递运动或改变运动的形式。如图1.2所示的凸轮机构，能将凸轮1的连续回转运动转变为推杆2的往复直线运动；图1.3所示的连杆机构，能将构件1的回转运动转变为构件3的往复摆动；图1.4所示的齿轮机构，则是通过一对相互啮合的齿轮，将主动轴的回转运动传递给从动轴。组成机构的各构件之间的相对运动是

有规律的。

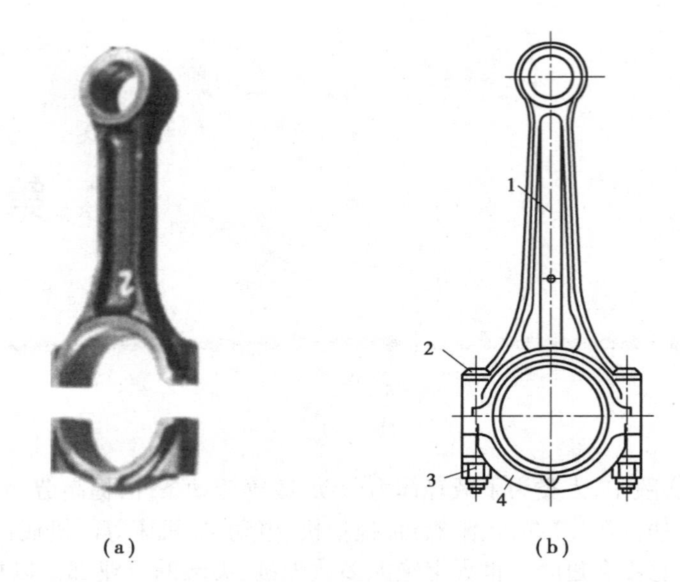


图1.1　内燃机连杆总成

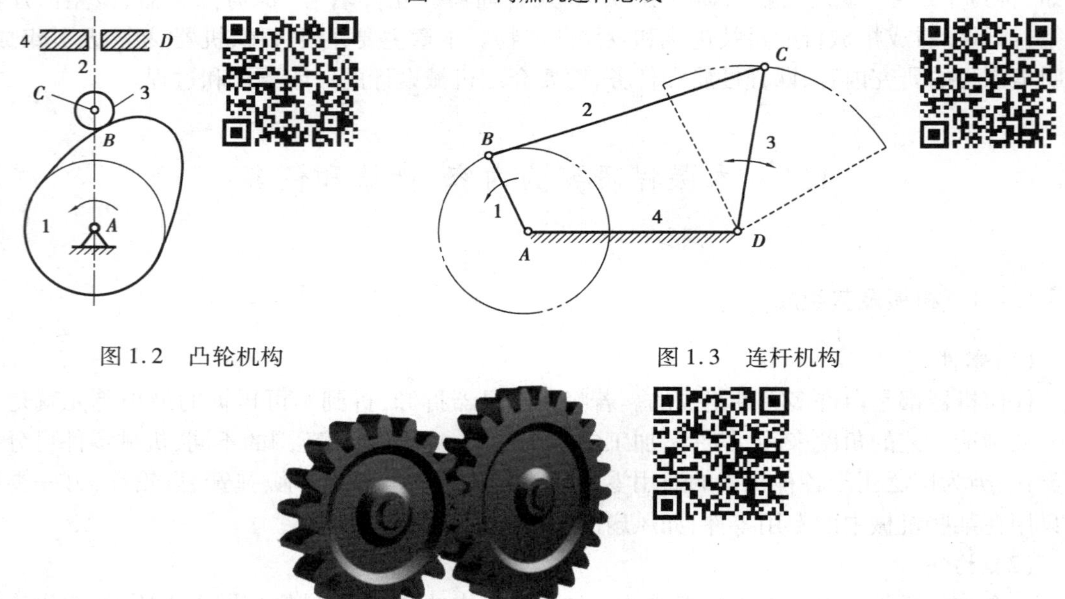


图1.2　凸轮机构

图1.3　连杆机构

图1.4　齿轮机构

(4)机器

机器是由若干机构组成的。机器的类型虽然很多,但组成机器的常用机构类型并不多,如常见的机床、起重机、缝纫机、内燃机等机器,都是由连杆机构、齿轮机构、凸轮机构、间歇运动机构等常用机构组合而成的。机器可用来变换或传递能量、物料和信息。如电动机或发电机用来变换能量,加工机械用来变换物料的状态,起重运输机械用来传递物料,计算机则用来变换信息等。现代机器种类繁多,形式多样,用途各异,常由以下几部分组成:

①原动机部分:电动机、内燃机、液压泵、空压机等。

②传动部分:带传动、链传动、齿轮传动、蜗杆传动等机构及其组合。

③执行部分:机器完成工作任务的部分,连接在传动部分的终端。

④控制部分:由机械、光电、电子等控制元器件组成。

(5)机械

机械的含义比较宽泛,是指机器和机构的总称。

**例** 1.1 分析四冲程内燃机的组成机构。

如图1.5所示为单缸四冲程内燃机。工作开始时,排气阀4关闭,进气阀3打开,燃气由进气管通过进气阀3被下行的活塞2吸入气缸体1的气缸内,然后进气阀3关闭,活塞2上行压缩燃气,点火后燃气在气缸中燃烧、膨胀产生压力,从而推动活塞下行,并通过连杆7使曲柄8转动,这样就把燃气的热能变换为曲柄转动的机械能。当活塞2再次上行时,排气阀4打开,燃烧后的废气通过排气阀4由排气管排出。曲轴8上的齿轮10带动两个齿轮9,从而带动两根凸轮轴转动,两个凸轮轴再推动两个推杆5,使它按预定的规律打开或关闭排气阀4和进气阀3。以上各机件协同配合、循环动作,便可使内燃机连续工作。组成内燃机的机构有:

①曲柄滑块机构:由活塞2、连杆7、曲轴8和气缸体1组成,把活塞的上下移动变换为曲轴的连续转动,实现了运动方式的变换。

②齿轮机构:由齿轮9、齿轮10和气缸体1组成,把曲轴的转动传递给了凸轮,两个齿轮的齿数比为1∶2,使曲轴转两周时,进气阀、排气阀各启闭一次,实现了运动的传递。

③凸轮机构:由凸轮6、进(排)气阀推杆5及气缸体1组成,把凸轮轴的转动变换成了推杆的上下移动,实现了运动方式的变换。

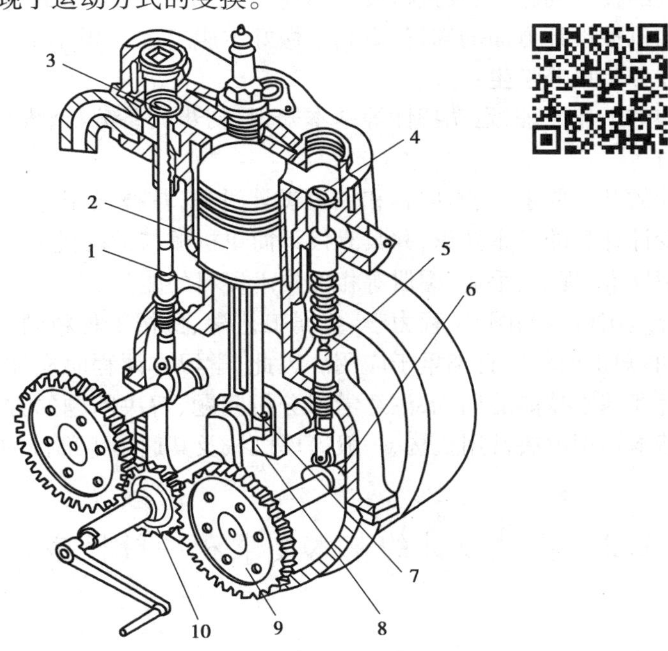


图1.5 单缸四冲程内燃机

1—气缸体;2—活塞;3—进气阀;4—排气阀;5—推杆;6—凸轮;7—连杆;8—曲轴;9,10—齿轮

虽然机器的种类很多,在我们的生活中普遍存在并发挥着各不相同的作用,这些机器的具体构造也各不相同,但是都具有三个共同的基本特征:机器都是由一系列构件(也称运动单元

体)组成;组成机器的各构件之间都具有确定的相对运动;机器能转换机械能或完成有用的机械功。

### 1.1.2 本课程研究的对象和内容

本课程的研究对象是机械,主要研究内容涉及机械系统中常用机构和通用零部件设计的基本概念、基本理论、基本方法和设计计算,以及与此相关的标准、规范、手册、图册等技术资料的应用。具体包括以下内容:

①机械设计基础知识,主要介绍机械、机器、机构及其组成,机械设计的基本要求及一般设计程序。

②常用机构及机械传动,主要包括平面机构的自由度、平面连杆机构、凸轮机构、齿轮机构、轮系、带传动、链传动等。

③通用机械零部件,主要包括螺纹连接、键连接、销连接、滚动轴承、联轴器、轴等。

④机械创新设计简介,主要介绍创新技法及机械创新案例。

### 1.1.3 本课程的性质和任务

机械设计基础课程是一门技术基础课程,比较集中地体现了基础理论与实践经验的综合,对培养学生的设计能力和创新意识起着至关重要的作用。随着科学技术的不断进步,生产过程机械化和自动化水平不断提高,机械的应用日益广泛。各个专业的工程技术人员都会或多或少地遇到机械系统的设计问题,以及机械设备的使用、维护、改进和管理等问题。因此,工程技术人员具备一定的机械设计方面的知识,更利于做好本职工作,为国民经济建设服务。

本课程的主要任务是培养学生:

①掌握常用机构的工作原理、运动特性等基本知识,初步具备分析、设计基本机构和确定机构运动方案的能力。

②了解机械设计的基本要求、基本内容和一般设计过程,掌握通用零部件的工作原理、结构特点、材料选用、设计计算的基本知识,并具有设计简单机械与常用机械装置的能力。

③培养学生运用标准、规范、手册、图册等相关技术资料的能力。

本课程需要综合运用机械制图、工程力学、金属工艺学、机械工程材料与热处理等先修课程的知识,课程涉及的知识面较广且偏重于应用。因此,学习本课程时应注重理论联系实际,重视基本概念的理解和基本技能的训练,注意学习分析问题、解决问题的方法,力求达到能够运用本课程所学的基本知识解决常用机构、一般简单机械及其通用零部件的设计问题的目的。

## 1.2 机械设计的基本要求和一般程序

### 1.2.1 机械设计的基本要求

一般来说,机械设计有以下基本要求:

(1)实现预期功能要求

设计的机械能够实现预定的功能,并在规定的工作条件下、规定的工作期限内能正常工作。这主要靠正确地选择机器的工作原理，设计或选用能够全面实现功能要求的执行机构、传动机构和原动机，以及合理地配置必要的辅助系统来实现。

(2)满足经济性要求

机器的经济性指标由两部分组成，其一是机器整体的制造成本，其二则是该机器的运行费用。一方面，在满足机器功能的前提下，对制造商而言，其成本应越低越好；另一方面，用户使用机器的运行费用则应尽可能少，即其易损件更换周期长、水电或燃料消耗低、连续工作时间长等。

(3)满足安全性要求

从理论上讲，任何一台机器的运行都不应该引起人民生命财产的损失。为此，设计机器必须坚持“以人为本、安全第一”的原则。

首先，要根据机器的使用人群来制定相应的安全标准。例如，面向婴幼儿、病残人或年老体弱者的机械产品，其安全性要求极为严格；面向家庭妇女使用的家用机械，其操作必须简便，不能因为误操作而导致危险。

其次，机器的所有运动部件都要用护罩将其与外界隔离；机器的外表轮廓不得出现锐边或尖角；机器四周某些必要的突出部分应尽量采用较小尺寸，或用鲜明色彩标示；某些大型的机器设备则应设计相应的人行安全通道等。

最后，除特殊需要外，所有机器运转时都要远离共振区，或者所有转子机械的工作转速都要远离临界转速。

(4)满足造型美观要求

机械产品的造型直接影响到产品的销售和竞争力，运用工业艺术造型设计方法设计出物美价廉、富有时代感的机械产品是机械设计中不可忽视的环节。

(5)满足环境保护要求

所设计的机器应符合劳动保护法规的要求，降低机器运转时的噪声水平，防止有毒、有害介质的渗漏，对废气和废液进行治理，改善操作者及机械的环境。

### 1.2.2 机械设计的一般程序

机械产品设计分为开发性设计、适应性设计、变型设计三种类型。开发性设计所研制的产品，其原理和结构都是新的，是最具代表性的设计。机械设计的程序，在不同国家，甚至不同企业均不尽相同，但大致可分为产品规划、原理方案设计、结构方案设计、技术设计，以及与设计密切相关的试制、生产、销售等步骤。每个阶段的内容和目标如图1.6所示。

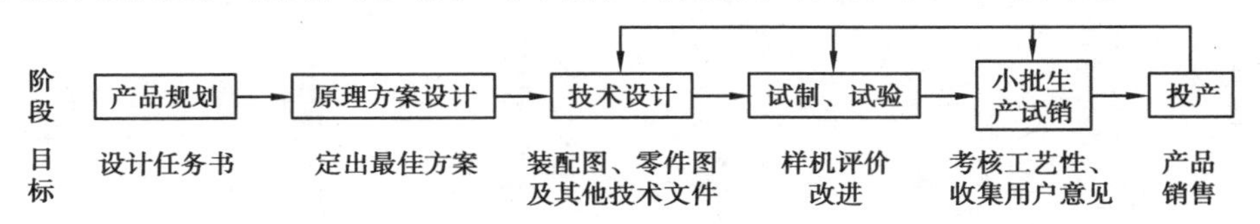


图1.6 机械设计的一般程序

机械设计过程是一个创造性的工作过程，同时也是一个尽可能多地利用已有的成功经验的工作，要很好地把继承与创新结合起来，才能设计出高质量的机械产品。一部完整的机器是一个复杂的系统，要提高设计质量，必须有一个科学的设计程序。设计人员要富有创造精神，善于将设计构思、设计方案,用语言、文字、图形方式传递给主管者和协作者,以获得支持和帮助。同时作为设计人员还要论证下列问题:①该设计是否确实为人们所需要? ②产品有哪些特色? 能否与同类产品竞争? ③生产制造是否经济? ④使用、维修、保养是否方便? ⑤产品市场前景如何? ⑥产品社会效益与经济效益如何?

## 本章小结

本章介绍了现代机械及其组成,说明了本课程研究的内容、性质和任务,讲述了机械设计的基本要求和步骤。

本章重点:机械、机器、机构、构件、零件的概念;本课程主要的研究内容和任务。

本章难点:机器和机构的区别与联系。

## 思考题与习题

1.1　机构、机器和机械有何区别?

1.2　现代机械系统是由哪些部分所组成的? 各部分的功能是什么?

1.3　构件与零件有何区别?

1.4　什么是专用零件? 什么是通用零件? 请各举出两个具体的例子。

1.5　机械设计的基本要求是什么?

1.6　机械设计的一般步骤是什么?

# 第2章 平面机构及其自由度

【案例导入】

所有构件均在同一平面或相互平行平面内运动的机构称为平面机构,否则称为空间机构。工程中大部分机构为平面机构。如图2.1(a)所示的简易跑步机,就是平面机构的应用实例。其中,$AB$杆与机架铰接,能够做整周运转;踩踏板$BC$做平面运动;$CD$杆在$D$点与机架铰接,并带有手柄,可供人手抓握,其运动形式为一定角度的摆动,工作中为主动件。用此机构模拟人的跑步动作,从而达到锻炼身体的目的。如图2.1(b)所示的契贝谢夫四足机器人,也是属于平面机构,它可实现不平地面及复杂地面上的行走,在抢险救灾及探险等方面发挥作用,其执行机构的主要组成部分为四组相同的连杆机构,利用连杆曲线的特性,当一对角足静止不动时,另一对角足做迈足运动,从而可实现类似动物的足行运动。

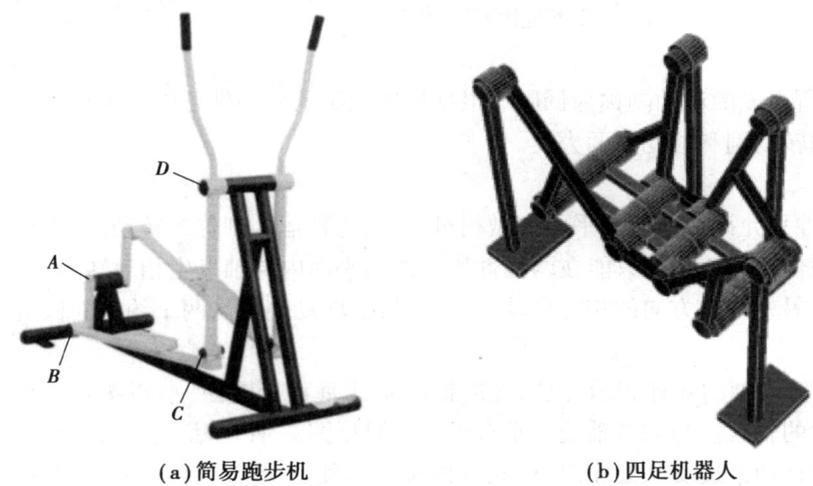

(a)简易跑步机　　(b)四足机器人

图2.1　平面机构举例

平面机构由若干个具有确定相对运动的构件组成,但是任意拼凑的构件系统不一定能产生相对运动,即使能够运动,也不一定具有确定的相对运动。本章主要介绍平面机构的组成、机构运动简图的绘制以及平面机构自由度计算,并讨论机构应满足什么样的条件,构件间才具有确定的相对运动。

# 2.1 平面机构运动简图

## 2.1.1 运动副分类及其表示方法

一个做平面运动的自由构件具有3个自由度。如图2.2所示,在$xOy$坐标系中,构件1可以随其上任一点$A$沿$x$轴、$y$轴方向独立移动和绕$A$点独立转动。这种相对于参考系构件所具有的独立运动称为构件的自由度。

当一个构件以一定的方式与其他构件产生可动连接时,其相对运动就会受到限制,对构件的独立运动所加的限制称为约束。构件的独立运动受到约束,自由度随之减少。

两构件直接接触并能产生相对运动的活动连接,称为运动副。两构件组成的运动副,是通过点、线或面接触来实现的。按照接触的特性,通常把运动副分为低副和高副两大类。

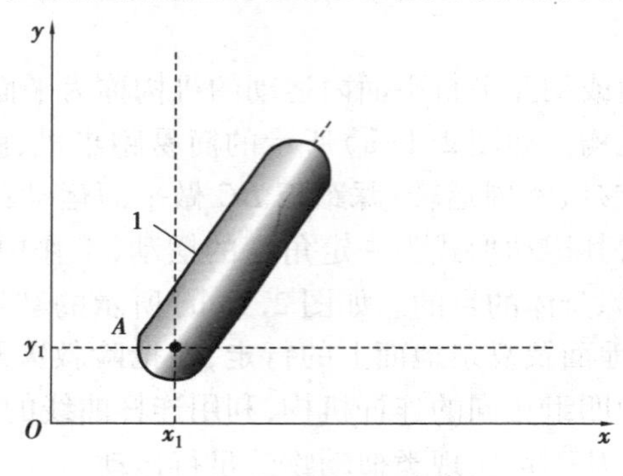


图2.2 平面机构的自由度

(1)低副

两构件通过面接触所组成的运动副称为低副。根据形成低副的两构件可以产生相对运动的形式,低副又可以分为转动副和移动副两大类。

1)转动副

组成运动副的两构件只允许在某一个平面内做相对转动,这种运动副称为转动副,也称为铰链。如图2.3所示,构件1和2之间只能在两构件所形成的平面内绕轴发生相对转动,即只有一个自由度,而限制了另外两个方向的相对移动。也就是说,转动副引入两个约束而保留一个自由度。

如图2.4(a)所示为转动副的几种表示方法,此时回转轴线垂直于图面,小圆圈表示转动副,其圆心表示相对转动的轴线。当回转轴线不垂直于图面时用图2.4(b)表示。当一个构件具有多个转动副时,则应在两条线交叉处涂黑,或在其内画上斜线,如图2.4(c)所示,表示这是一个整体,即一个构件。

2)移动副

组成运动副的两构件只允许沿某一轴线相对移动,这种运动副称为移动副。如图2.5所示,构件1和2之间只能沿着$X$-$X$轴向发生相对移动,即只有一个自由度,而限制了垂直于$X$轴方向的相对移动和在该平面的相对转动。也就是说,同转动副一样,移动副也引入两个约束而保留一个自由度。

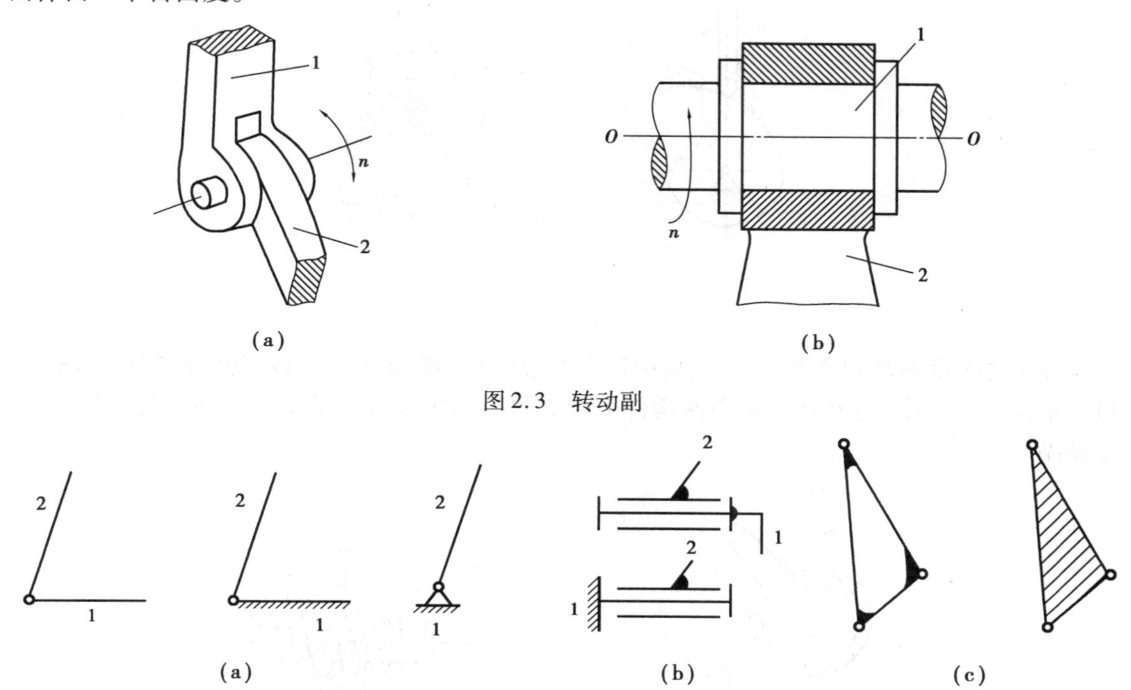


图2.3　转动副

图2.4　转动副的表示

如图2.6所示为移动副的几种常见表示方法。两构件组成移动副，其导路必须与相对移动方向一致。

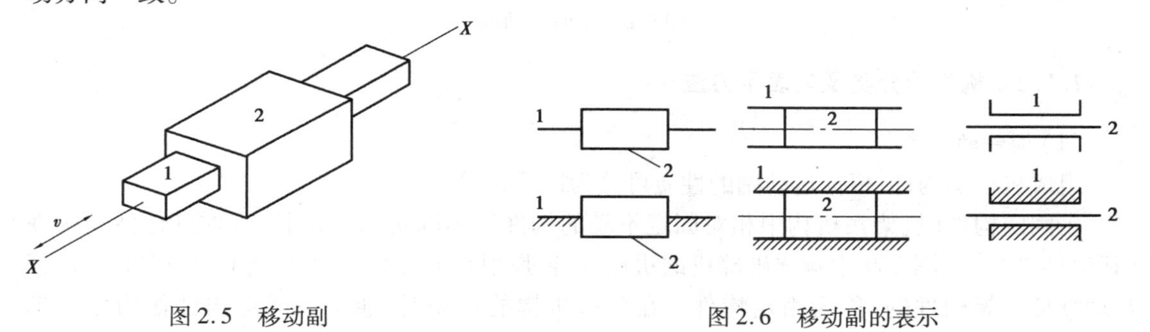


图2.5　移动副　　　　图2.6　移动副的表示

(2)高副

两构件通过点或线接触所组成的运动副称为高副。在如图2.7(a)所示的凸轮机构中，凸轮1与从动件杆2之间为点接触；如图2.7(b)所示的齿轮机构中，轮齿1和2之间为线接触。它们的相对运动是绕$A$点的转动和沿切线$t$-$t$方向的移动，限制了沿$A$点切线$n$-$n$方向的移动。因此一个高副引入一个约束，即减少了一个自由度。

可以看出，由于高副为点或线接触，与低副的面接触相比，在承受同样的载荷时，接触点或线附近的压强较高。所以，高副的承载能力有限，磨损也比低副严重。另外，由于低副为面接触，便于加工与润滑，成本较低；而高副的点接触不便于加工和润滑，成本较高。

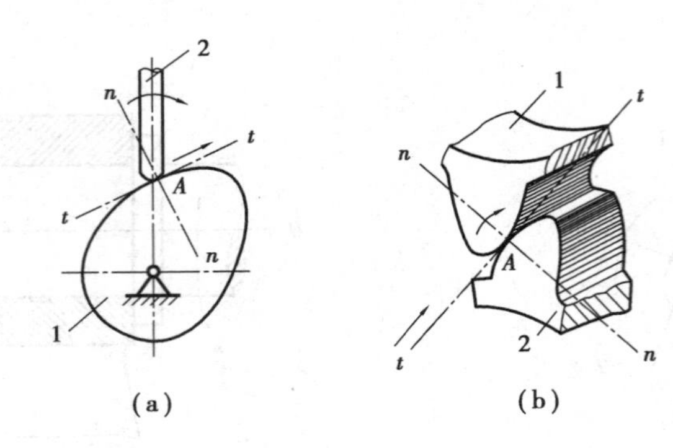


图 2.7　高副

除上述平面运动副之外,各种机构中还会经常用到如图 2.8(a)所示的球面副和如图 2.8(b)所示的螺旋副。这些运动副中两构件 1 和 2 之间的相对运动是空间运动,因此属于空间运动副。

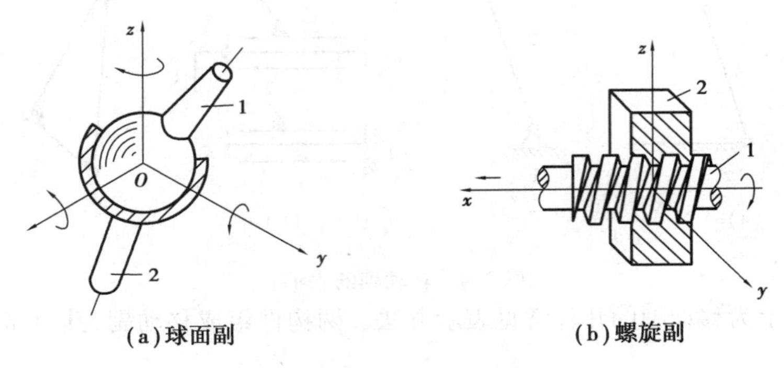


图 2.8　空间运动副

### 2.1.2　构件的分类及其表示方法

(1)构件的分类

组成机构的构件,根据运动副的性质可分为以下 3 类:

①固定构件(机架):机构中相对固定不动的构件称为固定构件,用于支撑其他活动构件(运动构件)。如图 2.9 中颚式破碎机的机座 6,它是用来支撑偏心轴 1、连杆 2、摇杆 3、连杆 4、动颚板 5 等构件的,称为固定构件。在分析机构的运动时,通常以固定构件作为参考坐标系。

②原动件(主动件):运动规律已知的活动构件。它的运动和动力是由外界输入的,又称为输入构件,它一般与机架相连,如图 2.9 中的偏心轴 1 是原动件。

③从动件:机构中随原动件运动而运动的其余活动构件。其中输出预期运动的从动件称为输出构件,其他从动件则起传递运动作用,如图 2.9 中的动颚板 5 是输出构件。

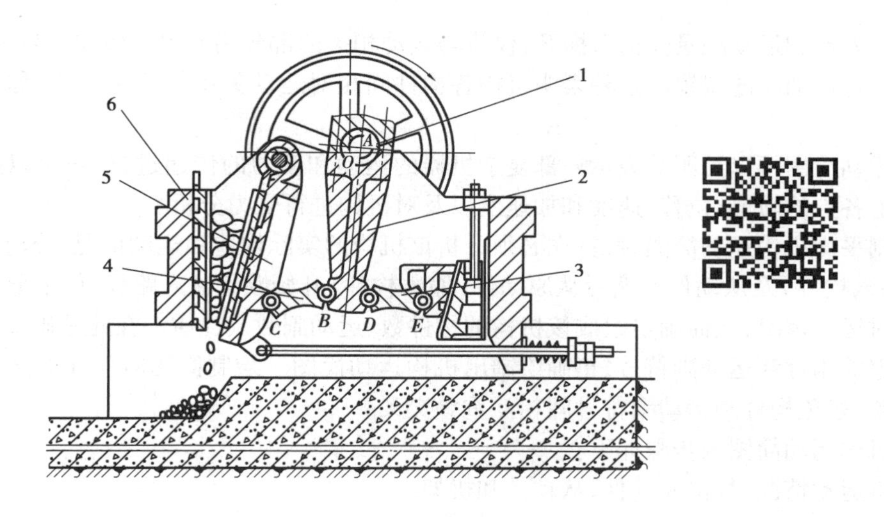


图2.9　颚式破碎机

1—偏心轴;2—连杆;3—摇杆;4—连杆;5—动颚板;6—机座

(2)构件的表示方法

构件常用直线段或小方块等来表示,其中直线段代表杆状构件,小方块代表块状构件。各种构件的表示方法见表2.1,表中只列举了常见的运动副及构件的表示方法,其余的机构运动简图符号参见GB 4460—2013《机械制图　机构运动简图用图形符号》。

**表2.1　构件的表示方法**

| 杆、轴类构件 | |
|---|---|
| 固定构件 | |
| 同一构件 | |
| 两副构件 | |
| 三副构件 | |

## 2.1.3　平面机构运动简图

机构中实际构件的形状往往很复杂,在研究机构运动时,为了使问题简化,需要将与运动无关的构件外形和运动副具体构造撇开,仅将与运动相关的部分用简单线条和符号来表示,并按比例定出各运动副的位置。这种表明机构各构件间相对运动关系的简化图形,称为机构运动简图。

机构运动简图可以简明地表示一部复杂机器的运动和动力的传递过程,还可以用于图解法求机构上各点的轨迹、位移、速度和加速度以及对机构进行受力分析。

在绘制平面机构运动简图时,首先必须分析该机构的实际构造和运动情况,分清机构中的原动件(输入构件)及从动件。然后从原动件(输入构件)开始顺着输入路线,仔细分析各构件之间的相对运动情况,从而确定组成该机构的构件数、运动副数及性质。在此基础上按一定的比例及特定的构件和运动副符号,正确绘制出机构运动简图。绘制简图时应注意选择恰当的原动件位置,避免构件和运动副符号间相互重叠交叉。

绘制机构运动简图的步骤如下:

①分析运动情况,找出原动件、从动件和机架。

②从原动件开始,按运动的传递顺序确定各运动副的类型、数目及构件的数目,并测出各运动副间的相对位置尺寸。

③选择与机构中多数构件的运动平面相平行的平面作为绘制机构运动简图的投影面。

④选取适当的比例尺 $\mu_1$。

⑤用规定符号画出机构运动简图(从原动件开始画)。作图时须注意:通常用阿拉伯数字表示各构件;用大写英文字母表示各运动副;用带箭头的圆弧或直线标明机构中的原动件及其运动形式;在构件上绘斜线来标记固定构件(机架)。

**例 2.1** 绘制如图 2.10(a)所示活塞泵的机构运动简图。

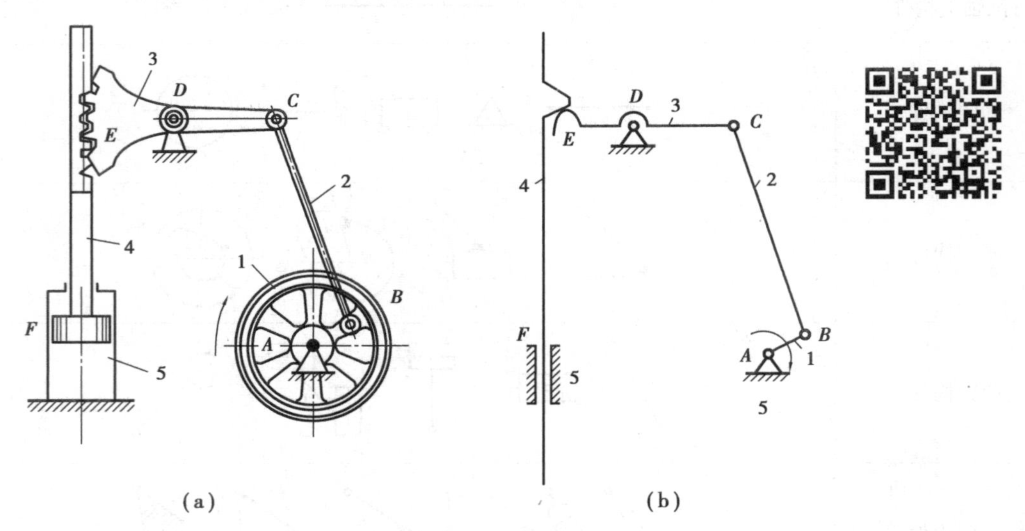


图 2.10 活塞泵及其机构运动简图

分析:活塞泵机构由曲柄 1、连杆 2、齿扇 3、齿条活塞 4 和气缸(机架)5 通过转动副和移动副连接而成。曲柄 1 与机架 5 在点 $A$ 连接,由驱动源带动曲柄绕点 $A$ 转动,故曲柄是原动件,2、3、4 是从动件。当原动件 1 回转时,齿条活塞 4 在气缸 $F$ 中做上下往复运动。

机构中各构件之间的连接关系为:曲柄 1 和机架 5、连杆 2 和曲柄 1、齿扇 3 和连杆 2、齿扇 3 和机架 5 之间为相对转动,分别组成了 $A$、$B$、$C$、$D$ 4 个转动副;齿扇 3 的轮齿与齿条活塞 4 的齿之间组成平面高副 $E$；齿条活塞4与机架5之间为相对移动，组成移动副 $F$，如图2.10(a)所示。

**解：**选取适当的比例和视图平面，从曲柄（原动件）1与机架5连接的转动副 $A$ 开始，按照运动与动力传递的路径及相对位置关系依次画出各运动副和构件，即可得到机构的运动简图，如图2.10(b)所示。

**例2.2**　绘制如图2.11(a)所示的单缸内燃机的机构运动简图。

**解：**①理解内燃机的构造和工作原理，它由曲柄滑块机构、齿轮机构和凸轮机构组成。

②分析构件和运动副的种类和数目：

气缸体1是机架，活动构件有9个：活塞2，连杆5，曲轴6，凸轮7和7′，推杆8和8′，滚子11和11′；转动副有7个：$A,B,C,D,D',E,E'$，它们分别由气缸体1与齿轮10，曲轴6与连杆5，连杆5与活塞2，凸轮7与气缸体1，凸轮7′与气缸体1，滚子11与推杆8，滚子11′与推杆8′形成；移动副3个：缸体1与活塞2之间，推杆8与气缸体1之间，推杆8′与气缸体1之间；高副4个：小齿轮10和大齿轮9、9′各组成一个齿轮副，凸轮7、7′与相应的滚子各组成一个凸轮副。

③选定视图平面，将原动件摆放在一个合适的位置，选定适当的比例尺 $\mu_L$，即可绘出其机构运动简图，如图2.11(b)所示。

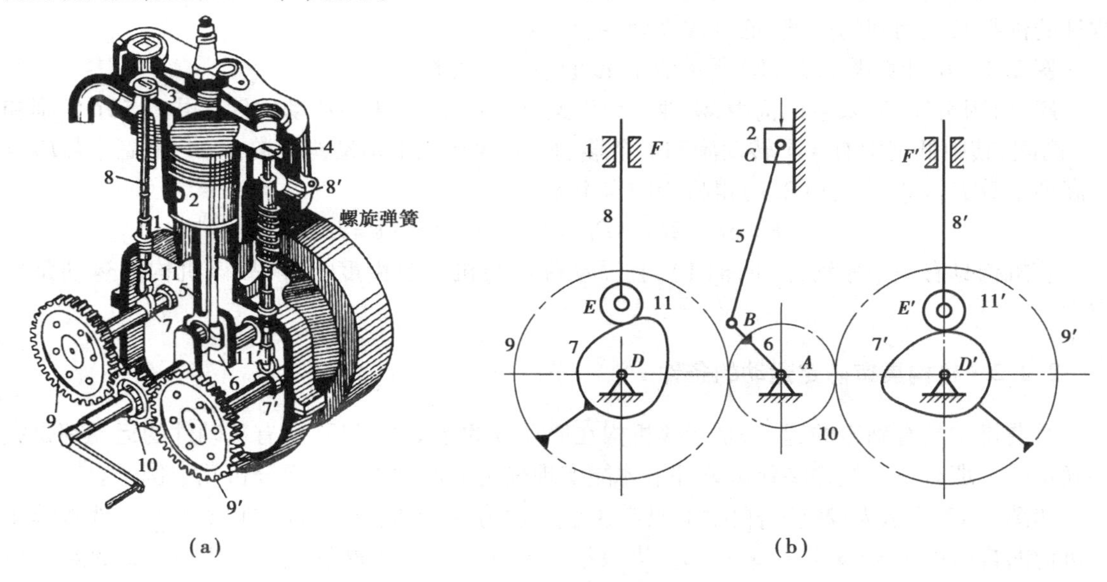


图2.11　单缸内燃机及其机构运动简图

## 2.2　平面机构的自由度

机构的各构件之间应具有确定的相对运动。显然，不能产生相对运动或无规则乱动的一堆构件难以用来传递运动。为了使组合起来的构件能产生运动并具有运动的确定性，有必要探讨机构的自由度和机构产生确定运动的条件。

### 2.2.1 平面机构的自由度计算

机构的自由度是指机构中的各构件相对于机架所具有的独立运动数目。显然,机构的自由度及构件数目与运动副的类型及数目有关。

如2.1.1所述,任意一个做平面运动的自由构件具有3个自由度。当两个构件组成运动副之后,构件间的相对运动受到约束,相应的自由度数减少。运动副类型不同,失去的自由度数目即引入的约束数目也就不同;每个低副使构件失去两个自由度,即引入了两个约束;每个高副使构件失去一个自由度,即引入了一个约束。每个平面机构的自由度数目与约束数目之和恒等于3。

设某平面机构中共有 $n$ 个活动构件(机架不动,不计算在内),若各构件彼此没有通过运动副相连接,那么这 $n$ 个活动构件就具有 $3n$ 个自由度。若各构件彼此通过运动副相连接后,那么机构中各构件具有的自由度数随之减少。若机构中低副数为 $P_L$ 个,高副数为 $P_H$ 个,则运动副引入的约束总数为 $2P_L+P_H$。因此,活动构件的自由度总数减去运动副引入的约束总数就是机构自由度,以 $F$ 表示,即

$$F=3n-2P_L-P_H \tag{2.1}$$

式(2.1)就是平面机构自由度的计算公式。由公式可知,平面机构自由度 $F$ 取决于活动构件的件数及运动副的类型(低副或高副)和个数。

**例2.3** 试计算图2.10(b)所示活塞泵机构的自由度。

**解:**由图可知,活塞泵机构中,构件5为机架,构件1、2、3、4为活动构件。共有5个低副和1个高副,其中低副中有4个转动副和1个移动副。该机构的活动构件数 $n=4$,低副个数 $P_L=5$,高副个数 $P_H=1$。由式(2.1)得机构的自由度

$$F=3n-2P_L-P_H=3\times4-2\times5-1=1$$

该机构具有一个原动件(曲柄1),且原动件数与机构自由度相等,故该机构的运动是确定的。

### 2.2.2 机构具有确定运动的条件

所谓机构具有确定的运动,是指该机构在原动件的运动给定后,所有从动件的运动都是完全确定的。那么一个机构在什么条件下才能实现确定的运动呢?下面分析几个例子。

如图2.12所示为铰链五杆机构,具有4个活动构件,组成5个转动副,图中原动件数等于1,机构的自由度 $F=3\times4-2\times5=2$。当只给定原动件1的位置角 $\varphi_1$ 时,从动件2、3、4的位置不能确定。只有给出两个原动件,使构件1、4都处于给定的位置时,才能使从动件获得确定的运动。

如图2.13所示为铰链四杆机构,具有3个活动构架,组成4个转动副,图中原动件数等于2,机构自由度 $F=3\times3-2\times4=1$,如果原动件1和原动件3的给定运动同时满足,机构中最弱的构件必将损坏,例如将杆2拉断,杆1或杆3折断。

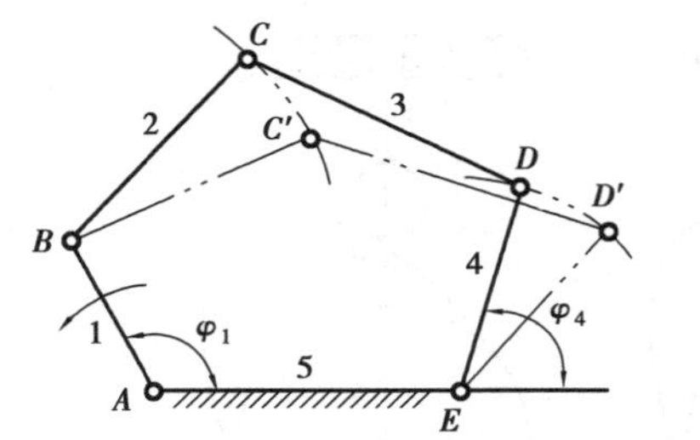


图 2.12　铰链五杆机构

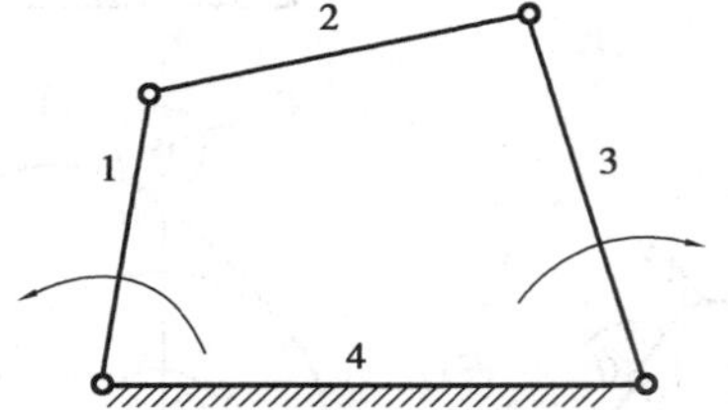


图 2.13　铰链四杆机构

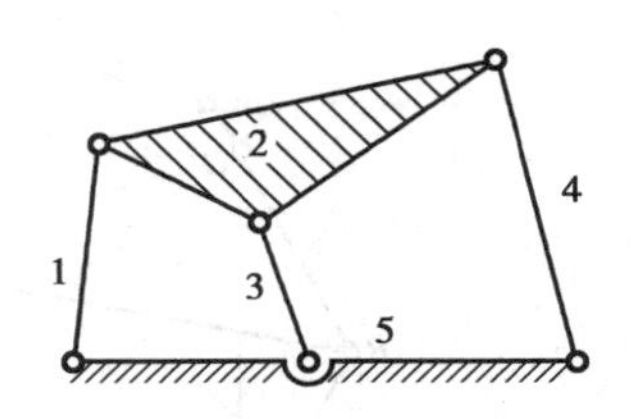


图 2.14　桁架

如图 2.14 所示桁架的自由度 $F=3\times4-2\times6=0$，该构件组合的自由度等于0，说明它是各构件之间不可能产生相对运动的刚性桁架。

综上所述，机构具有确定的运动条件是：机构自由度 $F>0$，且 $F$ 等于原动件数。

### 2.2.3　计算平面机构自由度的注意事项

在计算机构的自由度时，如遇到以下几种情况时必须加以注意，否则将会出现结果与机构的实际运动不吻合的情况。

(1) 复合铰链

两个以上的构件在同一处以转动副相连接，所构成的运动副称为复合铰链。如图 2.15(a)所示，有 3 个构件 1、2、3 在 $A$ 处汇交成复合铰链，图 2.15(b)所示为它的俯视图。由图 2.15(b)可以看出，这 3 个构件组成两个转动副。以此类推，$K$ 个构件汇交而成的复合铰链有 $(K-1)$ 个转动副。在计算机构自由度时，应注意识别复合铰链，以免把复合铰链的个数算错。

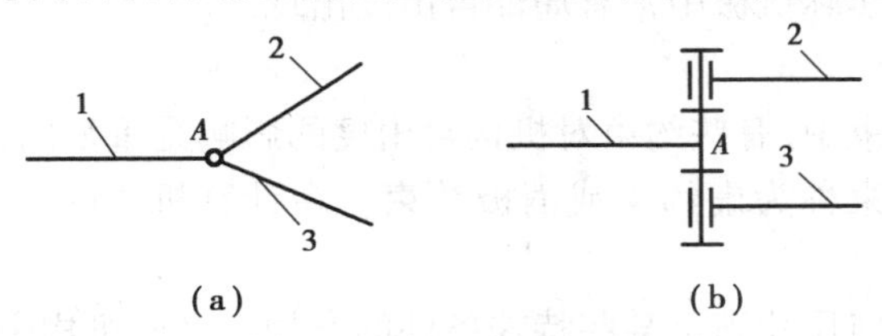


图 2.15　复合铰链

**例 2.4**　试计算图 2.16 所示钢板剪切机传动系统的自由度。

**解：**由图可知，机构中有 5 个活动构件 $n=5$，$B$ 处是 3 个构件汇交成的复合铰链，有两个转动副，$O$、$A$、$C$ 各处分别有一个转动副，滑块 5 与机架 6 之间组成一个移动副，故低副个数 $P_L=7$，高副个数 $P_H=0$。由式(2.1)得机构的自由度

$$F=3n-2P_L-P_H=3\times5-2\times7-0=1$$

该机构的自由度与原动件数相等，故具有确定的运动。当原动件 1 转动时，滑块 5 沿机架 6 上下移动。

(2) 局部自由度

机构中常出现一种与输出构件运动无关的自由度，称为局部自由度或多余自由度，在计算机构自由度时应予以排除。

**例 2.5**　试计算图 2.17(a)所示滚子从动凸轮机构的自由度。

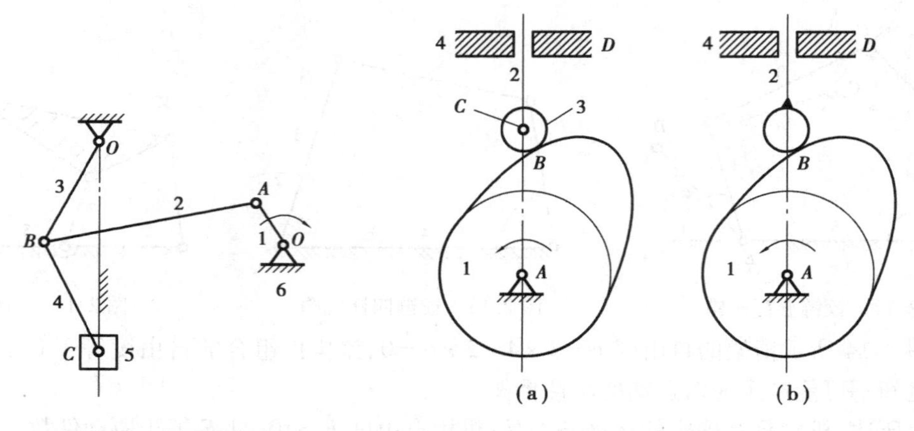


图 2.16　钢板剪切机　　　　图 2.17　局部自由度

**解:**由图可知,当原动件凸轮 1 转动时,通过滚子 3 驱使从动件 2 以一定运动规律在机架 4 中往复运动。从动件 2 是输出构件。不难看出,在这个机构中,无论滚子 3 绕其轴线是否转动或转动快慢,都不影响输出构件 2 的运动,因此,滚子 3 绕其轴线转动,是一个局部自由度,在计算机构的自由度时应排除这个局部自由度,如图 2.17(b)所示,设想将滚子 3 与从动件 2 焊成一体(转动副 $C$ 也随之消失)。此时,$n=2, P_L=2, P_H=1$。

由式(2.1)得机构的自由度

$$F=3n-2P_L-P_H=3\times 2-2\times 2-1=1$$

虽然滚子 3 的局部自由度不影响整个机构的运动,但它可使高副处的滑动摩擦变成滚动摩擦,减少了磨损,所以实际机械中常有局部自由度出现。

(3)虚约束

在运动副引入的约束中,有些约束对机构自由度的影响是重复的,这种重复而对机构运动不起独立限制作用的约束称为虚约束或消极约束。在计算机构的自由度时应将虚约束除去不计。

虚约束是构件间几何尺寸满足某些特殊条件的产物。平面机构中的虚约束常出现在下列场合:

①两个构件之间组成多个移动副,且导路相互平行或重合时,如不考虑构件的受力,仅从运动方面考虑,其中只有一个移动副起约束作用,其余都是虚约束。如图 2.18(a)所示机构的导路平行和如图 2.18(b)所示机构的导路重合时,$D$、$E$ 两个移动副中,其中之一是虚约束。

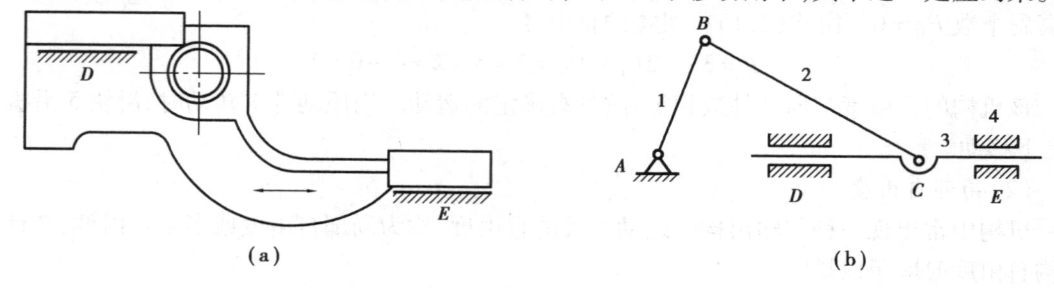


图 2.18　移动副虚约束

②两个构件之间组成多个转动副,且轴线重合时,只有一个转动副起约束作用,其余都为虚约束。如图 2.19 所示,两个轴承支撑一根轴,该机构的 $A$、$B$ 两个转动副中,其中之一是虚

约束。

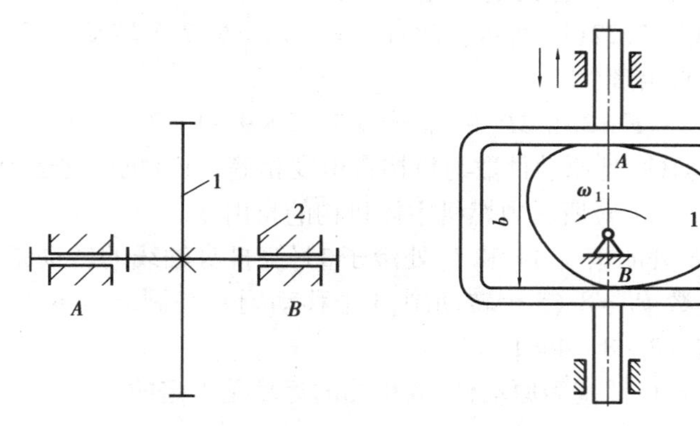


图 2.19　转动副虚约束　　　　图 2.20　高副虚约束

③两个构件之间组成多个高副,且各高副接触点处公法线重合时,只考虑一处高副引入的约束,其余都为虚约束,如图 2.20 所示,该机构中 $A$、$B$ 两个高副,其中之一是虚约束。

图 2.21　对称结构虚约束

④机构中对运动不起限制作用的对称部分,其对称部分可视为虚约束。如图 2.21 所示的行星轮系中,中心轮 1 通过对称布置的 3 个完全相同的行星齿轮 2、2′和 2″驱动内齿轮 3,其中有两个行星齿轮对传递运动不起独立作用,是虚约束。此处采用 3 个完全相同的行星轮对称结构,目的是改善构件的受力。

在实际机构中,虚约束虽对机构的运动不起约束作用,但它可以保证机构顺利运动,增强机构的刚性或改善构件的受力。因此,虚约束的应用相当广泛。在计算机构的自由度时,应认真分析机构中是否有虚约束,如有虚约束,应先除去,然后再进行自由度计算。

## 2.3　实例分析

**例 2.6**　试计算图 2.22(a)所示大筛机构的自由度。

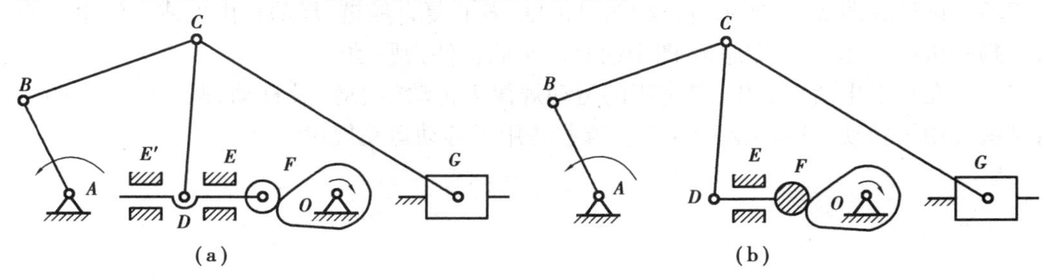


图 2.22　大筛机构

**解**:机构中的滚子有一个局部自由度;顶杆与机架在 $E$ 和 $E'$,组成 2 个导路平行的移动副，其中之一为虚约束；$C$ 处是复合铰链。现将滚子与顶杆焊成一体，去掉移动副 $E'$，并在 $C$ 点的转动副记为 2 个，如图 2.22(b)所示。此时，$n=7$，$P_L=9$(7 个转动副，2 个移动副)，$P_H=1$。由式(2.1)得机构的自由度

$$F=3n-2P_L-P_H=3\times7-2\times9-1=2$$

该机构具有两个原动件，且原动件数与机构自由度相等，故该机构的运动是确定的。

**例 2.7** 试计算图 2.11(b)所示内燃机主体机构的自由度。

**解：**图 2.11(b)中，$E$ 处的滚子 11 和 $E'$ 处滚子 11′绕自身轴线的转动是局部自由度。这样，活动构件 $n=7$，低副数 $P_L=8$ (5 个转动副，3 个移动副)，高副 $P_H=4$，则机构的自由度为 $F=3n-2P_L-P_H=3\times7-2\times8-4=1$。

因机构的自由度等于 1，活塞为原动件，故机构的运动是确定的。

## 本章小结

本章主要介绍了平面机构运动副的定义和分类、平面机构运动简图的绘制、平面机构自由度的分析和计算、机构具有确定运动的条件。本章重点是平面机构运动简图的绘制、平面机构自由度的分析和计算；难点是平面机构运动简图的绘制、计算自由度时特殊情况的处理。

## 思考题与习题

2.1 思考题

(1)何谓构件？何谓运动副？平面运动副是如何分类的？

(2)何谓机构的自由度？机构具有确定运动的条件是什么？若不满足此条件将会产生什么样后果？

(3)平面机构自由度如何计算？

(4)计算平面机构自由度时，应注意哪些事项？

(5)机构运动简图有什么作用？如何绘制机构运动简图？

2.2 绘出如图 2.23 所示各机构的运动简图。

2.3 试计算图 2.24 所示各机构的自由度，若有复合铰链、局部自由度或虚约束应明确指出，并判断机构的运动是否确定(图中绘有箭头的构件为原动件)。

2.4 在日常生活用具中，最常用的运动规律为转动(摆动)及移动，调查你周围的生活用具，哪些使用了转动(摆动)运动规律？哪些使用了移动运动规律？

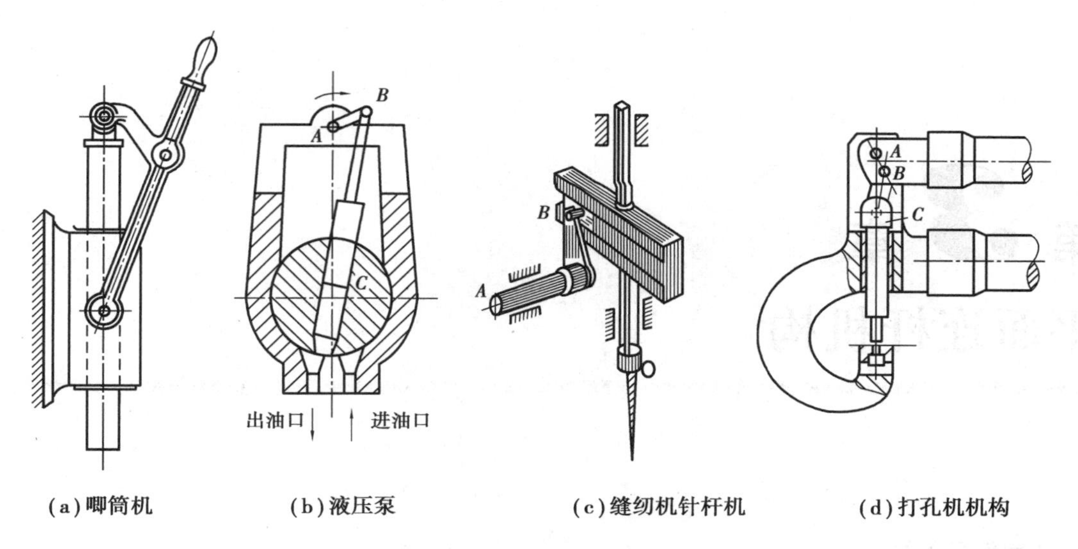


(a) 唧筒机　(b) 液压泵　(c) 缝纫机针杆机　(d) 打孔机机构

图 2.23　常用机构

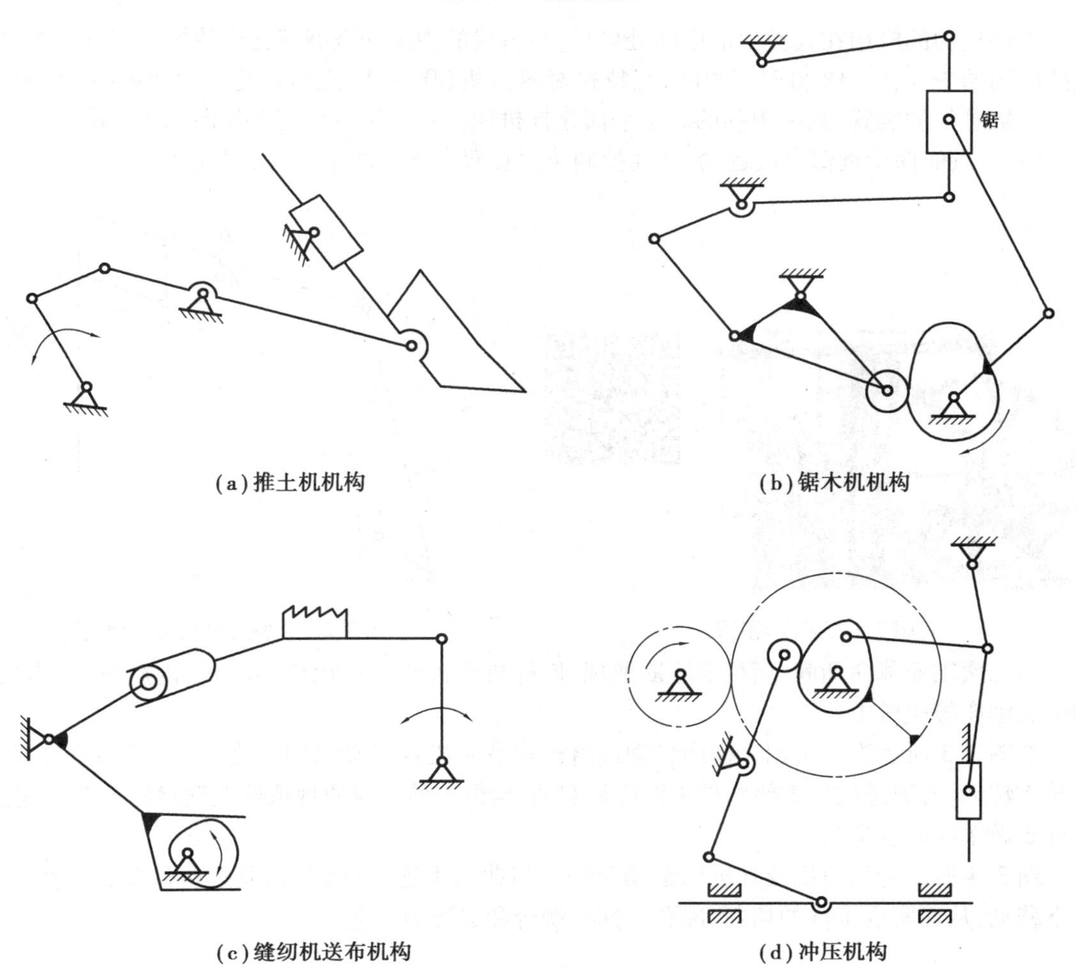


(a) 推土机机构　(b) 锯木机机构

(c) 缝纫机送布机构　(d) 冲压机构

图 2.24　常用机构

# 第3章 平面连杆机构

【案例导入】

连杆机构的应用在人类生活中随处可见，在古代的中国和欧洲就已经使用了连杆机构，近代的应用始于瓦特。18世纪下半叶，瓦特在对蒸汽机(图3.1)进行改进时，发明了一种控制双向气缸进气的装置，其中用到的就是平面连杆机构。其机构运动简图如图3.2所示，该机构运行时，$E$点能保持近似直线运动，从而控制蒸汽在双向气缸两个阀口交替进出。

图3.1 瓦特蒸汽机

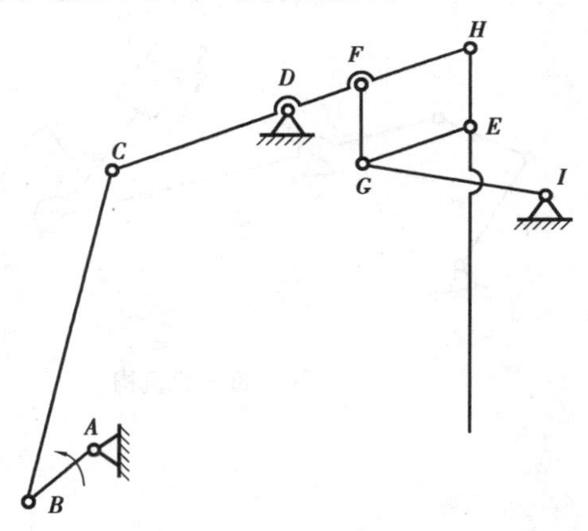


图3.2 瓦特连杆机构运动简图

第二次工业革命期间，新机器不断涌现，连杆机构被广泛应用于破碎机、内燃机、压力机、和牛头刨床等机械中。

如图3.3所示为牛头刨床横向自动进给机构及其机构运动简图。当齿轮1转动时，驱动齿轮2转动，再通过构件3使构件4做往复摆动，构件4另一端的棘爪便拨动棘轮5，带动送进丝杆6做单向间歇运动。

图3.4所示为压力机及其机构运动简图。当曲柄1连续回转时，通过构件2带动压头3上下移动，从而实现工件的切断、冲孔、弯曲、铆合和成形等工艺。

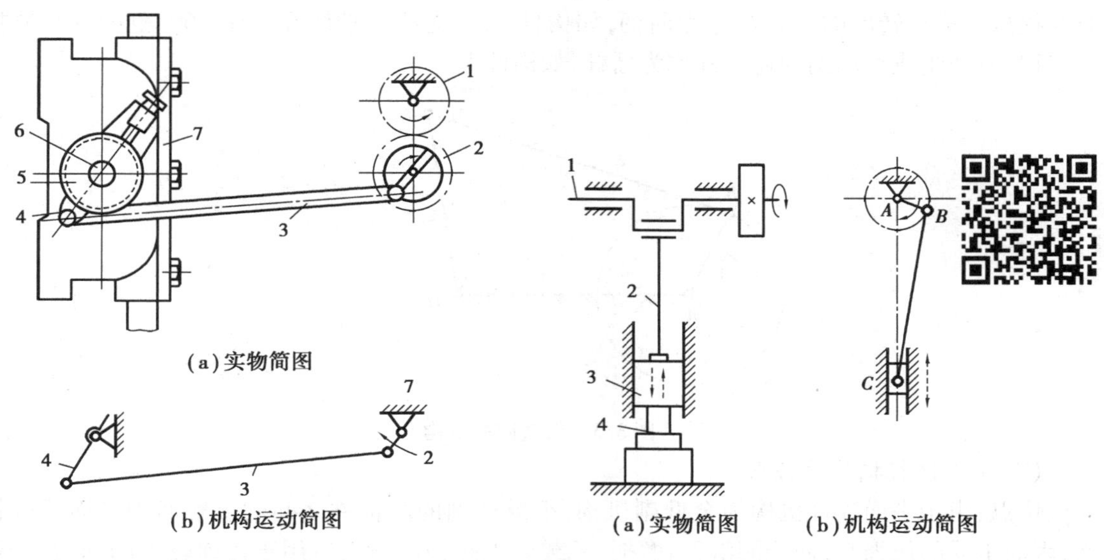


(a)实物简图　(b)机构运动简图

图3.3　牛头刨床横向自动进给机

(a)实物简图　(b)机构运动简图

图3.4　压力机

如今,连杆机构的发展已达到了一个新的高度,不仅广泛应用于众多工农业机械和工程机械,在其他诸如人造卫星太阳能板的展开机构、机械手传动机构以及人体假肢等机构中也得到普遍使用。

在日常生活中,我们也能接触到很多连杆机构,特别是结构相对简单的平面连杆机构,由于设计方便,易于制造,得到了非常广泛的应用,如儿童游乐场中的“摇马”、缝纫机脚踏驱动机构、公交车车门启闭机构、雷达天线俯仰机构、摄影平台升降机构、飞机起落架等。

平面连杆机构的类型有很多,其中最简单、常用的是由四个构件组成的平面四杆机构。本章在讲述平面连杆机构的有关概念和特点的基础上,着重阐明平面四杆机构的基本类型及其演化,并分析其运动特性,最后介绍几种常用的设计平面四杆机构的方法。

## 3.1　平面连杆机构的特点及类型

### 3.1.1　平面连杆机构的有关概念和特点

(1)平面连杆机构的有关概念

连杆机构是由若干刚性构件用低副连接而成的机构,又称为低副机构。在连杆机构中,构件间的相对运动是平面运动或平行平面运动的称为平面连杆机构。最简单的平面连杆机构由四个构件组成,称为平面四杆机构,它是构成和研究平面多杆机构的基础,也是应用最广泛的连杆机构。

所有运动副均为转动副的平面四杆机构称为铰链四杆机构,它是平面四杆机构的基本形式。如图3.5所示的铰链四杆机构中,固定构件4为机架,直接与机架相连的构件1和3为连架杆,不直接与机架相连的构件2称为连杆。若组成转动副的两构件能做整周相对转动,则称该转动副为整转副,如转动副 $A$、$B$;否则称为摆动副,如转动副 $C$、$D$。能绕其轴线做整周回转,且与机架组成整转副的连架杆称为曲柄,如构件 1;仅能绕其轴线在小于 360°范围内往复摆动,且与机架组成摆动副的连架杆称为摇杆,如构件 3。

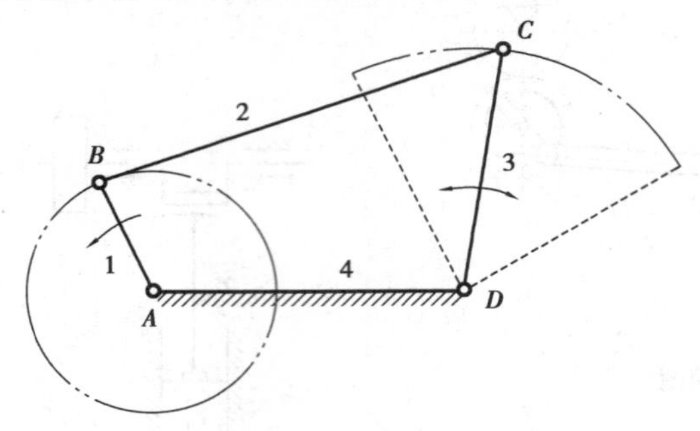


图 3.5　铰链四杆机构

(2)平面连杆机构的特点

优点:由于平面连杆机构为全低副机构,组成低副的两构件之间的接触面为平面或圆柱面,因而承受的压强小,便于润滑,耐磨损,承载能力高,寿命长,适用于传递较大的动力;构件形状简单,易于制造,能获得较高的制造精度,工作可靠;在主动件等速连续运动的条件下,各构件的相对长度不同时,从动件可实现多种形式的运动,从而满足多种运动规律的要求。

缺点:由于低副中存在的间隙不易消除,会引起运动误差;另外,平面连杆机构的设计较为复杂,当构件数和运动副数较多时,不易精确实现复杂的运动规律且效率较低;连杆机构运动时会产生惯性力,因此,不适用于高速的场合。

### 3.1.2　平面四杆机构的基本类型

根据两连架杆运动形式的不同,铰链四杆机构可以分为三种基本形式:曲柄摇杆机构、双曲柄机构和双摇杆机构。

(1)曲柄摇杆机构

在铰链四杆机构中,若两个连架杆中一个为曲柄,另一个为摇杆,则此铰链四杆机构称为曲柄摇杆机构(图 3.5),它的应用非常广泛。若以曲柄为原动件驱动摇杆,则将曲柄的整周转动转换成摇杆的往复摆动;若以摇杆为原动件,情况恰好相反。

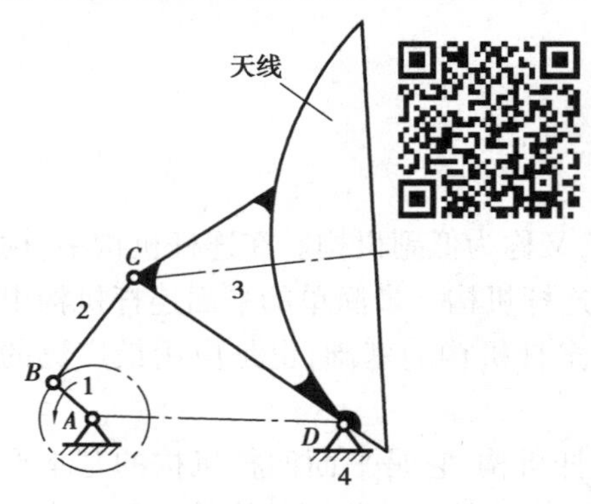


图 3.6　雷达天线的俯仰机构

如图 3.6 所示的雷达天线的俯仰机构,曲柄 1 缓慢匀速转动,通过连杆 2 使天线(摇杆)3 在一定角度范围内摆动,从而调整雷达天线俯仰角的大小。

如图 3.7(a)所示的缝纫机脚踏驱动机构,它是以摇杆为原动件的曲柄摇杆机构。脚踏板(摇杆)1 做往复摆动,通过连杆 2 使下带轮 3(固定在曲柄上)转动。图 3.7(b)为该机构的运动简图。

(2)双曲柄机构

在铰链四杆机构中,若两个连架杆均为曲柄,则此铰链四杆机构称为双曲柄机构,如图3.8所示。双曲柄机构可以将原动件的匀速转动转变为输出件的变速转动。

如图 3.9 所示的惯性筛机构就是利用这种特性，当主动曲柄 1 做匀速转动时，从动曲柄 3 做变速转动，再通过构件 5 使筛子 6 具有更大的加速度，从而实现物料分离。

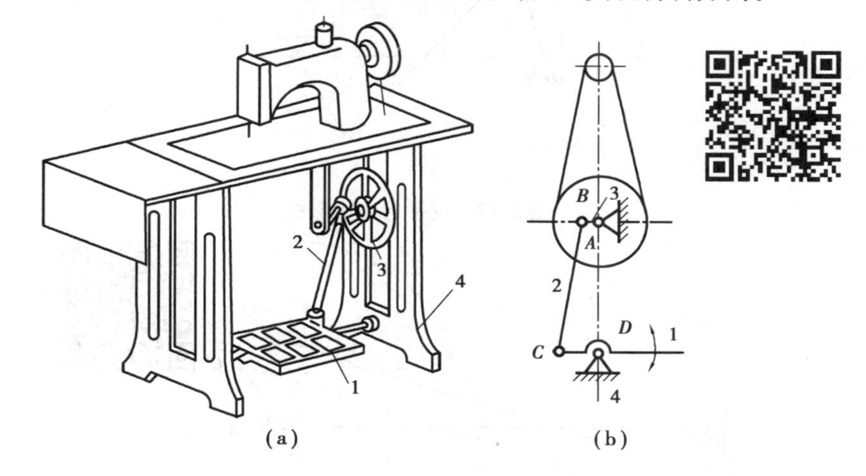


图 3.7　缝纫机脚踏驱动机构

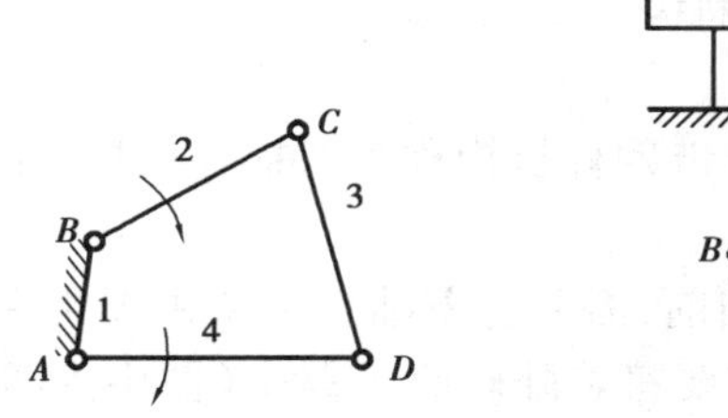


图 3.8　双曲柄机构

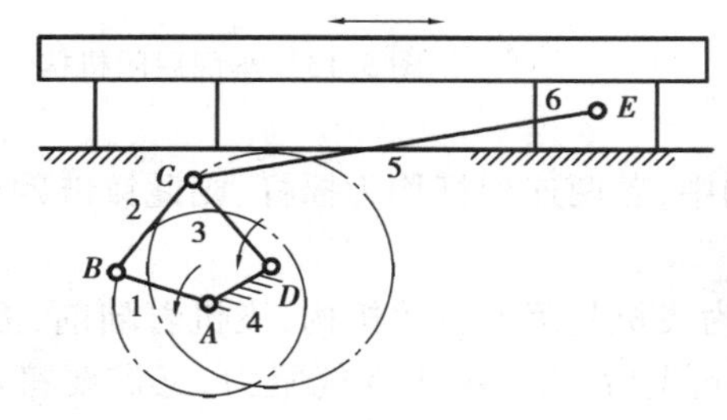


图 3.9　惯性筛

在双曲柄机构中，若两对边构件长度相等且平行，则称为平行四边形机构。如图 3.10 所示，当主动曲柄 *AB* 匀速转动时，从动曲柄 *CD* 也以同样的转速沿同一方向运动，连杆 *BC* 则做平动。平行四边形机构是双曲柄机构的特殊形式，同时也是应用最广泛的双曲柄机构之一。该机构具有两个重要的特性：一是从动曲柄和主动曲柄以相同角速度转动；二是连杆做平动。这两个特性在机械工程上均获得广泛应用。如图 3.11 所示的摄影平台升降机构利用了第二特性，摄影平台始终处于水平位置。

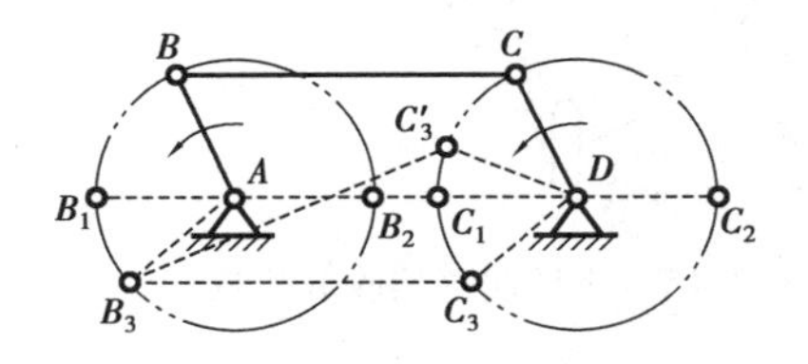


图 3.10　平行四边形机构

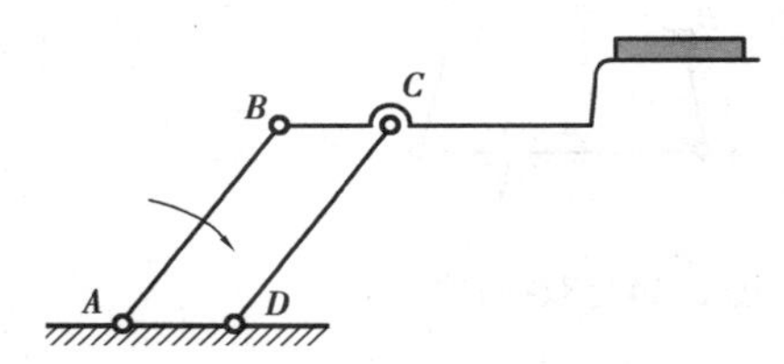


图 3.11　摄影平台升降机

若两杆长度相等，但彼此不平行，则称为反平行四边形机构，如图 3.12 所示，该机构的特点是两曲柄的转向相反。如图 3.13 所示为车门启闭机构，采用的是反向平行双曲柄机构。当主动曲柄 *AB* 转动时，通过连杆 *BC* 使从动曲柄 *CD* 反向转动，从而保证了两扇门同时开启和关闭至各自的预定位置。

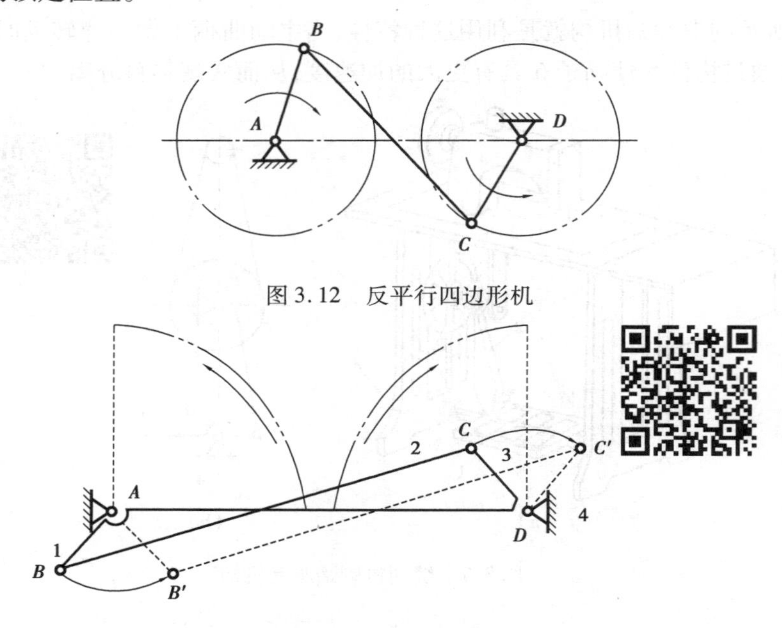


图 3.12　反平行四边形机

图 3.13　车门启闭机构

(3)双摇杆机构

在铰链四杆机构中,若两连架杆均为摇杆,则此铰链四杆机构称为双摇杆机构,如图 3.14 所示。

如图 3.15 所示为飞机起落架收放机构,飞机着陆前,需要将着陆轮 1 从机翼 4 中推放出来(图中实线所示);起飞后,为了减小空气阻力,又需要将着陆轮收入翼中(图中虚线所示)。这些动作是由原动摇杆 3,通过连杆 2、从动摇杆 5 带动着陆轮来实现的。

对于双摇杆机构,若两摇杆长度相等,则称为等腰梯形机构。等腰梯形机构是双摇杆机构的特殊情况,该机构也是应用最广泛的双摇杆机构之一。

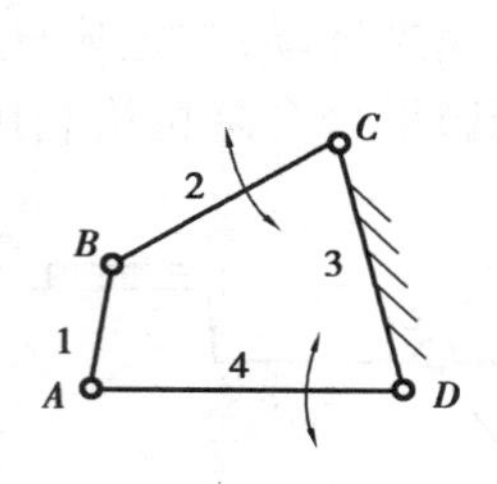


图 3.14　双摇杆机构

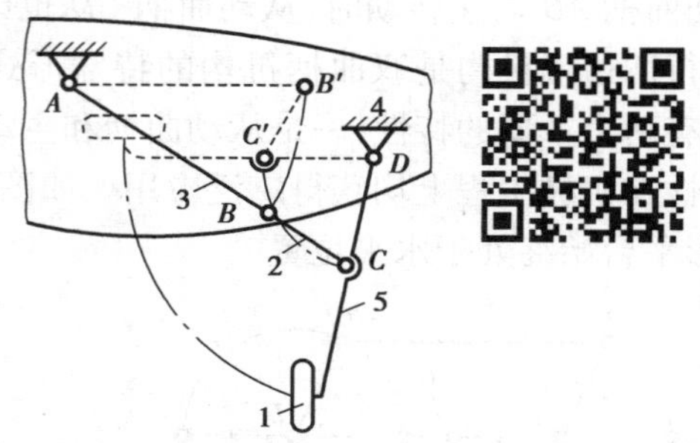


图 3.15　飞机起落架收放机构

## 3.2　平面四杆机构的演化

在实际生产中,除了前面讲述的三种类型的铰链四杆机构外,还广泛应用着其他各种形式的四杆机构。其他四杆机构可以看作是由铰链四杆机构演化得到的。演化的方式通常是转动副演化成移动副、变更机架、变更杆长和扩大转动副等。掌握这些演化的方式,将有利于对连杆机构进行创新设计。

### 3.2.1 将转动副演化成移动副

如图3.16(a)所示的曲柄摇杆机构中,当曲柄1转动时,摇杆3上的$C$点的轨迹为以$D$为圆心、$l_{CD}$为半径的圆弧$\widehat{mm}$。若将摇杆3改为图3.16(b)所示的圆弧滑块,并使其沿着圆弧滑道$\widehat{mm}$滑行,则铰链$C$点的运动轨迹不变,即机构的运动特性不变。当摇杆3长度越长时,曲线$\widehat{mm}$就越平直,当摇杆3趋于无限长时,$\widehat{mm}$将成为一条直线,这时圆弧滑道变成直线滑道,转动副$D$演化成移动副,摇杆演化成做直线运动的滑块,铰链四杆机构演化成曲柄滑块机构,如图3.16(c)所示,图中滑块移动导路到曲柄回转中心$A$之间的距离$e$称为偏距。如果$e$不为零,则称为偏置曲柄滑块机构;如果$e$等于零,则称为对心曲柄滑块机构,如图3.16(d)所示。

曲柄滑块机构广泛应用于活塞式内燃机、蒸汽机、冲床机械中。

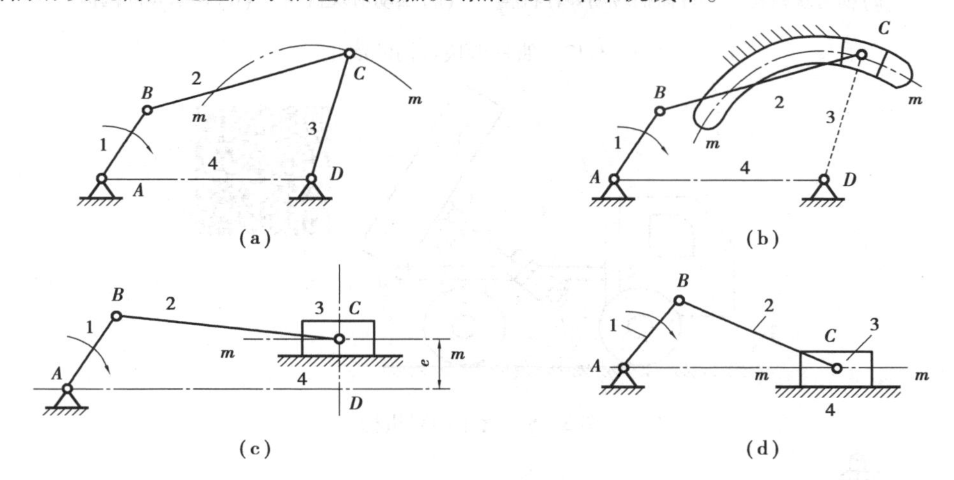


图3.16 曲柄摇杆机构演化为曲柄滑块机构

### 3.2.2 变更机架

如图3.17(a)所示的曲柄滑块机构,通过取其不同的构件为机架可以得到不同的机构,如图3.17(b)、(c)、(d)所示。演化后的机构都具有能在滑块中做相对移动的构件(导杆),因此称为导杆机构。根据导杆的运动特征,导杆机构又分为曲柄转动导杆机构、摆动滑块机构、移动导杆机构、曲柄摆动导杆机构四种类型,前三种类型可以看作是由变更曲柄滑块机构的机架演化而来的。

(1)曲柄转动导杆机构

如图3.17(a)所示的曲柄滑块机构,若改取杆1为机架,即得图3.17(b)所示的导杆机构。滑块3相对导杆4滑动并一起绕$A$点转动,通常取杆2为原动件。当$l_1 < l_2$时,两连架杆2和4均可相对于机架1做整周回转,称为曲柄转动导杆机构或转动导杆机构。

(2)摆动滑块机构(摇块机构)

如图3.17(a)所示的曲柄滑块机构,若改取杆2为机架,即得图3.17(c)所示的摆动滑块机构(或称摇块机构),这种机构广泛应用于摆缸式内燃机和液压驱动装置中。如图 3.18 所示货车车厢自动翻转卸料机构中,当油缸 3 中的压力油推动活塞杆 4 运动时,车厢 1 便绕转动副中心 *B* 倾斜,当达到一定角度时,物料就自动卸下。

(3)移动导杆机构(定块机构)

如图 3.17(a)所示的曲柄滑块机构,若改取滑块 3 为机架,即得图 3.17(d)所示的移动导杆机构(或称定块机构),这种机构常用于抽水唧筒(图 3.19)和抽油泵中。

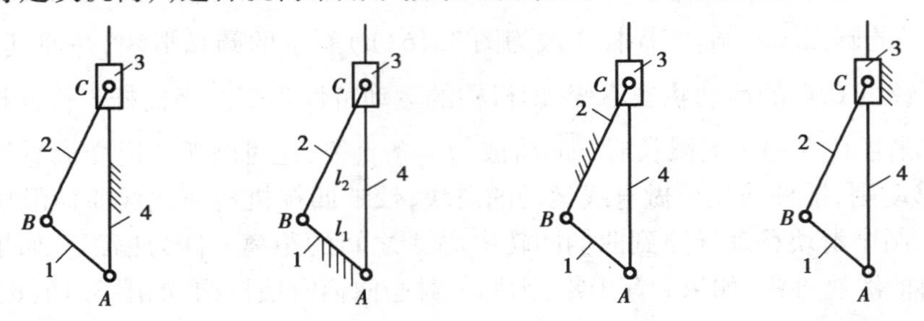


图 3.17　曲柄滑块机构的演化

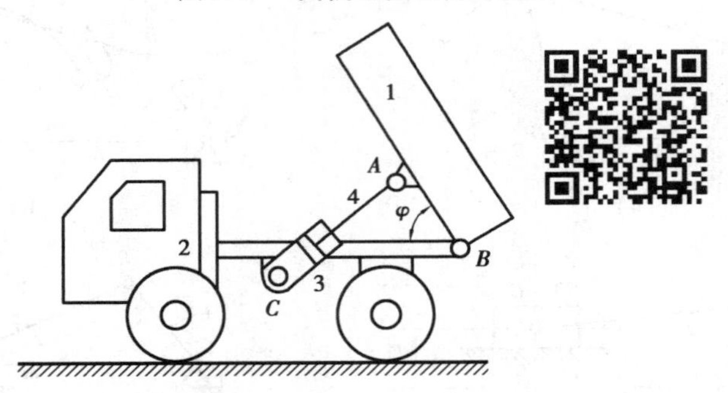

图 3.18　货车卸料机构

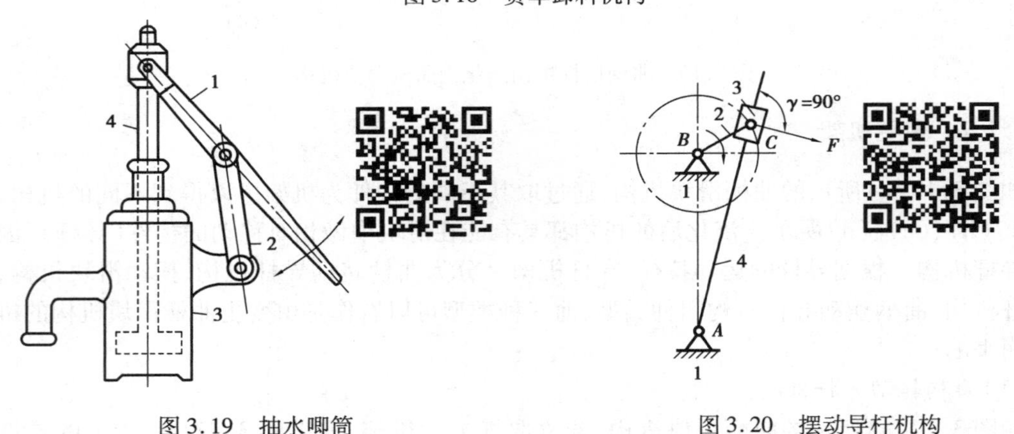


图 3.19　抽水唧筒　　图 3.20　摆动导杆机构

### 3.2.3　变更杆长

如 3.17(b)所示的曲柄转动导杆机构中,杆 1 为机架,$l_1 < l_2$,若改变杆长,使 $l_1 > l_2$,如图 3.20 所示,则连架杆 4 只能往复摆动,曲柄转动导杆机构演化为曲柄摆动导杆机构(摆动导杆机构)。摆动导杆机构常用于牛头刨床、插床和回转式油泵中。

### 3.2.4　扩大转动副

在工程应用中,为了提高机械的刚度、强度及稳定性,当曲柄尺寸很小时,通常扩大转动副的尺寸,将曲柄做成偏心轮结构。

在图3.21(a)所示的曲柄摇杆机构中,如果将曲柄1端部的转动副$B$的半径加大到超过曲柄1的长度$\overline{AB}$,便得到如图3.21(b)所示的机构。此时,曲柄1变成了一个以$B$为几何中心、$A$为回转中心的偏心轮,偏心轮是转动副$B$结构设计的一种构造形式。$A$、$B$之间的距离$e$称为偏心距,即原曲柄的长度。该机构与原曲柄摇杆机构的运动性质完全相同,其机构运动简图也完全一样。

同理,如图3.21(c)所示的曲柄滑块机构演化成具有偏心轮的曲柄滑块机构,如图3.21(d)所示。偏心轮机构广泛应用于传递动力较大的剪床、冲床、颚式破碎机、内燃机等机械中。

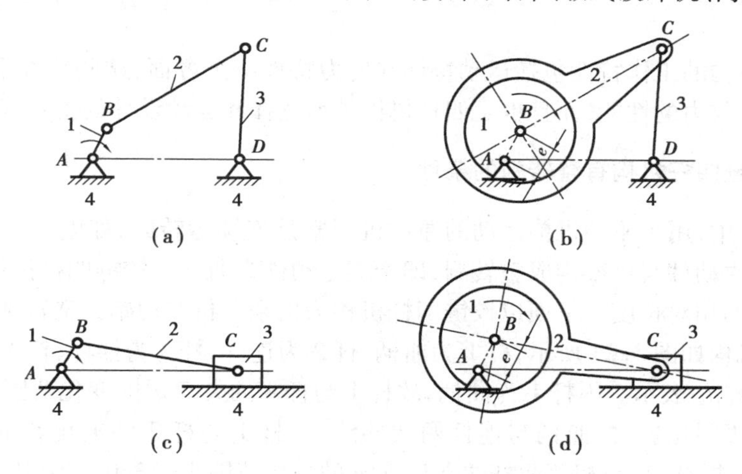


图3.21　具有偏心轮的四杆机构

### 3.2.5　四杆机构的扩展

除上述铰链四杆机构以外,生产中常见的某些多杆机构,也可以看作是由若干个四杆机构组合而成的。

如图3.22所示的手动冲床是一个六杆机构,它可以看作是由两个四杆机构组成的。第一个是由手柄(原动摇杆)1、连杆2、从动摇杆3和机架4组成的双摇杆机构;第二个是由摇杆3、小连杆5、冲杆6和机架4组成的摇杆滑块机构。其中前一个四杆机构的输出被作为第二个四杆机构的输入件,扳动手柄1,冲杆6就上下运动。采用此六杆机构,使扳动手柄的力获得两次放大,从而增大了冲杆的作用力。这种增力作用在连杆机构中经常用到。

图3.23所示为筛料机主体机构的运动简图,这个六杆机构也可以看作是由两个四杆机构组成的。第一个是由原动曲柄1、连杆2、从动曲柄3和机架6组成的双曲柄机构;第二个是由曲柄3(原动件)、连杆4、滑块5(筛子)和机架6组成的曲柄滑块机构。

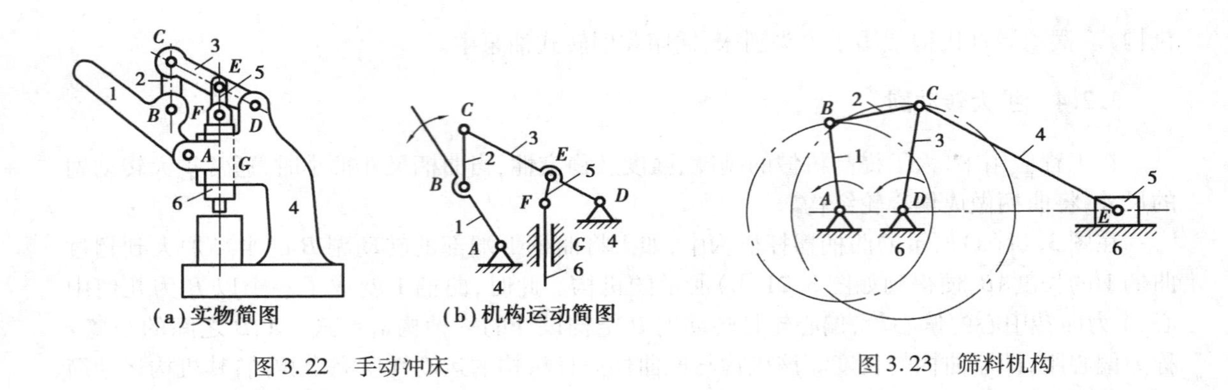


图 3.22　手动冲床　　　　图 3.23　筛料机构

## 3.3　平面四杆机构的工作特性

平面四杆机构的工作特性包括运动特性和传力特性两个方面,这些特性不仅反映了机构传递和变换运动与力的性能,而且也是四杆机构类型选择和运动设计的主要依据。

### 3.3.1　铰链四杆机构有整转副的条件

在工程实际中,用于驱动机构运动的原动机通常是连续运转的,如电动机、内燃机等。因此,要求机构的主动件与机架构成整转副,即希望主动件为曲柄。铰链四杆机构是否具有整转副,取决于各杆的相对长度。下面以铰链四杆机构为例来分析转动副为整转副的条件。

曲柄摇杆机构如图 3.24 所示,杆 1 为曲柄,杆 2 为连杆,杆 3 为摇杆,杆 4 为机架,各杆长度分别用 $l_1$、$l_2$、$l_3$、$l_4$ 表示。因杆 1 为曲柄,故杆 1 与杆 4 的夹角 $\varphi$ 的变化范围为 0°~360°;当摇杆处于左、右极限位置时,曲柄与连杆两次共线,故杆 1 与杆 2 的夹角 $\beta$ 的变化范围也是 0°~360°;杆 3 为摇杆,它与相邻两杆的夹角 $\psi$、$\gamma$ 的变化范围小于360°。显然,$A$、$B$ 为整转副,$C$、$D$ 不是整转副。为了实现曲柄 1 整周回转,$AB$ 杆必须顺利通过与连杆共线的两个位置 $AB'$ 和 $AB''$。

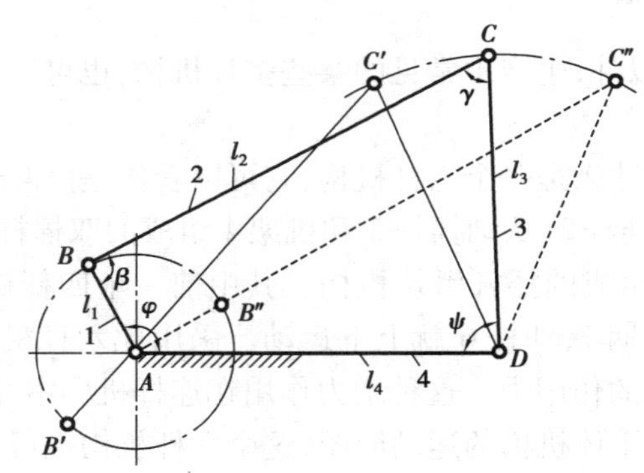

图 3.24　铰链四杆机构有整转副的条件

当杆 1 处于 $AB'$位置时,形成$\triangle AC'D$。根据三角形任意两边之和必大于(极限情况下等于)第三边的定理可得

$$l_4 \leqslant (l_2 - l_1) + l_3$$

$$l_3 \leqslant (l_2 - l_1) + l_4$$

即

$$l_1 + l_4 \leqslant l_2 + l_3 \tag{3.1}$$

$$l_1 + l_3 \leqslant l_2 + l_4 \tag{3.2}$$

当杆1处于$AB''$位置时，形成$\triangle AC''D$。可写出以下关系式

$$l_1 + l_2 \leqslant l_3 + l_4 \tag{3.3}$$

将式(3.1)、式(3.2)、式(3.3)两两相加，经简化后可得

$$l_1 \leqslant l_2, \quad l_1 \leqslant l_3, \quad l_1 \leqslant l_4$$

表明杆1为最短杆，在杆2、杆3、杆4中有一杆为最长杆。

分析上述各式，可得转动副$A$为整转副的条件是：

①最短杆与最长杆长度之和小于或等于其余两杆长度之和，此条件称为杆长条件。

②整转副是由最短杆与其邻边组成的。

曲柄是连架杆，整转副处于机架上才能形成曲柄，因此，具有整转副的铰链四杆机构是否存在曲柄，还应根据选择哪一个杆为机架来判断：

①最短杆为机架时，机架上有两个整转副，故得双曲柄机构。

②取最短杆的邻边为机架时，机架上只有一个整转副，故得曲柄摇杆机构。

③取最短杆的对边为机架时，机架上没有整转副，故得双摇杆机构。这种具有整转副而没曲柄的铰链四杆机构常用作电风扇的摇头机构，如图3.25所示，这时由于连杆$AB$上的两个转动副都是整转副，故该连杆$AB$能相对于两连架杆$AD$、$BC$做整周回转。

如果铰链四杆机构中的最短杆与最长杆长度之和大于其余两杆长度之和，则该机构中不存在整转副，无论取哪个构件作为机架都只能得到双摇杆机构。

### 3.3.2　急回运动特性

如图3.26所示的曲柄摇杆机构中，从动摇杆3的两个左、右极限位置之间的摆角为$\psi$。当摇杆处于两个极限位置时，对应曲柄的一个位置与另一个位置的反向延长线间所夹的角度称为极位夹角$\theta$。当主动曲柄1位于$AB_1$而与连杆2拉伸成共线时，从动摇杆3位于右极限位置$DC_1$。当曲柄1以等角速度$\omega_1$逆时针转过角$\varphi_1$到达$AB_2$，而与连杆2重叠共线时，摇杆3向左摆动到其左极限位置$DC_2$。当曲柄继续转过角$\varphi_2$而回到位置$AB_1$时，摇杆3又从左极限位置向右摆回到右极限位置$DC_1$。

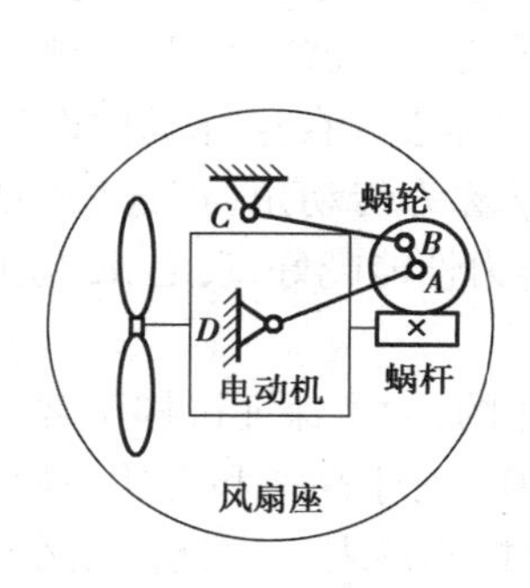


图3.25　风扇摇头机构

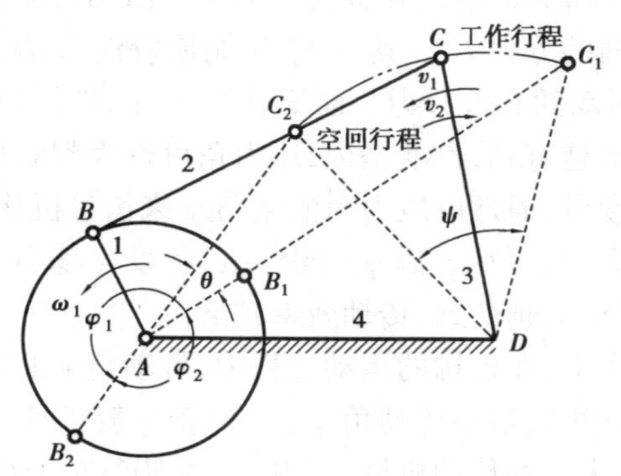


图3.26　曲柄摇杆机构的急回特性

由图 3.26 可看出，曲柄相应的两个转角 $\varphi_1$ 和 $\varphi_2$ 分别为

$$\varphi_1 = 180° + \theta, \quad \varphi_2 = 180° - \theta$$

由于 $\varphi_1 > \varphi_2$，当曲柄 1 以等角速度 $\omega_1$ 转过这两个角度时，对应的时间 $t_1 > t_2$，故

$$v_1 = \frac{\overset{\frown}{C_1C_2}}{t_1} < v_2 = \frac{\overset{\frown}{C_1C_2}}{t_2}$$

由此可见，当曲柄以匀速转动时，摇杆往复摆动的两个行程的平均速度是不同的，一慢一快。为了保证加工质量，缩短非生产时间，提高机械的生产率，应使机构慢速运动的行程为工作行程，快速运动的行程为空回行程，输出构件这种快速返回的运动特性称为急回特性。

为了表明急回运动的程度，通常引入行程速度变化系数（或称行程速比系数）$K$ 来表示，即

$$K = \frac{v_2}{v_1} = \frac{\dfrac{\overset{\frown}{C_1C_2}}{t_2}}{\dfrac{\overset{\frown}{C_1C_2}}{t_1}} = \frac{t_1}{t_2} = \frac{\varphi_1}{\varphi_2} = \frac{180° + \theta}{180° - \theta} \tag{3.4}$$

式(3.4)表明，$\theta$ 与 $K$ 之间存在一一对应关系，因此，机构的急回特性也可用 $\theta$ 角来表征。显然，$\theta$ 越大，$K$ 越大，急回运动的特性也越显著。

实际设计机械时，往往给定行程速度变化系数 $K$ 值，需先根据 $K$ 值求出极位夹角 $\theta$，再设计杆长。极位夹角为

$$\theta = 180° \frac{K-1}{K+1} \tag{3.5}$$

具有急回特性的四杆机构除曲柄摇杆机构外，还有图 3.16（c）所示的偏置曲柄滑块机构和图 3.20 所示的摆动导杆机构等。

平面四杆机构的这种急回特性广泛应用在牛头刨床、插床、往复式输送机等机械中。

### 3.3.3 压力角和传动角

在生产中，不仅要求连杆机构能实现预定的运动规律，而且希望运转轻便，效率较高。如图 3.27 所示的曲柄摇杆机构，若不计各杆质量和运动副中的摩擦，则连杆 $BC$ 为二力杆，它作用于从动摇杆 3 上的力 $F$ 是沿 $BC$ 方向的。作用在从动件上的驱动力 $F$ 与该力作用点绝对速度 $v_c$ 之间所夹的锐角 $\alpha$ 称为压力角。由图可见，将力 $F$ 分解为沿速度 $v_c$ 方向的分力 $F_t$ 和垂直于 $v_c$ 方向的分力 $F_n$。其中 $F_n$ 只能使铰链 $C$、$D$ 产生径向压力，是有害分力，$F_t$ 才是推动从动件 $CD$ 运动的有效分力。而 $F_t = F\cos\alpha$，即压力角越小，有效分力 $F_t$ 就越大，$F_n$ 就越小，对机构的传动越有利，也就是说，压力角可作为判断机构传动性能的标志。在连杆机构设计中，为了方便度量，通常以压力角的余角 $\gamma$ 来衡量机构的传力性能，$\gamma$ 称为传动角（即连杆和从动件之间所夹的锐角）。因 $\gamma = 90° - \alpha$，所以 $\alpha$ 越小，$\gamma$ 越大，机构传力性能越好；反之，$\alpha$ 越大，$\gamma$ 越小，机构传力越费劲，传动效率越低。

事实上，在机构的运动过程中，传动角 $\gamma$ 的大小是时刻变化的，为了保证机构正常工作，设计时必须规定最小传动角 $\gamma_{min}$。对于一般机械，通常取 $\gamma_{min} \geq 40°$；对于高速和大功率如颚式破碎机、冲床等的传动机械，可取 $\gamma_{min} \geq 50°$；对于小功率的控制机构和仪表，可取 $\gamma_{min}$ 略小于 40°。

设机构中各杆的长度分别为 $l_1$、$l_2$、$l_3$、$l_4$，在 $\triangle ABD$ 和 $\triangle CBD$ 中，由余弦定理可得

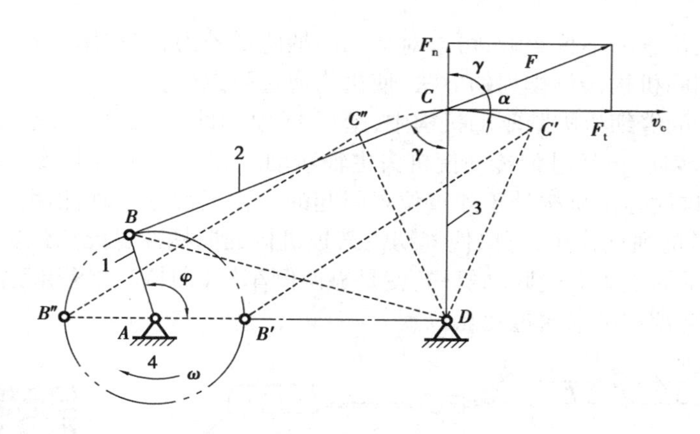


图3.27　曲柄摇杆机构的压力角和传动角

$$BD^2 = l_1^2 + l_4^2 - 2l_1 l_4 \cos \varphi$$

$$BD^2 = l_2^2 + l_3^2 - 2l_2 l_3 \cos \angle BCD$$

由此可得

$$\cos \angle BCD = \frac{l_2^2 + l_3^2 - l_1^2 - l_4^2 + 2l_1 l_4 \cos \varphi}{2l_2 l_3} \tag{3.6}$$

当 $\varphi = 0°$ 时，$\angle BCD$ 出现最小值 $(\angle BCD)_{\min}$，此值也是传动角的一个极小值；当 $\varphi = 180°$ 时，$\angle BCD$ 出现最大值 $(\angle BCD)_{\max}$，若该角是钝角，则其补角 $180° - (\angle BCD)_{\max}$ 应为 $\gamma$ 的另一极小值。$\gamma$ 的两个极小值中最小的一个即为机构的最小传动角 $\gamma_{\min}$。

综上所述，曲柄摇杆机构的最小传动角 $\gamma_{\min}$ 必出现在曲柄与机架共线（$\varphi = 0°$ 或 $\varphi = 180°$）的位置。

### 3.3.4　死点位置

如图3.28所示的曲柄摇杆机构中，以摇杆 $CD$ 为原动件，而曲柄 $AB$ 为从动件，则当摇杆摆到极限位置 $C_1D$ 和 $C_2D$ 时，连杆 $BC$ 与曲柄 $AB$ 共线，从动件的传动角 $\gamma = 0°$（即 $\alpha = 90°$）。若不计各杆的质量、惯性力和运动副的摩擦力，则这时连杆加给曲柄的力将经过铰链中心 $A$，此力对点 $A$ 不产生力矩，因此不能使曲柄转动。机构的这种传动角为零的位置称为死点位置。死点位置会使机构的从动件出现卡死或运动不确定的现象。可见，连杆机构的死点总是出现在从动件与连杆共线的位置。

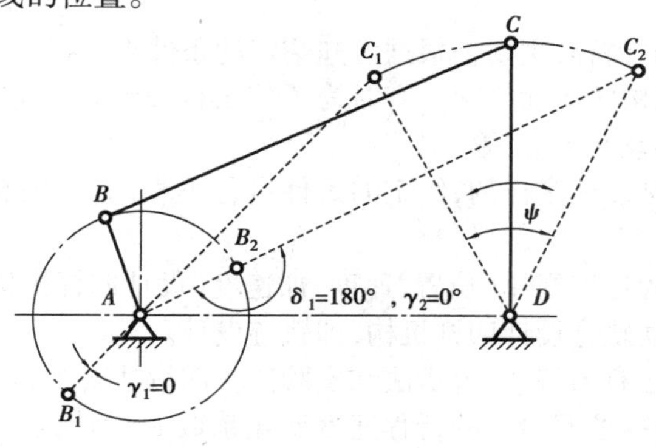


图3.28　曲柄摇杆机构的死点

为了消除死点位置的不良影响,可以对从动曲柄施加外力,或利用飞轮与构件自身的惯性作用及采用多组相同机构错位排列的方法,使机构通过死点位置。

如图 3.7 所示的缝纫机脚踏驱动机构中,踏板 1(原动件)往复摆动,通过连杆 2 驱使曲柄 3(从动件)做整周转动,再经过带传动使机头主轴转动。在实际使用中,缝纫机有时会出现踏不动或倒车现象,这就是由机构处于死点位置引起的。在正常运转时,借助安装在机头主轴上的飞轮(即上带轮)的惯性作用,可以使缝纫机踏板机构的曲柄冲过死点位置。

如图 3.29 所示的机车车轮联动机构,就是靠两侧车轮(曲柄)位置相互错开 90°的两组曲柄滑块机构 $EFG$ 与 $E'F'G'$ 来通过死点位置。

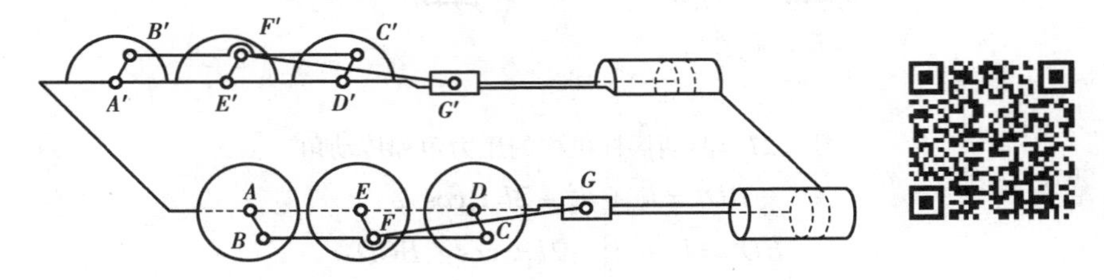


图 3.29　机车车轮联动机构

死点位置对传动虽然不利,但是对某些夹紧装置却可用于防松。如图 3.30 所示的一种连杆式快速夹具,就是利用死点位置来夹紧工件的。在连杆 2 上的手柄处施以作用力 $F$,使连杆 2 和连架杆 3 成一直线,机构处于死点位置,这时构件 1 的左端夹紧工件 5。外力 $F$ 撤出后,此时工件加在构件 1 上的反作用力 $F_n$ 无论多大,也不能使连架杆 3 转动,因此,工件仍处在被夹紧的状态。当需要取出工件时,只需向上扳动手柄,即能松开夹具。

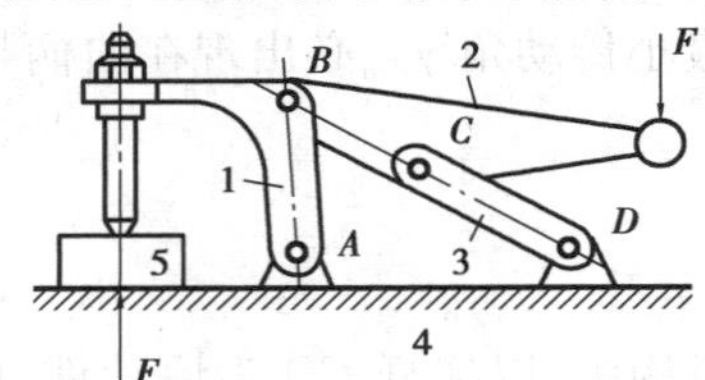


图 3.30　利用死点工作的夹具

## 3.4　平面四杆机构的设计

平面四杆机构设计的内容,主要是根据已知给定的条件来选择合适的四杆机构形式,确定各构件的尺寸,并作出机构的运动简图。有时为了使机构设计得可靠、合理,还应考虑几何条件和动力条件(如最小传动角 $\gamma_{min}$)等。

生产实践中的要求是多种多样的,给定的条件也各不相同,归纳起来,平面四杆机构的设计可以分为两种类型:

①按照给定从动件的运动规律(位置、速度、加速度)设计四杆机构,即位置设计。

②按照给定点的运动轨迹设计四杆机构,即轨迹设计。

四杆机构设计的方法有图解法、解析法和实验法。图解法直观,解析法精确,实验法简便。本书主要介绍图解法,包括按照给定的行程速度变化系数 $K$ 设计四杆机构和按给定连杆位置设计四杆机构。

### 3.4.1　按照给定的行程速度变化系数 $K$ 设计四杆机构

设计具有急回运动特性的四杆机构时，通常按实际需要先给定行程速度变化系数 $K$ 的数值，然后根据机构在极限位置的几何关系，结合有关辅助条件来确定机构运动简图的尺寸参数。

(1)曲柄摇杆机构

已知摇杆长度 $l_3$、摆角 $\psi$ 和行程速度变化系数 $K$，要求设计此曲柄摇杆机构。其设计的实质就是确定铰链中心 $A$ 点的位置，然后求出曲柄、连杆、机架的长度尺寸 $l_1$、$l_2$ 和 $l_4$。设计步骤如下：

①由给定的行程速度变化系数 $K$，按式(3.5)求出极位夹角 $\theta$，即

$$\theta = 180^\circ \frac{K-1}{K+1}$$

②选取适当的作图比例尺。如图3.31所示，任选固定铰链中心 $D$ 的位置，按摇杆长度 $l_3$ 和摆角 $\psi$，作出摇杆两个极限位置 $C_1D$ 和 $C_2D$，则 $\angle C_1DC_2=\psi$。

③连接 $C_1$ 和 $C_2$，并过 $C_1$ 点作 $C_1M$ 垂直于 $C_1C_2$。

④作 $\angle C_1C_2N=90^\circ-\theta$，$C_2N$ 与 $C_1M$ 相交于 $P$ 点，则 $\angle C_1PC_2=\theta$。

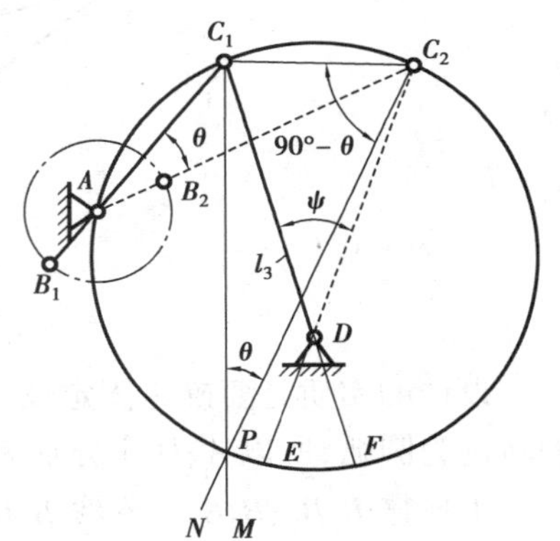

图3.31　按 $K$ 设计曲柄摇杆机构

⑤作 $\triangle C_1C_2P$ 外接圆，在此圆周(弧 $C_1C_2$ 和弧 $EF$ 除外)上任取一点 $A$ 作为曲柄的固定铰链中心。连 $AC_1$ 和 $AC_2$，因同一圆弧上对应的圆周角相等，故 $\angle C_1AC_2=\angle C_1PC_2=\theta$。

⑥因为摇杆在极限位置时，曲柄与连杆共线，故 $AC_1=l_2-l_1$，$AC_2=l_2+l_1$，从而得曲柄长度 $l_1=(AC_2-AC_1)/2$，连杆长度 $l_2=(AC_2+AC_1)/2$。由图得 $AD=l_4$。

由于 $A$ 点是 $\triangle C_1C_2P$ 外接圆上任选的点，所以满足按给定的行程速度变化系数 $K$ 设计的结果有无穷多个。但 $A$ 点位置不同，机构传动角及曲柄、连杆和机架的长度也各不相同。为了使机构获得良好的传动性能，可按照最小传动角 $\gamma_{\min}$ 或其他辅助条件来确定 $A$ 点的位置。

(2)摆动导杆机构

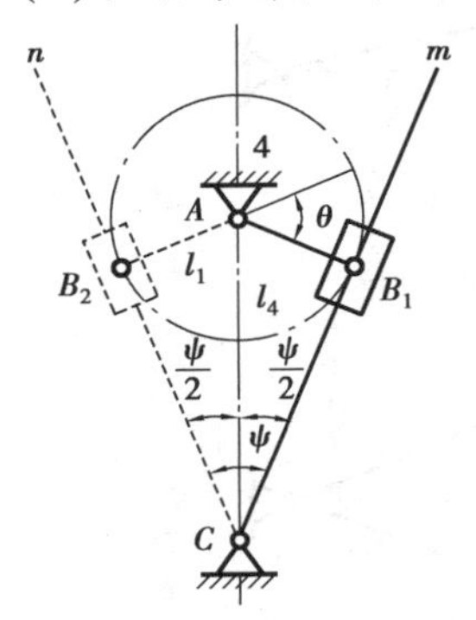

图3.32　按 $K$ 设计摆动导杆机构

已知摆动导杆机构中机架的长度 $l_4$ 和行程速度变化系数 $K$，要求设计此摆动导杆机构。由图3.32可知，摆动导杆机构的极位夹角 $\theta$ 等于导杆的摆角 $\psi$，所需要确定的尺寸是曲柄的长度 $l_1$。设计步骤如下：

①按式(3.5)求出极位夹角 $\theta$，即

$$\theta = 180^\circ \frac{K-1}{K+1} \text{且} \ \psi=\theta。$$

②任选固定铰链中心 $C$，以摆角 $\psi$ 作出导杆两极限位置 $Cm$ 和 $Cn$。

③作摆角 $\psi$ 的角平分线 $AC$，按选定的比例尺在线上取 $AC=l_4$，得到固定铰链中心 $A$ 的位置。

④过点 $A$ 作导杆极限位置的垂线 $AB_1$（或 $AB_2$），即得曲柄长度 $l_1 = AB_1$。

### 3.4.2　按给定连杆位置设计四杆机构

已知连杆 $BC$ 长度及连续的 3 个位置（$B_1C_1$、$B_2C_2$、$B_3C_3$），如图 3.33 所示，要求设计此铰链四杆机构。

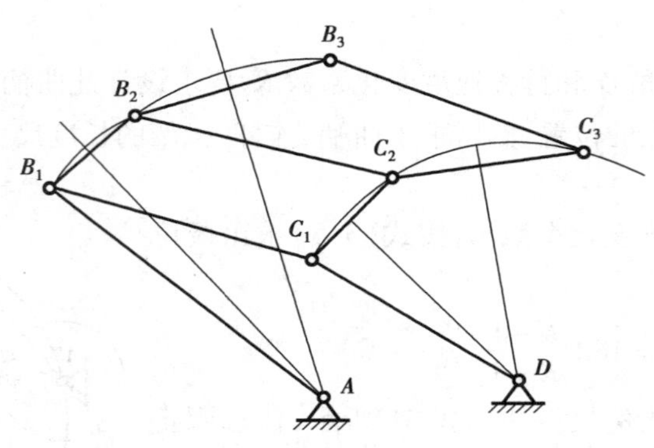


图 3.33　按给定连杆位置设计四杆机构

设计的实质是要确定固定铰链中心 $A$、$D$ 的位置，由于在铰链四杆机构中，活动铰链 $B$、$C$ 的轨迹为圆弧，所以 $A$、$D$ 应分别为其圆心，通过几何作图找到圆心即可。设计步骤如下：

①连接 $B_1B_2$、$B_2B_3$。作线 $B_1B_2$、$B_2B_3$ 的垂直平分线，其交点即为固定铰链 $A$ 的位置。

②同样连接 $C_1C_2$、$C_2C_3$。作线 $C_1C_2$、$C_2C_3$ 的垂直平分线，其交点即为另一固定铰链 $D$ 的位置。

③连接 $AB_1$、$C_1D$，可得所设计的四杆机构。

## 3.5　实例分析

**例 3.1**　指出图 3.34（a）（b）所示机构的死点位置。

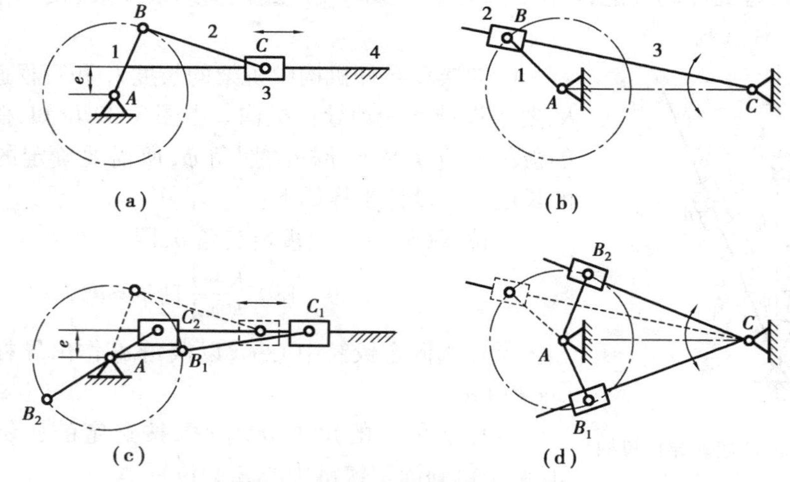


图 3.34　平面四杆机构死点位置

**解**:图 3.34(a)所示机构为偏置曲柄滑块机构,其死点位置如图 3.34(c)所示;图 3.34(b)所示机构为摆动导杆机构,其死点位置如图 3.34(d)所示。

**例 3.2**　在图 3.35(a)所示的铰链四杆机构中,已知各构件尺寸:$l_{AB}=20$ mm,$l_{BC}=60$ mm,$l_{CD}=85$ mm,$l_{AD}=50$ mm。

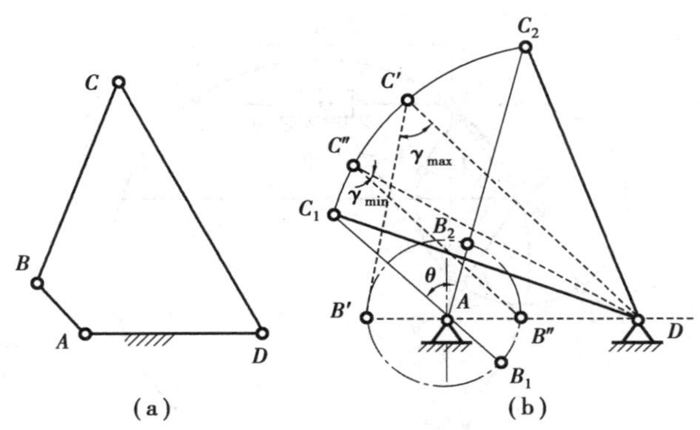


图 3.35　铰链四杆机构

①试确定该机构是否存在曲柄。

②判断此机构是否存在急回特性,若存在,试确定其极位夹角,并估算行程速比系数。

③若以构件 $AB$ 为主动件,画出机构的最小传动角和最大传动角的位置。

④在什么情况下机构存在死点位置?

**解**:①因为 $l_{AB}+l_{CD}=(20+85)\text{mm}=105\text{ mm}<l_{BC}+l_{AD}=(60+50)\text{mm}=110\text{ mm}$,且连架杆 $AB$ 为最短杆,故该机构有曲柄,$AB$ 杆就是曲柄。该机构为曲柄摇杆机构。

②作摇杆 $CD$ 处在两个极限位置时的机构位置图 $AB_1C_1D$ 和 $AB_2C_2D$,如图 3.35(b)所示。图中 $\angle C_1AC_2=\theta$ 为极位夹角,量得 $\theta=63°$,故该机构有急回特性,可求得

$$K=\frac{(180°+\theta)}{(180°-\theta)}=\frac{(180°+63°)}{(180°-63°)}=2.08$$

③若以曲柄 $AB$ 为主动件,则机构在曲柄 $AB$ 与机架 $AD$ 共线时的两个位置存在最小传动角和最大传动角。用作图法作出这两个位置 $AB'C'D$ 与 $AB''C''D$,由图可得 $\gamma_{\max}=\angle B'C'D=55°$,$\gamma_{\min}=\angle B''C''D=13°$。

④当以曲柄 $AB$ 为主动件时,机构无死点位置;若以摇杆 $CD$ 为主动件,则从动件 $AB$ 与连杆 $BC$ 共线的两个位置 $AB_1C_1D$ 和 $AB_2C_2D$ 为机构的死点位置。

**例 3.3**　设计曲柄滑块机构。

已知曲柄滑块机构的行程速度变化系数 $K$、行程 $H$ 和偏心距 $e$,要求设计此曲柄滑块机构。设计步骤如下:

①按式(3.5)求出极位夹角 $\theta$,即

$$\theta=180°\frac{K-1}{K+1}$$

②选取适当的作图比例尺。如图 3.36 所示,画线段 $C_1C_2=H$,并过 $C_1$ 点作直线 $C_1M$ 垂直于 $C_1C_2$。

③作 $\angle C_1C_2N=90°-\theta$,$C_1M$ 和 $C_2N$ 交于 $P$ 点,则 $\angle C_1PC_2=\theta$。

④作 $\triangle C_1C_2P$ 的外接圆,在此圆周上任取一点与 $C_1$、$C_2$ 点连线的夹角等于 $\theta$。

⑤作 $C_1C_2$ 的平行线并与 $C_1C_2$ 的距离为 $e$，此直线与 $\triangle C_1C_2P$ 外接圆的交点即为曲柄与机架的固定铰链中心 $A$。

⑥确定 $A$ 点后，根据滑块 $C$ 在极限位置时曲柄 $AB$ 与连杆 $BC$ 共线的几何特点，用与曲柄摇杆机构相同的方法，可分别求出曲柄 $AB$ 与连杆 $BC$ 的长度。

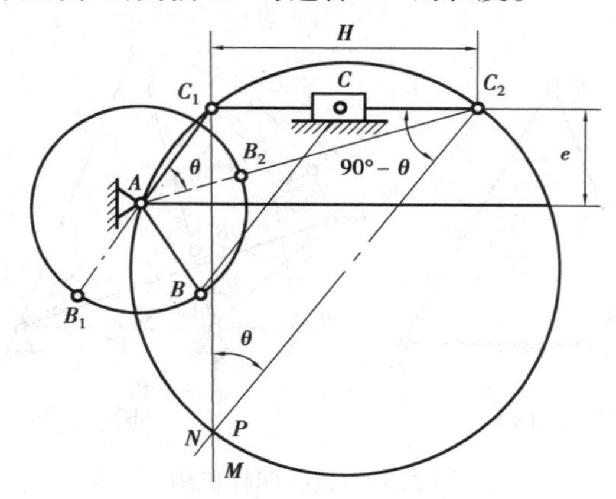


图 3.36　按 $K$ 设计曲柄滑块机构

## 本章小结

本章主要介绍了铰链四杆机构的三种基本形式、应用及其演化，铰链四杆机构具有整转副的条件及基本特性，平面四杆机构的设计。其中本章重点是铰链四杆机构具有整转副的条件及基本特性，难点是机构最小传动角的确定和平面四杆机构的设计。

## 思考题与习题

3.1　何谓曲柄？何谓摇杆？铰链四杆机构有哪几种基本形式？它们的主要演化形式有哪几种？请举例说明。

3.2　铰链四杆机构具有整转副的条件是什么？具有整转副的铰链四杆机构是否存在曲柄的判断原则是什么？

3.3　什么是急回运动特性、极位夹角、行程速度变化系数 $K$？三者之间的关系如何？

3.4　什么是连杆机构的压力角和传动角？两者有何关系？它们的大小对机构有何影响？

3.5　什么是平面连杆机构的死点？试画出曲柄滑块机构的死点位置。

3.6　试根据图 3.37 所注明的尺寸判断下列铰链四杆机构是曲柄摇杆机构、双曲柄机构还是双摇杆机构。

3.7　画出图 3.38 所示各机构的传动角和压力角，图中箭头标注的构件为原动件。

3.8　已知某曲柄摇杆机构的曲柄匀速转动，极位夹角 $\theta$ 为 30°，摇杆工作行程需时 7s。试问：①摇杆空回行程需时几秒？②曲柄每分钟转数是多少？

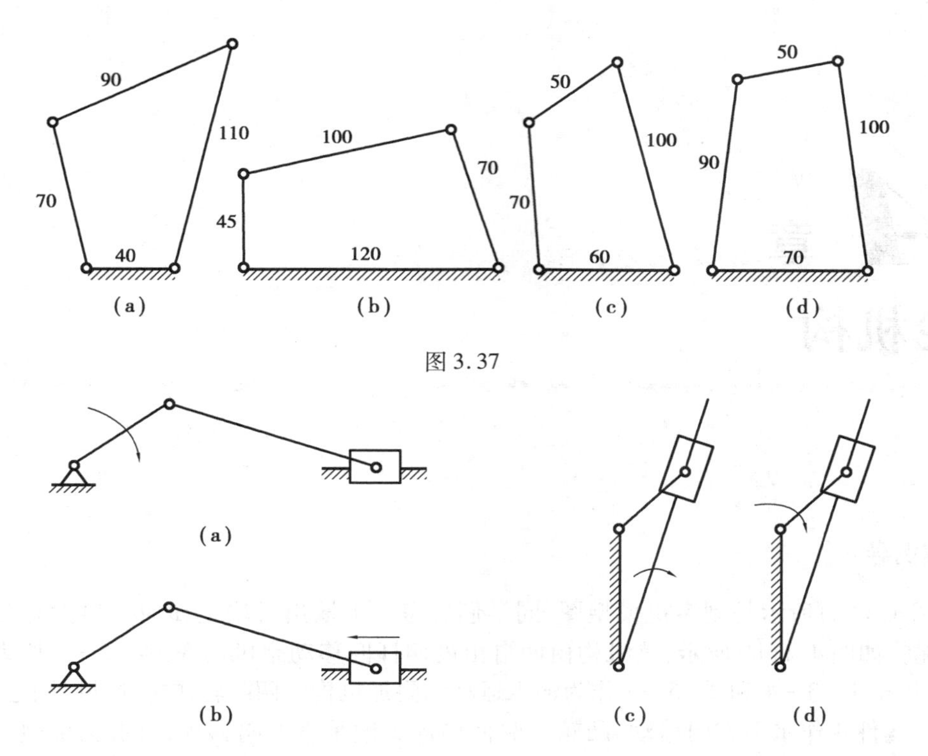


图3.37

(a)

(b)

(c)

(d)

图3.38

3.9　已知一铰链四杆机构各杆的长度如图3.39所示。试问：

①这是铰链四杆机构基本形式中的何种机构？

②若以 $AB$ 为原动件，此机构有无急回运动？为什么？

③当以 $AB$ 为原动件时，此机构的最小传动角发生在机构的何位置（在图中标出）？

④该机构在什么情况下会出现死点？在图上标出死点发生的位置。

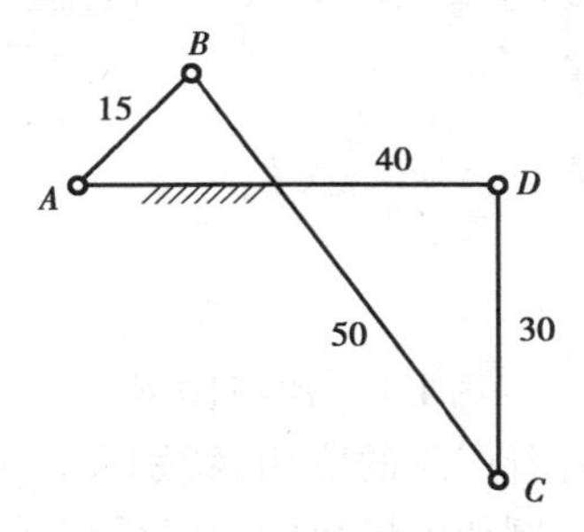


图3.39

3.10　有一曲柄摇杆机构，行程速度变化系数 $K=1.25$，摇杆长度 $l_3=140$ mm，机架长度 $l_4=125$ mm，曲柄和连杆长度之和，即 $l_1+l_2=210$ mm。试用图解法求曲柄长度 $l_1$ 和连杆长度 $l_2$。

3.11　试设计一摆动导杆机构。已知曲柄长度 $l_1=45$ mm，机架长度 $l_4=135$ mm。用图解法求极位夹角 $\theta$、导杆摆角 $\psi$ 以及行程速度变化系数 $K$。

3.12　“门”是启闭某种通道的机构，试举出10种不同形式的门及其启闭机构，并分析其功能、结构和设计思想。

# 第 4 章

# 凸轮机构

**【案例导入】**

如图 4.1(a)所示是刻字机模型图,同学们思考一下输出滑块是如何写出大写英文字母“R”的呢?如图 4.1(b)所示,该机构由两自由度四杆四移动副机构 3—4—5—6 作为基础机构,凸轮机构 1—3—4 和 2—5—4 作为输入运动的附加机构。两凸轮作主动件以同速转动,凸轮 1 驱使构件 4 作水平方向移动,凸轮 2 驱使构件 4 做垂直方向移动,合成为沿轨迹“R”的移动。

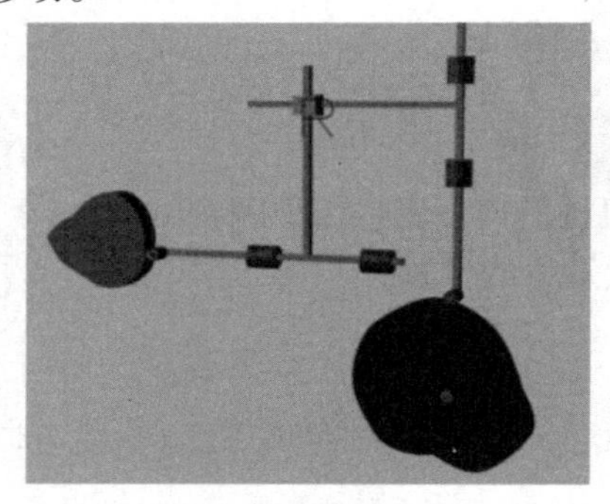

(a)刻字机模型图(扫码看动图)

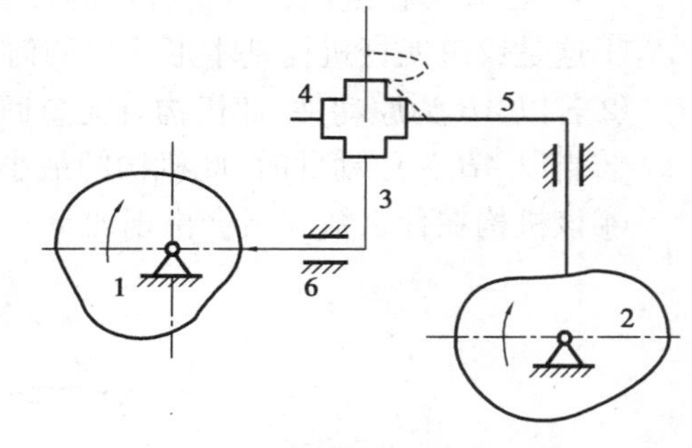


(b)刻字机机构运动简图

图 4.1　刻字机机构

凸轮机构在机械工程领域中有着广泛的应用,特别在印刷机械、包装机械、纺织机械以及各种自动化机械中应用更加普遍。例如内燃机的配气系统、绕线机的排线机构、冲床上冲头的往复移动、自动车床的横向进给运动都采用了凸轮机构。

凸轮机构具有传动、导向和控制等功能。当它作为传动机构时可以产生复杂的运动规律;当它作为导向机构时,可以使执行机构的动作端产生复杂的运动轨迹;当它作为控制机构时,可以控制执行机构的工作循环。

本章从讨论凸轮机构的特点和应用入手,介绍凸轮机构的分类,从动件常用的运动规律,凸轮轮廓曲线设计及凸轮机构设计的几个基本问题。

# 4.1　凸轮机构的应用及分类

## 4.1.1　凸轮机构的应用、组成和特点

凸轮是一种具有曲线轮廓或凹槽的构件，它与从动件通过高副接触，使从动件获得连续或不连续的任意预期运动。在机器中，为了实现各种复杂的运动，经常会用到凸轮机构。

如图 4.2 所示为内燃机配气凸轮机构。凸轮 1 以等角速度回转，它的轮廓驱使从动件 2（阀杆）按预期的运动规律启闭阀门。

如图 4.3 所示为绕线机中用于排线的凸轮机构，当绕线轴 3 快速转动时，经齿轮带动凸轮 1 缓慢地转动，通过凸轮轮廓与尖顶 $A$ 之间的作用，驱使从动件 2 往复摆动，从而使线均匀地缠绕在轴上。

如图 4.4 为应用于冲床上的凸轮机构。凸轮 1 固定在冲头上，当冲头上下往复运动时，凸轮驱使从动件 2 以一定的规律水平往复运动，从而带动机械手装卸工件。

如图 4.5 为自动车床的横向进给机构。当具有凹槽的凸轮 1 等速转动时，通过槽中的滚子，驱使从动件 2（扇形齿轮）往复摆动，从而推动装在刀架上的齿条 3 移动，实现自动进刀或退刀运动。

从以上的例子可以看出：凸轮机构主要由凸轮、从动件和机架 3 个基本构件组成。

凸轮机构的优点为只需设计适当的凸轮轮廓，便可使从动件得到所需的运动规律，并且结构简单、紧凑、设计方便。它的缺点是凸轮轮廓与从动件之间为点接触或线接触，容易磨损，所以通常多用于传力不大且需要实现特殊运动的场合。

## 4.1.2　凸轮机构的分类

根据凸轮和从动件的不同形状和形式，凸轮机构可按如下方法分类。

(1) 按凸轮的形状分类

①盘形凸轮。它是凸轮的最基本形式，这种凸轮是一个绕固定轴转动并且具有变化半径的盘形零件，如图 4.1、图 4.2 和图 4.3 所示。

图 4.2　内燃机配气机构

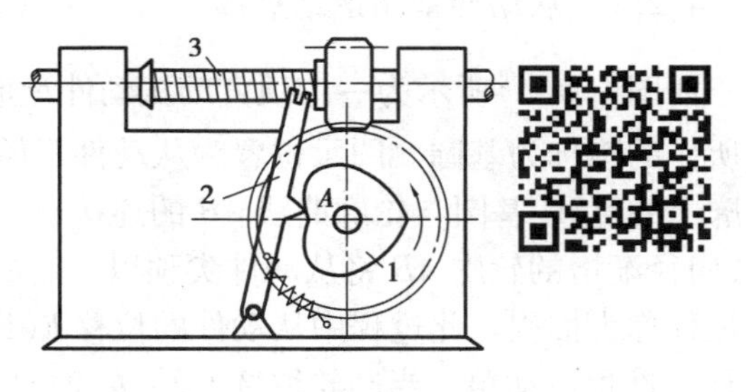


图 4.3　绕线机构

②移动凸轮。当盘形凸轮的回转中心趋于无穷远时，凸轮相对机架做直线运动，这种凸轮称为移动凸轮，如图 4.4 所示。

③圆柱凸轮。将移动凸轮卷成圆柱体即成为圆柱凸轮，如图 4.5 所示。

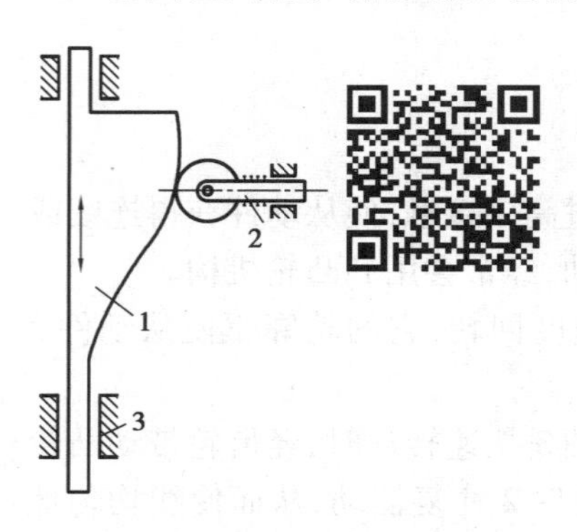


图 4.4　冲床装卸料凸轮机构

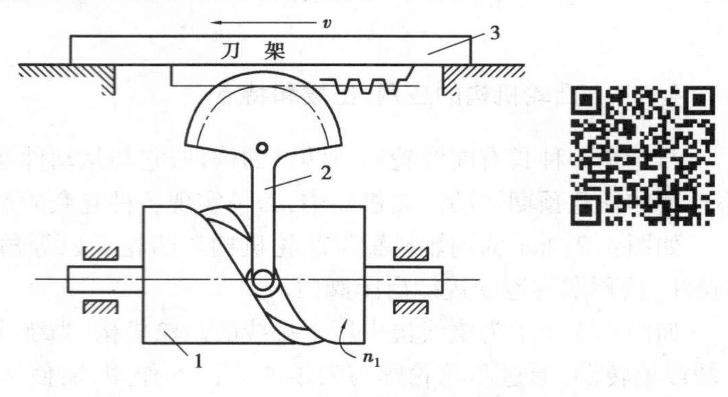


图 4.5　自动车床的横向进给机构

(2)按从动件的形式分类

①尖顶从动件。如图 4.3 所示，尖顶能与任意形状的凸轮轮廓保持接触，因而能实现复杂的运动规律。但尖顶与凸轮是点接触，磨损快，只适用于受力不大的低速凸轮机构。

②滚子从动件。如图 4.4 所示，在从动件前端安装一个滚子，即成滚子从动件。滚子和凸轮轮廓之间为滚动摩擦，耐磨损，可以承受较大载荷，是最常用的一种形式。

③平底从动件。如图 4.2 所示，从动件与凸轮轮廓表面接触的端面为一平面，显然它不能与凹陷的凸轮轮廓相接触。这种从动件的优点是当不考虑摩擦时，凸轮与从动件之间的作用力始终与从动件的平底相垂直，传动效率较高，且接触面易于形成油膜，利于润滑，常用于高速凸轮机构。

以上三种从动件都可以相对机架做往复直线移动或往复摆动。为了使凸轮与从动件始终保持接触，可利用重力、弹簧力(图 4.2、图 4.3)或凸轮上的凹槽(图 4.5)来实现。

## 4.2　从动件常用运动规律

凸轮轮廓形状取决于从动件的运动规律，因此，在设计凸轮轮廓曲线之前，应首先根据工作要求确定从动件的运动规律。

### 4.2.1　从动件常用运动规律

如图4.6(a)所示为一尖顶直动从动件盘形凸轮机构，以凸轮轮廓曲线的最小向径 $r_0$ 为半径所作的圆称为基圆。图示位置为从动件开始上升的位置，简称初始位置。此时尖顶与凸轮轮廓上的点 $A$(基圆与轮廓曲线 $AB$ 的连接点)接触，当凸轮以等角速度 $\omega$ 顺时针回转角度 $\Phi$ 时，向径渐增的轮廓 $AB$ 将从动件尖顶以一定的运动规律推到离凸轮回转中心最远的点 $B'$，这个过程称为推程。此过程中从动件的位移 $h$(即为最大位移)称为升程，凸轮对应转过的角度 $\Phi$ 称为推程运动角。当凸轮继续回转 $\Phi_s$ 时，以点 $O$ 为中心的圆弧 $BC$ 与尖顶相接触，从动件在最远位置停止不动，其对应的凸轮转角 $\Phi_s$ 称为远休止角。凸轮再继续回转 $\Phi'$时，向径渐减

的轮廓 $CD$ 与尖顶接触，从动件从最远处以一定运动规律返回到初始位置，这个过程称为回程，其对应的凸轮转角 $\Phi'$ 称为回程运动角。同理，当凸轮继续回转 $\Phi_s'$ 时，以点 $O$ 为中心的圆弧 $DA$ 与尖顶接触，从动件在最近位置停止不动，对应的凸轮转角 $\Phi_s'$ 称为近休止角。

当凸轮继续回转时，从动件重复上述过程。

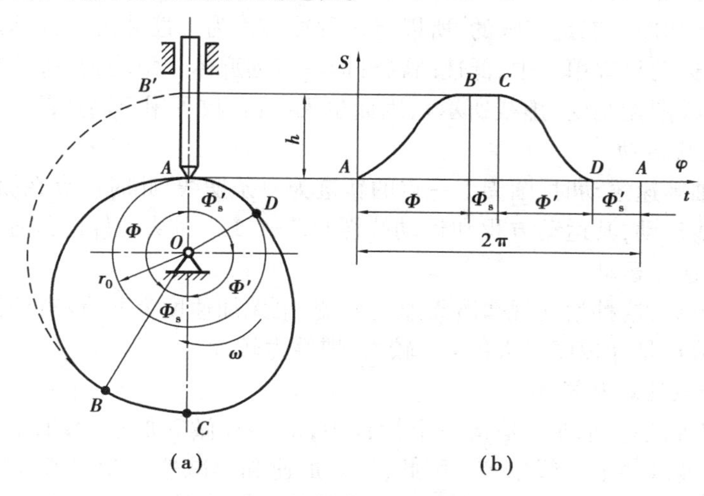


图4.6　凸轮轮廓与从动件位移线图

如果以直角坐标系的纵坐标代表从动件的位移 $s$，横坐标代表凸轮转角 $\varphi$（因通常凸轮以等角速转动，横坐标也代表时间 $t$），则可画出从动件的位移 $s$ 与凸轮转角 $\varphi$ 之间的关系曲线，称为从动件位移线图，如图4.6(b)所示。

由以上分析可知，从动件的位移线图取决于凸轮轮廓曲线的形状，也就是说，从动件的运动规律不同，要求凸轮具有的轮廓曲线不同。

下面以从动件运动循环为"推—停—回—停"的凸轮机构为例，介绍几种从动件运动规律。

(1)等速运动

如表4.1所示，从动件推程做等速运动时，其位移线图为一斜直线，速度线图为一水平直线，从动件运动开始时，速度由零突变为 $v_0$，故此时 $a=+\infty$。从动件运动终止时，速度由 $v_0$ 突变为零，故 $a=-\infty$（由于材料有弹性变形，实际上不可能达到无穷大），由此产生的巨大惯性力将引起强烈冲击，这种冲击称为刚性冲击，会造成严重危害。因此，等速运动规律不宜单独使用，在运动开始和终止段常用其他运动规律加以修正。

(2)简谐运动

点在圆周上做匀速运动时，它在该圆直径上的投影所构成的运动称为简谐运动。

简谐运动规律位移线图的作图方法如表4.1所示。将从动件的行程 $h$ 作为直径，在 $s$ 轴上做半圆，将此半圆分成若干等份（表中运动线图为六等份），得点 $1'',2'',3'',4'',5'',6''$，再把凸轮运动角 $\Phi$ 也分为相应等份，并做垂线 $11',22',33',44',55',66'$，将半圆上的等分点投影到相应的垂线上得 $1',2',3',4',5',6'$，用光滑曲线连接这些点，即可得到从动件的位移线图。其方程为

$$s=\frac{h}{2}(1-\cos\theta)$$

当 $\theta=\pi$ 时，$\varphi=\Phi$，故 $\theta=\pi\varphi/\Phi$，代入上式可得从动件推程做简谐运动的位移方程。由此可导出从动件的速度和加速度方程。

因从动件的加速度按余弦规律变化，又称余弦加速度运动。由加速度线图可见，这种运动规律的从动件在行程的始点和终点加速度数值有突变，导致惯性力突然变化而产生冲击，因此处加速度的变化量和冲击都是有限的，所以将这种冲击称为柔性冲击，高速运转时会产生不良影响。因此，简谐运动只宜用于中、低速凸轮机构。当远近休止角均为零，且推程、回程均为简谐运动时，加速度线图无突变（虚线所示），因而也无冲击，故可用于高速凸轮。

（3）正弦加速度运动

当滚圆沿纵轴等速滚动时，圆周上一点的轨迹为一条摆线，此时该点在纵轴上的投影所构成的运动称为摆线运动，其运动方程和运动线图见表4.1。因从动件的加速度按正弦规律变化，称之为正弦加速度运动。

由运动线图可见，这种运动规律既无速度突变，也无加速度突变，没有任何冲击，故可以用于高速凸轮。但缺点是加速度最大值 $a_{max}$ 较大，惯性力较大。

（4）等加速等减速运动规律

所谓“等加速等减速运动”，是指一个行程中，前半程做等加速运动，后半程做等减速运动，且加速度与减速度的绝对值相等。因此，做等加速和等减速运动时所经历的时间相等，各为 $T/2$；从动件的等加速和等减速运动中所完成的位移也必然相等，各为 $h/2$，凸轮以 $\omega$ 均匀转动的转角也各为 $\Phi/2$ 。其位移方程为

$$s=\frac{2h}{\Phi^2}\varphi^2$$

由位移方程可推导出速度和加速度方程。如表4.1所示，速度曲线是连续的，不会产生刚性冲击。但在 $O$、$A$、$B$ 三处加速度有突变，由此会产生柔性冲击。因此这种运动规律可用于中速、轻载的场合。

为了克服单一运动规律的某些缺点，进一步提高传动性能，还可以采用多项式运动规律或上述几种运动规律的组合。组合时，两条曲线在衔接处必须保持连续。如图4.7所示，采用了等速运动和正弦加速度两种运动规律的组合，既保持了从动件大部分行程等速运动，又消除了开始和终止时的冲击。如图4.8所示，采用了余弦加速度和正弦加速度两种运动规律的组合，既消除了从动件的柔性冲击，又减小了余弦加速度的最大值。

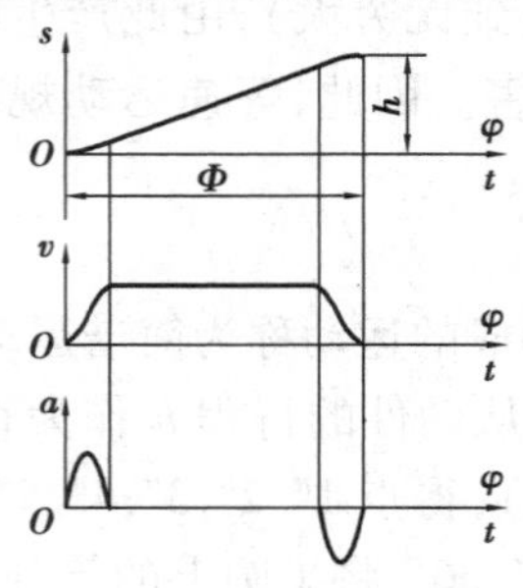

图4.7　组合运动规律1

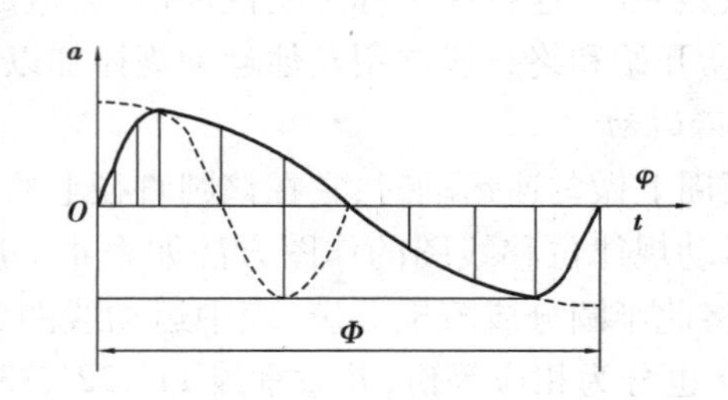

图4.8　组合运动规律2

### 4.2.2　从动件运动规律选择

在选择从动件的运动规律时，应根据机器工作时的运动要求来确定。如机床中控制刀架

进刀的凸轮机构,要求刀架进刀时做等速运动,则从动件应选择等速运动规律,至于行程始末端,可以通过拼接其他运动规律的曲线来消除冲击。对无一定运动要求,只要求从动件有一定位移量的凸轮机构,如夹紧送料等凸轮机构,可考虑加工方便,采用圆弧、直线等组成的凸轮轮廓。对于高速机构,应减小惯性力,改善动力性能,可选用正弦加速度运动规律或其他组合运动规律。

**表4.1　从动件常用运动规律**

| 运动规律 | 运动方程 | | 推程运动线图 |
|---|---|---|---|
| 等速运动 | 推程 | $s=\frac{h}{\Phi}\varphi$<br>$v=v_0=\frac{h}{\Phi}\omega$<br>$a=0$ | 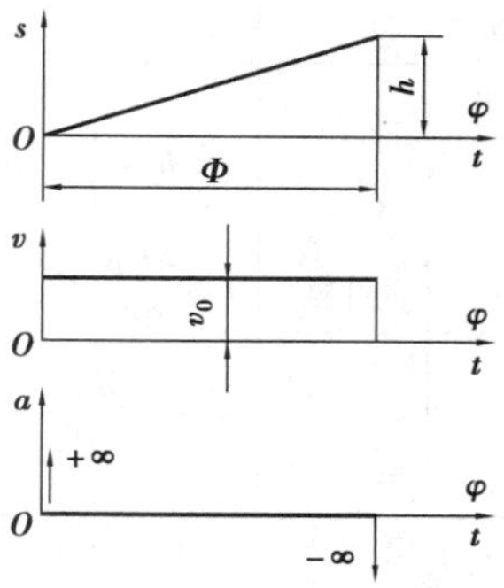 |
| | 回程 | $s=h-\frac{h}{\Phi'}(\varphi-\Phi-\Phi_s)$<br>$v=-\frac{h}{\Phi'}\omega$<br>$a=0$ | |
| 简谐运动 | 推程 | $s=\frac{h}{2}\left(1-\cos\frac{\pi}{\Phi}\varphi\right)$<br>$v=\frac{h\pi\omega}{2\Phi}\sin\frac{\pi}{\Phi}\varphi$<br>$a=\frac{h\pi^2\omega^2}{2\Phi^2}\cos\frac{\pi}{\Phi}\varphi$ | 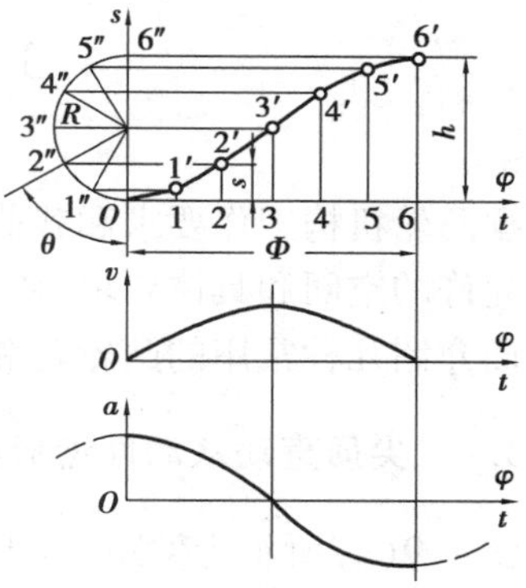 |
| | 回程 | $s=\frac{h}{2}\left[1+\cos\frac{\pi}{\Phi'}(\varphi-\Phi-\Phi_s)\right]$<br>$v=-\frac{h\pi\omega}{2\Phi'}\sin\frac{\pi}{\Phi'}(\varphi-\Phi-\Phi_s)$<br>$a=-\frac{h\pi^2\omega^2}{2\Phi'^2}\cos\frac{\pi}{\Phi'}(\varphi-\Phi-\Phi_s)$ | |
| 正弦加速度运动 | 推程 | $s=h\left(\frac{\varphi}{\Phi}-\frac{1}{2\pi}\sin\frac{2\pi}{\Phi}\varphi\right)$<br>$v=\frac{h\omega}{\Phi}\left(1-\cos\frac{2\pi}{\Phi}\varphi\right)$<br>$a=\frac{2h\pi\omega^2}{\Phi^2}\sin\frac{2\pi}{\Phi}\varphi$ | 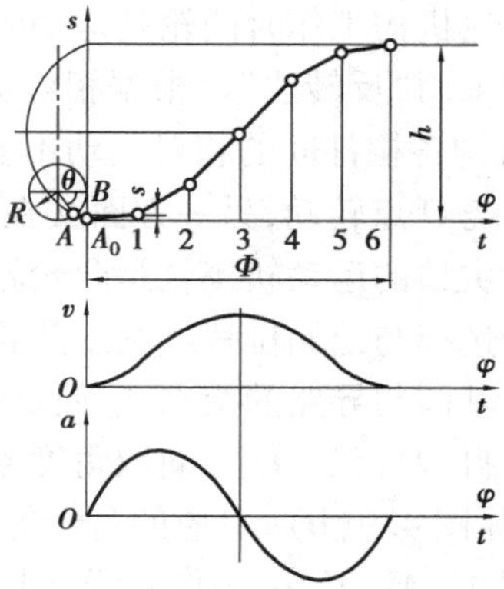 |
| | 回程 | $s=h\left[1-\frac{\varphi-\Phi-\Phi_s}{\Phi'}+\frac{1}{2\pi}\sin\frac{2\pi}{\Phi'}(\varphi-\Phi-\Phi_s)\right]$<br>$v=-\frac{h\omega}{\Phi'}\left[1-\cos\frac{2\pi}{\Phi'}(\varphi-\Phi-\Phi_s)\right]$<br>$a=-\frac{2h\pi\omega^2}{\Phi'^2}\sin\frac{2\pi}{\Phi'}(\varphi-\Phi-\Phi_s)$ | |

续表

| 运动规律 | 运动方程 | | 推程运动线图 |
|---|---|---|---|
| 等加速等减速运动 | 推程 | $s=\frac{2h}{\Phi^2}\varphi^2$<br>$v=\frac{4h\omega}{\Phi^2}\varphi$<br>$a=\frac{4h\omega^2}{\Phi^2}$ | 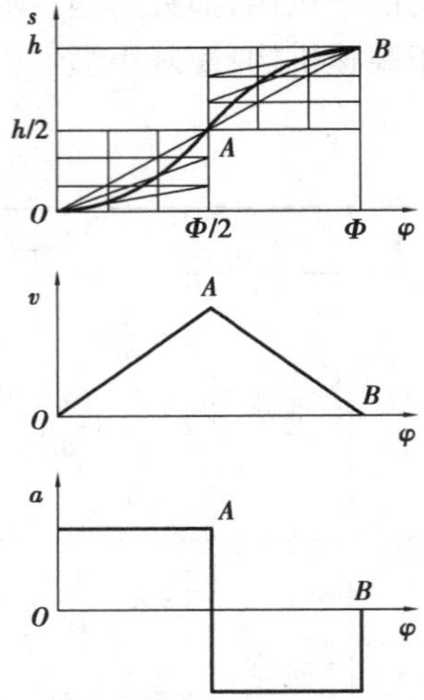 |
| | 回程 | $s=h-\frac{2h}{\Phi^2}(\Phi-\varphi)^2$<br>$v=\frac{4h\omega}{\Phi^2}(\Phi-\varphi)$<br>$a=-\frac{4h\omega^2}{\Phi^2}$ | |

## 4.3 图解法设计凸轮轮廓

根据凸轮机构工作要求和载荷情况等合理地选择从动件的运动规律之后，我们可以按照结构所允许的空间和具体要求，初步确定凸轮的基圆半径 $r_0$，然后绘制凸轮的轮廓。

下面介绍几种常用的凸轮轮廓的绘制方法。

### 4.3.1 尖顶直动从动件盘形凸轮

如图 4.9(a)所示为偏距 $e=0$ 的对心尖顶直动从动件盘形凸轮机构。已知从动件位移线图[图 4.9(b)]、凸轮的基圆半径 $r_0$ 以及凸轮以等角速度 $\omega$ 顺时针方向回转，要求绘制出此凸轮的轮廓。

凸轮机构工作时凸轮是运动的，而绘制凸轮轮廓时却需要凸轮与图纸相对静止。为此，在设计中采用“反转法”。根据相对运动原理，如果给整个机构加上绕凸轮轴心 $O$ 的公共角速度 $-\omega$，机构各构件间的相对运动不变。这样，凸轮不动，而从动件一方面随机架和导路以角速度 $-\omega$ 绕 $O$ 点转动，另一方面又在导路中往复移动。由于尖顶始终与凸轮轮廓相接触，所以反转后尖顶的运动轨迹就是凸轮轮廓。根据“反转法”原理，可以作图如下：

①选择与绘制位移线图中凸轮行程 $h$ 相同的长度比例尺，以点 $O$ 为圆心、$r_0$ 为半径作基圆。此基圆与导路的交点 $A_0$ 便是从动件尖顶的起始位置。

②自 $OA_0$ 沿 $-\omega$ 方向取角度 $\Phi=180°$、$\Phi_s=30°$、$\Phi'=120°$、$\Phi'_s=30°$，并将它们分成与位移线图[图 4.9(b)]对应的若干等份，在基圆上取 $A'_1$、$A'_2$、$A'_3$、……各相应分点。以 $O$ 为起始点分别过 $A'_1$、$A'_2$、$A'_3$、……作射线，即为反转后从动件导路的各个位置。

③在射线上量取各位移量，即取 $A_1A'_1=11'$、$A_2A'_2=22'$、$A_3A'_3=33'$、……，得反转后尖顶的

一系列位置 $A_1$、$A_2$、$A_3$、……。

④将 $A_0$、$A_1$、$A_2$、$A_3$、……连成一条光滑的曲线，便得到所要求的凸轮轮廓曲线。

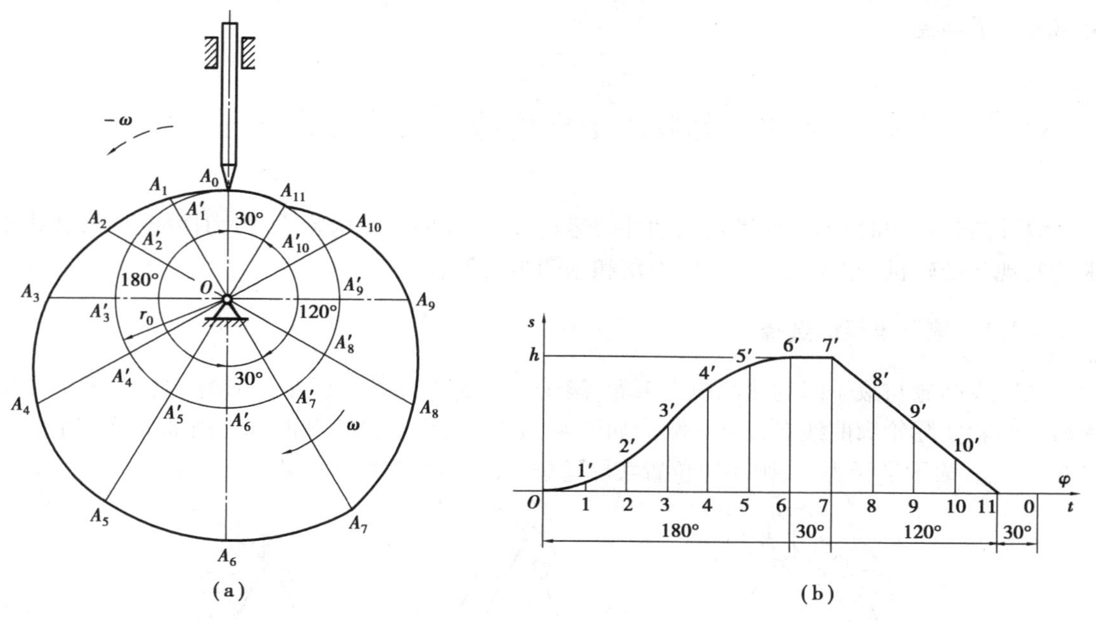


图4.9　尖顶直动从动件盘形凸轮

### 4.3.2　滚子直动从动件盘形凸轮

若将图4.9中的尖顶改为滚子，如图4.10所示，则凸轮轮廓可按如下方法绘制：

首先，把滚子中心看作尖顶从动件的尖顶，按上述方法求出一条轮廓曲线 $\beta_0$，再以 $\beta_0$ 上各点为中心，以滚子半径为半径作一系列圆，最后作这些圆的包络线 $\beta$，它便是使用滚子从动件时凸轮的实际轮廓线，$\beta_0$ 称为该凸轮的理论轮廓线。

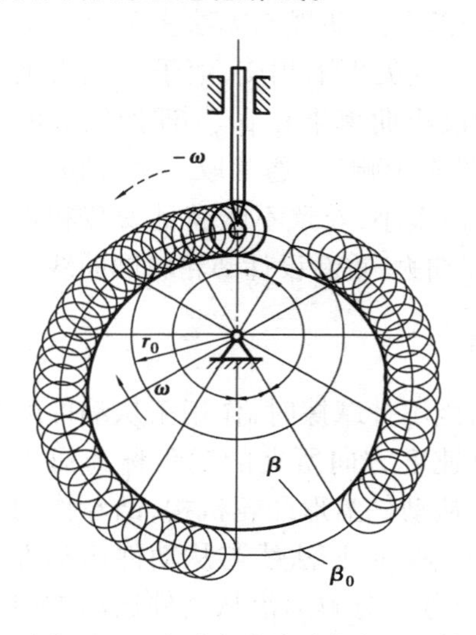


图4.10　滚子直动从动件盘形凸轮

由上述作图过程可知，滚子从动件盘形凸轮的基圆半径 $r_0$ 是指理论轮廓曲线的最小向径。滚子从动件盘形凸轮的实际轮廓曲线与理论轮廓曲线为两条法向等距的曲线，其间的等距离为滚子半径。

## 4.4　盘形凸轮机构基本尺寸确定

设计凸轮机构时，不仅要满足从动件的运动规律，还要求结构紧凑、传力性能良好，这些要求的实现与凸轮机构的滚子半径、压力角和基圆半径等有关。

### 4.4.1　滚子半径的选择

从减少凸轮与滚子间的接触应力来看，滚子半径越大越好。但是，必须注意，滚子半径增大后对凸轮实际轮廓曲线有很大影响。如图 4.11 所示，设理论轮廓曲线外凸部分的最小曲率半径为 $\rho_{min}$，滚子半径为 $r_T$，则相应位置实际轮廓曲线的曲率半径为 $\rho' = \rho_{min} - r_T$。

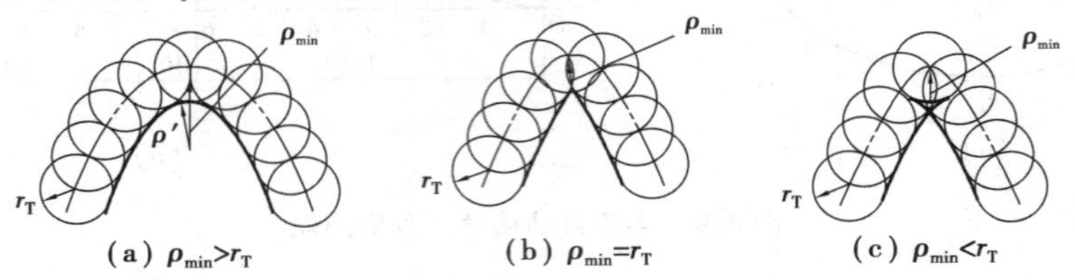


图 4.11　滚子半径的选择

当 $\rho_{min} > r_T$时，如图 4.11(a)所示，$\rho' > 0$，实际轮廓曲线为一平滑曲线。

当 $\rho_{min} = r_T$时，如图 4.11(b)所示，$\rho' = 0$，在凸轮实际轮廓曲线上产生了尖点，这种尖点极易磨损，磨损后就会改变原定的运动规律。

当 $\rho_{min} < r_T$时，如图 4.11(c)所示，$\rho' < 0$，实际轮廓曲线发生相交，交点以上的轮廓曲线在实际加工时将被切去，使这一部分运动规律无法实现。为了使凸轮轮廓曲线在任何位置既不变尖更不相交，滚子半径必须小于理论轮廓曲线外凸部分的最小曲率半径 $\rho_{min}$（理论轮廓曲线内凹部分对滚子半径的选择没有影响）。通常取 $r_T \leqslant 0.8\rho_{min}$，若 $\rho_{min}$过小，会使选择的滚子半径太小，导致不能满足安装和强度要求，则应把凸轮基圆半径 $r_0$ 加大，重新设计凸轮轮廓曲线。

### 4.4.2　凸轮机构的压力角

与连杆机构中的概念相同，当不计摩擦时，作用于从动件的驱动力方向与从动件力作用点速度方向所夹的锐角称为压力角。如图 4.12 所示的尖顶直动从动件盘形凸轮机构，凸轮作用于从动件的驱动力 $F$ 是沿法向传递的，该法线与从动件运动方向所夹锐角即为压力角 $\alpha$。若将力 $F$ 分解为沿从动件运动方向的分力 $F'$和垂直运动方向的分力 $F''$，则

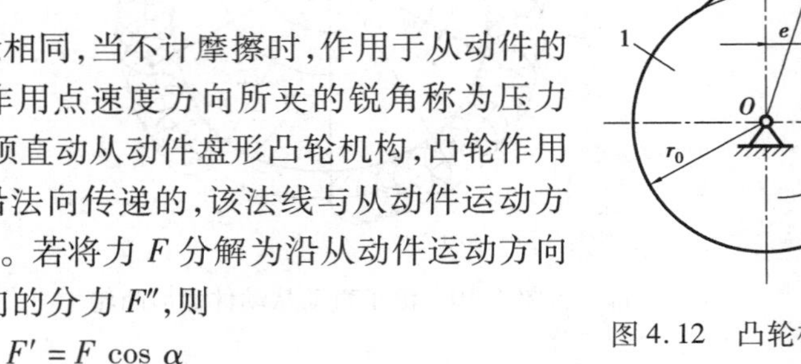


图 4.12　凸轮机构的压力角

$$F' = F\cos\alpha$$

$$F'' = F \sin \alpha$$

其中 $F'$ 为推动从动件运动的有效分力，$F''$ 将使从动件偏转压紧导路并引起摩擦阻力。

由上式可知，压力角 $\alpha$ 越大，有害分力 $F''$ 越大，由 $F''$ 引起的摩擦阻力越大，机构效率越低。当 $\alpha$ 增大到一定程度，$F''$ 引起的摩擦阻力大于 $F'$ 时，无论凸轮加给从动件的驱动力有多大，从动件都不能运动，这种现象称为自锁。为了保证凸轮机构正常工作并具有一定的传动效率，必须对压力角加以限制，凸轮轮廓曲线上各点的压力角一般是变化的，在设计中应使最大压力角不超过许用值。根据工程实践，一般推荐的许用压力角为：直动从动件取 $[\alpha]=30°$，摆动从动件取 $[\alpha]=45°$。对于依靠外力维持高副接触的凸轮机构，因从动件是由弹簧等外力驱动返回的，回程不会自锁，故对于这类凸轮机构，通常只需对其推程的压力角进行校核。

### 4.4.3　基圆半径的选择

基圆半径 $r_0$ 与凸轮机构压力角 $\alpha$ 的大小有关，基圆半径越小，压力角越大。因此，在确定基圆半径时必须保证凸轮机构的最大压力角 $\alpha_{max}$ 小于许用压力角 $[\alpha]$。在实际设计时，通常是由结构条件初步确定基圆半径 $r_0$，并进行凸轮轮廓设计和压力角检验直至满足 $\alpha_{max} \leqslant [\alpha]$ 为止。

## 4.5　实例分析

**例 4.1**　已知对心直动尖顶从动件盘形凸轮机构的从动件的运动规律为：推程中从动件以等速运动规律上升，推程运动角 $\Phi=150°$，行程 $h=50$ mm，远休止角 $\Phi_s=30°$；回程中从动件以简谐运动规律下降，回程角 $\Phi'=120°$，近休止角 $\Phi'_s=60°$。凸轮以等角速度逆时针方向旋转，基圆半径 $r_0=25$ mm。

①选定比例尺，画出从动件的运动规律位移线图。

②根据运动规律线图，应用图解法设计该凸轮的轮廓曲线。

**解：**①选定比例尺，画出从动件运动规律的位移线图，如图 4.13 所示。

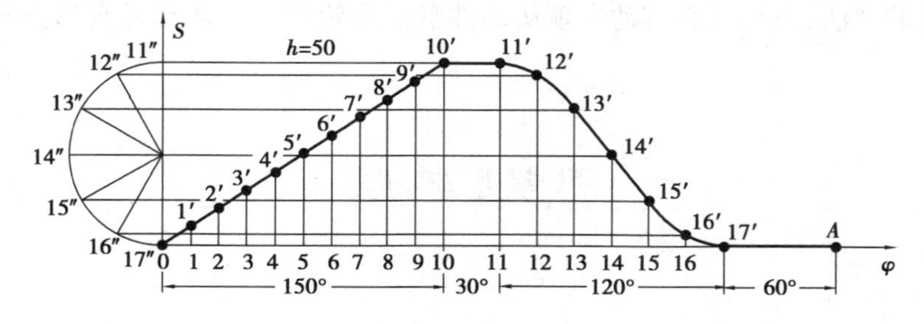


图 4.13　从动件运动规律的位移线图

②凸轮轮廓曲线绘制步骤：

a. 选比例尺 $\mu_1$ 作基圆 $r_0$。

b. 反向等分各运动角，原则是：陡密缓疏。

c. 确定反转后从动件尖顶在各等分点的位置。

d. 将各尖顶点连接成一条光滑曲线。

凸轮轮廓曲线图如图 4.14 所示。

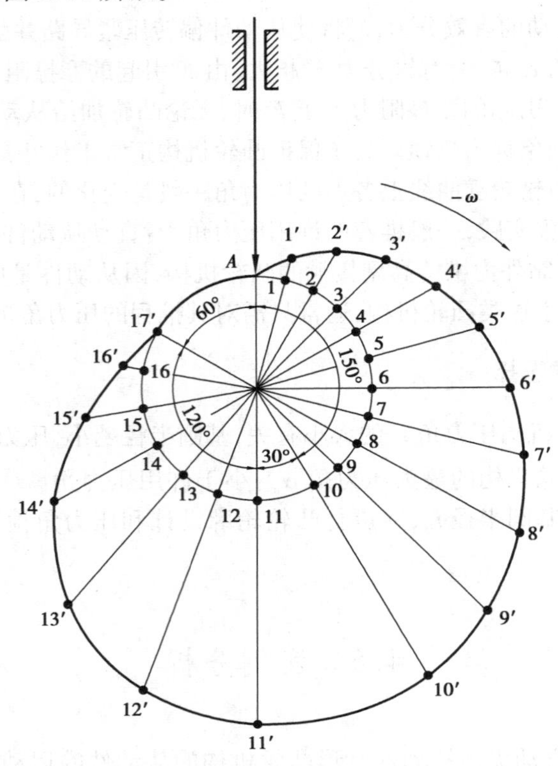


图 4.14 凸轮轮廓曲线图

## 本章小结

本章主要介绍了凸轮机构的应用及分类、从动件常用的运动规律,重点分析了图解法设计凸轮轮廓曲线的方法,包括对心直动尖顶从动件盘形凸轮和滚子从动件盘形凸轮的轮廓绘制方法。

## 思考题与习题

4.1 思考题

①与其他机构相比,凸轮机构最大的优点是什么?

②从动件的常用运动规律有哪几种? 它们各有什么特点? 各适用于什么场合?

③凸轮机构的类型有哪些?

④在用反转法设计盘形凸轮的轮廓线时,应注意哪些问题?

⑤何为凸轮机构的理论轮廓线? 何为凸轮机构的实际轮廓线? 两者有何区别与联系?

4.2 如图 4.15 所示为一偏置直动从动件盘形凸轮机构,已知 $AB$ 段为凸轮的推程轮廓线,试在图上标注其推程运动角 $\Phi$。

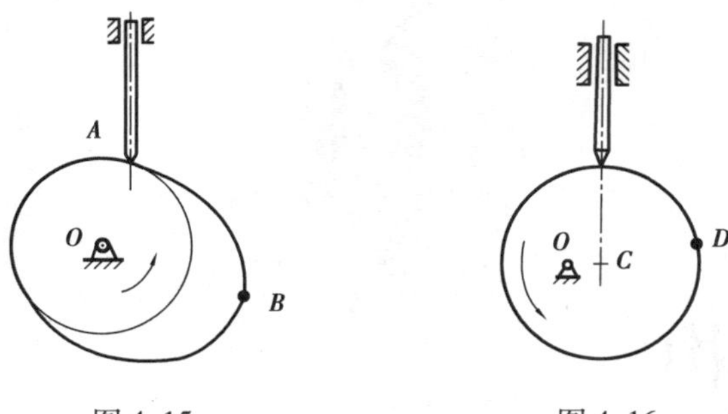


图4.15　　图4.16

4.3　如图4.16所示为一偏置直动从动件盘形凸轮机构。已知凸轮是一个以 $C$ 为圆心的圆盘,试求轮廓上 $D$ 点与尖顶接触时的压力角,并作图加以表示。

4.4　已知凸轮机构如图4.17所示,试在图上:

①画出凸轮的理论轮廓线。

②标注凸轮的基圆半径 $r_0$。

③标出推程运动角 $\Phi$。

④标出回程运动角 $\Phi'$。

⑤标出远休止角 $\Phi_s$。

⑥标出近休止角 $\Phi_s'$。

4.5　已知一对心尖顶直动从动件盘凸轮机构如图4.18所示,试画出机构的初始位置以及从动件的位移线图 $S-\varphi$。

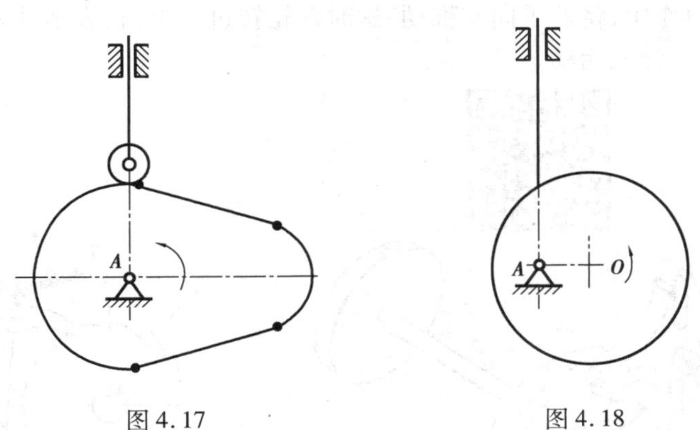


图4.17　　图4.18

4.6　已知对心直动滚子从动件盘形凸轮机构的从动件运动规律为:推程中从动件以等加速等减速运动规律上升,推程运动角 $\Phi=150°$,行程 $h=50$ mm;远休止角 $\Phi_s=30°$,回程中从动件以简谐运动规律下降,回程角 $\Phi'=120°$,近休止角 $\Phi_s'=60°$。凸轮以等角速度顺时针方向旋转,基圆半径 $r_0=60$ mm,滚子半径 $r_T=15$ mm。

①选定比例尺,画出从动件的运动规律位移线图。

②根据运动规律线图,应用图解法设计该凸轮的轮廓曲线。

4.7　试构思一室内自动吸尘器的设计方案,说明其结构组成和特点。

# 第 5 章 间歇运动机构

【案例导入】

在工程中，需要一种间歇运动机构，当主动件连续运动时，从动件周期性地出现停歇状态。例如牛头刨床的换向机构、电影放映机构(图5.1)、刀架转位机构及灌装机中都用到了间歇运动机构。间歇运动机构在自动生产线、步进机构、计数装置和许多复杂的轻工机械中有着广泛的应用。

如图5.2所示的计数器装置，用到了棘轮机构。当电磁铁1的线圈通入脉冲直流信号电流时，电磁铁吸动衔铁2，把棘爪3向右拉动，棘爪在棘轮5的齿上滑过；当断开信号电流时，借助弹簧4的回复力作用，将棘爪向左推动，这时棘轮转过一个齿，表示计入一个数字，重复上述动作，便可实现数字计入运动。

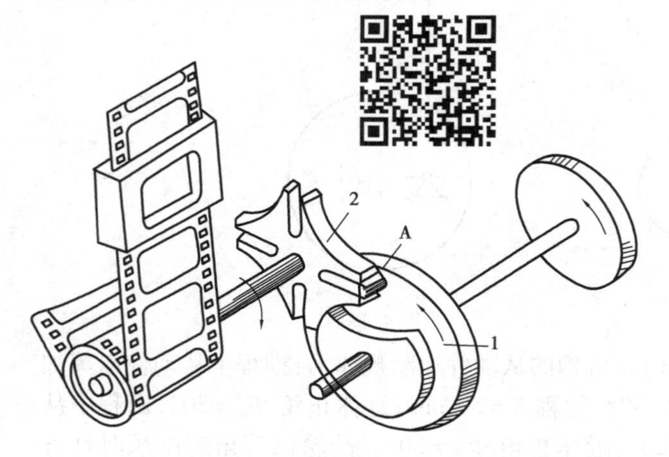


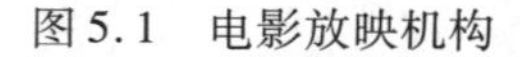
图5.1 电影放映机构

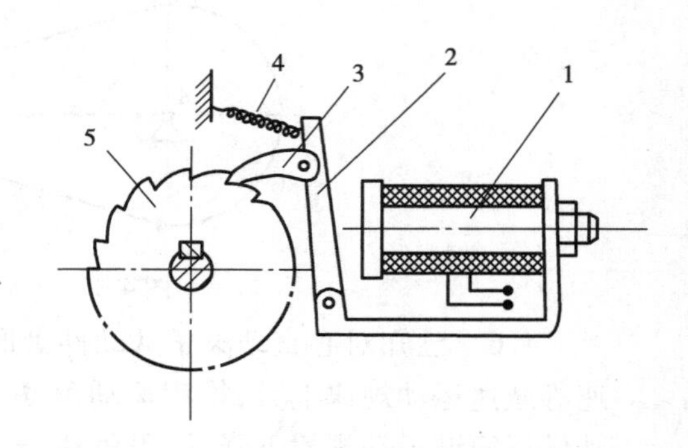


图5.2 计数器中的棘轮机构

要实现间歇运动可以用伺服电动机或步进电动机驱动，也可以采用一些传统的机构。前面介绍的连杆机构和凸轮机构都可以实现输出构件的间歇运动，本章将介绍其他类型的间歇运动机构。

# 5.1　棘轮机构

## 5.1.1　棘轮机构的工作原理

如图5.3所示,棘轮机构主要由棘轮3、主动棘爪2、止动棘爪4、主动摆杆1和机架组成。棘轮3固定在轴 $O_3$ 上,其轮齿分布在棘轮的外缘。

棘轮机构的工作原理是:当主动摆杆1逆时针摆动时,摆杆上铰接的主动棘爪2插入棘轮3的齿内,推动棘轮3同向转动一定的角度,同时止动棘爪4在棘轮3是齿背上滑过;当主动摆杆1顺时针摆动时,止动棘爪4阻止棘轮3顺时针转动,棘轮3静止不动,同时主动棘爪2在棘轮3是齿背上滑过,回到原位。棘轮机构最终实现了将原动件连续往复摆动运动转换为棘轮的单向间歇运动。为了保证棘爪的工作可靠,常利用弹簧2和5使棘爪紧贴齿面。

## 5.1.2　棘轮机构的分类

根据结构特点,常用棘轮机构可分为轮齿式和摩擦式两大类型。

(1)轮齿式棘轮机构

轮齿式棘轮机构的棘轮上有刚性的轮齿,且大多分布在棘轮的外缘上,成为外接棘轮机构(图5.3);也有分布在圆筒内缘上的,成为内接棘轮机构(图5.4);还有分布在端面上的,成为端面棘轮机构(图5.5)。当棘轮的直径为无穷大时,变为棘条(图5.6),此时棘轮的单向转动变为棘条的单向移动。

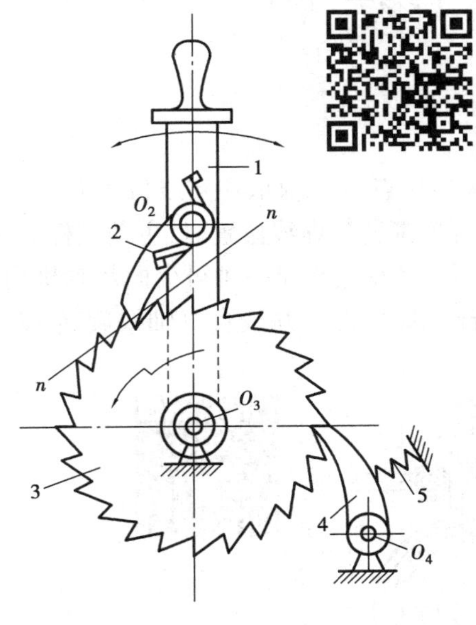


图5.3　外接棘轮机构

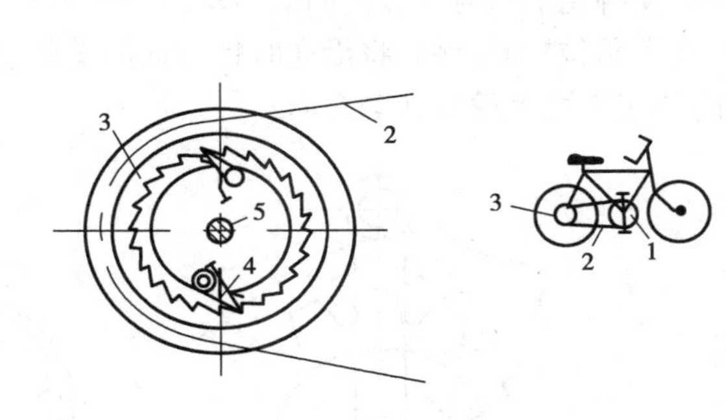


图5.4　内接棘轮机构

图 5.5　端面棘轮机构

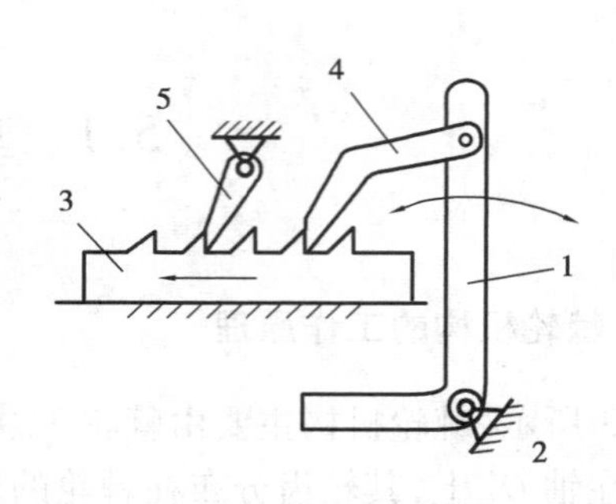

图 5.6　棘条机构

根据棘轮的运动方式又可分为以下三种：

1）单动式棘轮机构

单动式棘轮机构如图 5.3 所示，其特点是主动摆杆向一个方向摆动时，棘轮沿同方向转过某个角度，而主动摆杆反向摆动时，棘轮静止不动。

2）双动式棘轮机构

双动式棘轮机构如图 5.7 所示，其特点是主动摆杆在往复摆动的双向行程里，都能驱使棘轮朝单一方向转动，棘轮的转动方向不会改变。

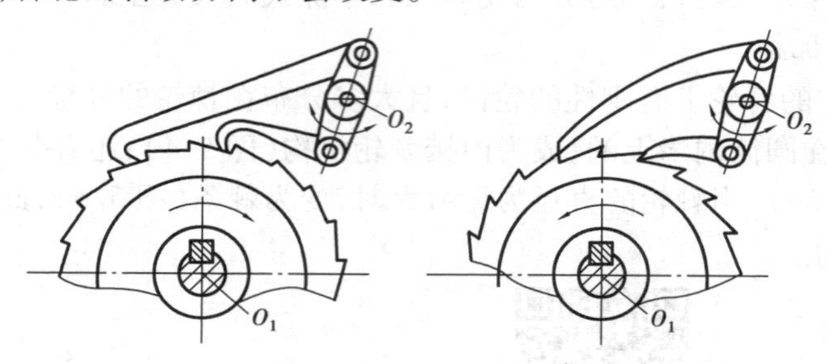

图 5.7　双动棘轮机构

3）可变向棘轮机构

可变向棘轮机构如图 5.8 所示，图 5.8(a) 中机构的特点是当棘爪在实线位置时，主动摆杆的往复摆动将使棘轮沿逆时针方向间歇转动；而当棘爪翻转到虚线位置时，主动摆杆的往复摆动将使棘轮沿顺时针方向间歇转动。如图 5.8(b) 所示的机构也是一种可变向棘轮机构，当棘爪在图示位置时，棘轮将沿逆时针方向间歇转动；若将棘爪提起并绕自身轴线旋转 180°后放下，则可改变棘轮的转动方向。

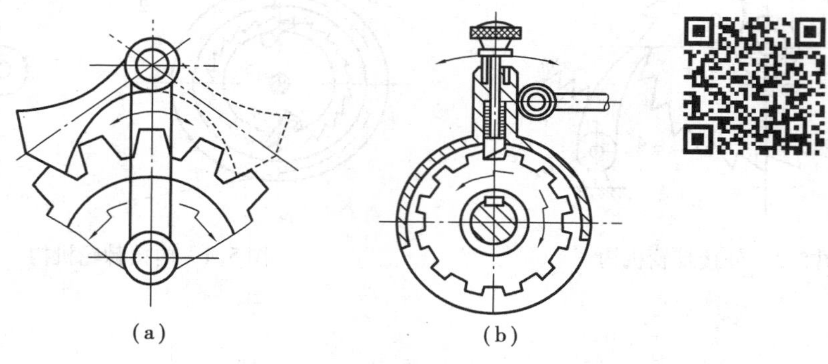

图 5.8　可换向棘轮机构

(2)摩擦式棘轮机构

摩擦式棘轮机构如图5.9所示。它以偏心扇形楔块代替轮齿式棘轮中的棘爪,以无齿摩擦轮代替棘轮。当主动摆杆1逆时针方向摆动时,扇形块2楔紧摩擦轮3成为一体,使摩擦轮3也一起逆时针转动,这时止回扇形块4打滑;当主动摆杆1顺时针方向摆动时,扇形块2在摩擦轮3上打滑,这时止回扇形块4楔紧摩擦轮3,防止倒转。这样当主动摆杆连续往复摆动时,摩擦轮3得到单向的间歇转动。

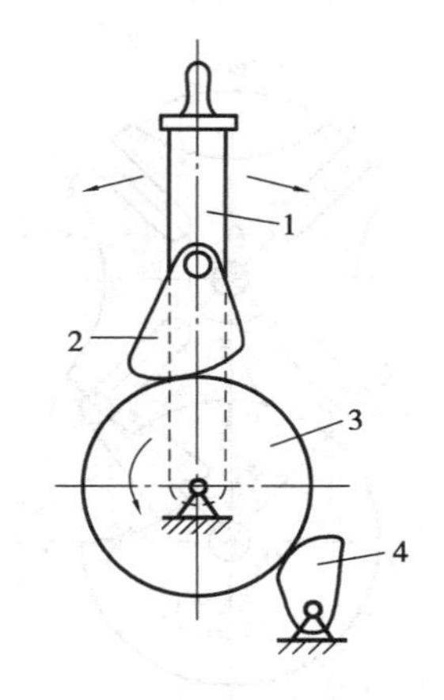

图5.9　摩擦式棘轮机构

轮齿式棘轮机构结构简单,易于制造,运动可靠,棘轮转角容易实现有级调整,但棘爪在齿面滑过引起噪声和冲击,棘齿易磨损,在高速时就更为严重,所以轮齿式棘轮机构常用于低速、轻载的场合。

摩擦式棘轮机构传递运动较平稳,无噪声,从动件的转角可作无级调整,缺点是难以避免打滑现象,因此运动的准确性较差,不适合用于精确传递运动的场合。

根据棘轮机构的特点,在生产中主要用于进给、超越和转位等工艺动作的控制。

## 5.2　槽轮机构

### 5.2.1　槽轮机构的工作原理

槽轮机构如图5.10所示,它是由带有径向槽和锁止弧的槽轮2、带有圆销的拨盘1和机架组成。拨盘1做匀速转动时,可驱使槽轮2做间歇运动。当圆销进入径向槽时,拨盘上的圆销将带动槽轮转动。拨盘转过一定角度后,圆销将从径向槽中退出。为了保证圆销下一次能正确地进入径向槽内,槽轮的内凹锁止弧$\overset{\frown}{efg}$被拨盘的外凸锁止弧$\overset{\frown}{abc}$卡住,直到下一个圆销进入径向槽后才放开,这时槽轮又可随拨盘一起转动,即进入下一个运动循环。

### 5.2.2　槽轮机构的分类

平面槽轮机构有两种形式:一种是外槽轮机构,如图5.10(a)所示,其槽轮上径向槽的开口是自圆心向外,主动构件与槽轮转向相反;另一种是内槽轮机构,如图5.10(b)所示,其槽轮上径向槽的开口是向着圆心的,主动构件与槽轮的转向相同。这两种槽轮机构都用于传递平行轴的运动。

槽轮机构构造简单,机械效率较高。由于圆销是沿圆周切向进入和退出径向槽的,所以槽轮机构运动平稳。槽轮机构被广泛用于包装、食品、轻工机械的步进机构等自动机械中。

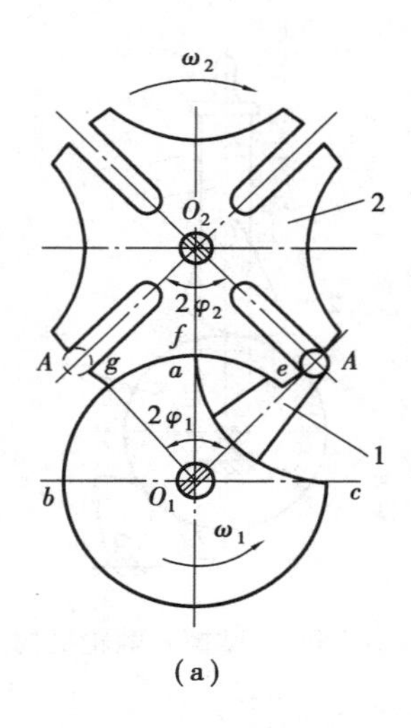


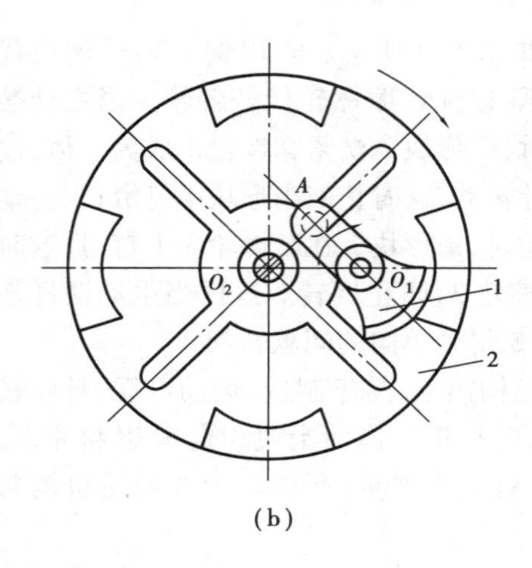

(a)　　　　　　(b)

图 5.10　槽轮机构

## 5.3　不完全齿轮机构

如图 5.11 所示为不完全齿轮机构，这种机构的主动轮 1 为只有一个齿或几个齿的不完全齿轮，从动轮 2 由正常齿和带锁住弧的厚齿彼此相间地组成。当主动轮 1 的有齿部分作用时，从动轮 2 就转动；当主动轮 1 的无齿圆弧部分作用时，从动轮 2 停止不动，因而当主动轮连续转动时，从动轮 2 获得时转时停的间歇运动。不难看出，每当主动轮 1 连续转过一圈时，如图 5.11(a)和图 5.11(b)所示机构的从动轮 2 分别间歇地转过 1/8 圈和 1/4 圈。为了防止从动轮在停歇期间游动，两轮轮缘上各设置有锁止弧。

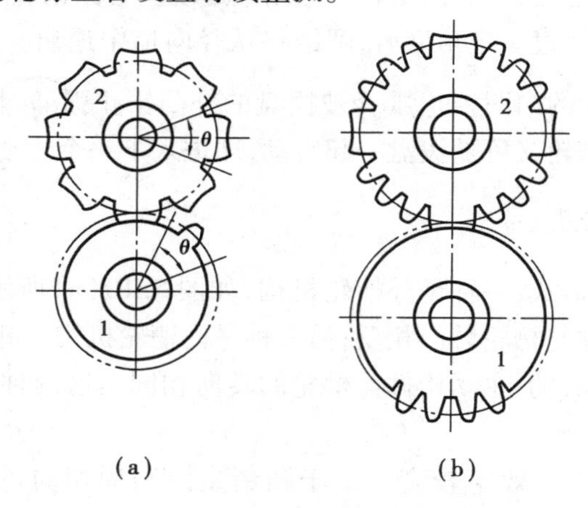


图 5.11　不完全齿轮机构

不完全齿轮机构与其他机构相比，结构简单，制造方便，从动轮的运动时间和静止时间的比例可不受机构结构的限制。但由于齿轮传动为定传动比运动，所以从动轮从静止到转动或从转动到静止时，速度有突变，冲击较大，所以一般只用于低速或轻载场合。如在多工位自动、半自动机械中，用于工作台的间歇转位机构及某些间歇进给机构、计数机构等。

## 5.4　实例分析

**例5.1**　自行车后轮轴上的棘轮机构。

如图5.4所示为自行车后轮轴上的棘轮机构。当脚蹬踏板时，经链轮1和链条2带动内圈具有棘齿的链轮3顺时针转动，在通过棘爪4的作用，使后轮轴5顺时针转动，从而驱使自行车前进。自行车前进时，如果踏板不动，后轮轴5便会超越链轮3而转动，让棘爪4在棘轮齿背上滑过，从而实现不蹬踏板的自由滑行。

**例5.2**　牛头刨床工作台的横向进给机构。

如图5.12所示的牛头刨床工作台的横向进给，就是通过齿轮传动1-2、曲柄摇杆机构2-3-4、棘轮机构4-5-6-7来与棘轮固联的丝杠6做间歇转动，从而使牛头刨床工作台实现横向间歇进给。若要改变工作台横向进给的大小，可通过改变曲柄 $O_2$A 的长度来实现。当棘爪7处在图示状态时，棘轮5沿逆时针方向做间歇进给。若将棘爪7拔出绕本身轴线转180°后再放下，由于棘爪工作面的改变，棘轮将改为沿顺时针方向间歇进给。

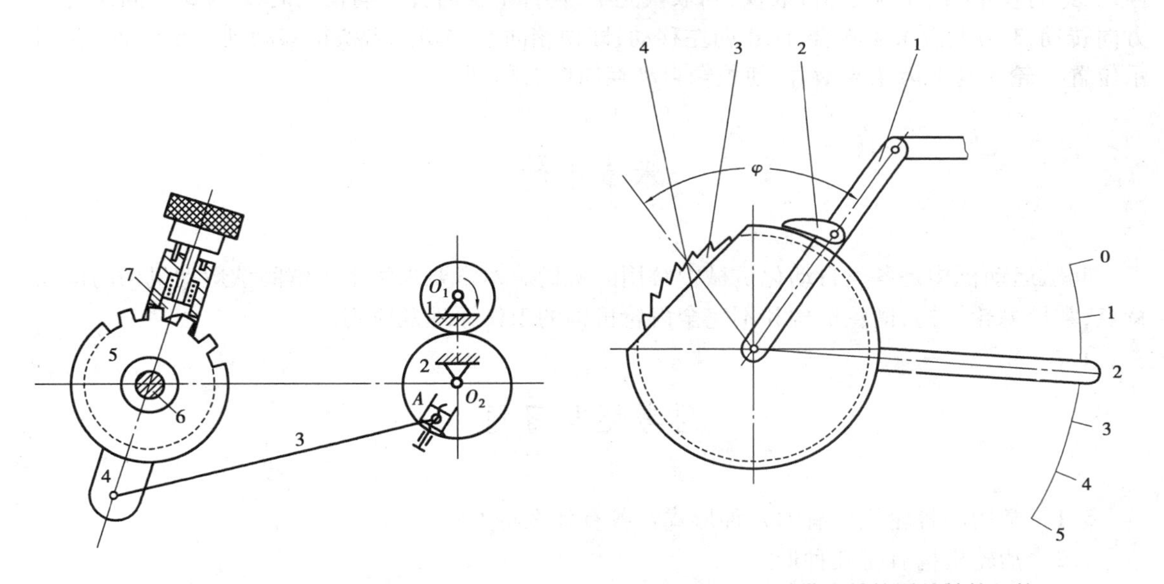


图5.12　牛头刨床工作台的横向进给机构　　图5.13　带有棘轮罩的棘轮机构

为改变棘轮每次转过角度的大小，还可采用如图5.13所示的方法，即在棘轮外加装一个棘轮罩4，用以遮盖摇杆摆角范围内的一部分棘齿。这样，当摇杆逆时针摆动时，棘爪先在罩上滑动，然后才嵌入棘轮的齿间来推动棘轮转动。被罩遮住的齿越多，则棘轮每次转过的角度就越小。

**例5.3**　槽轮机构的应用示例。

槽轮机构常在转速不高的机械里用于自动转位与分度，如图5.14所示为自动机床上的转位机构。

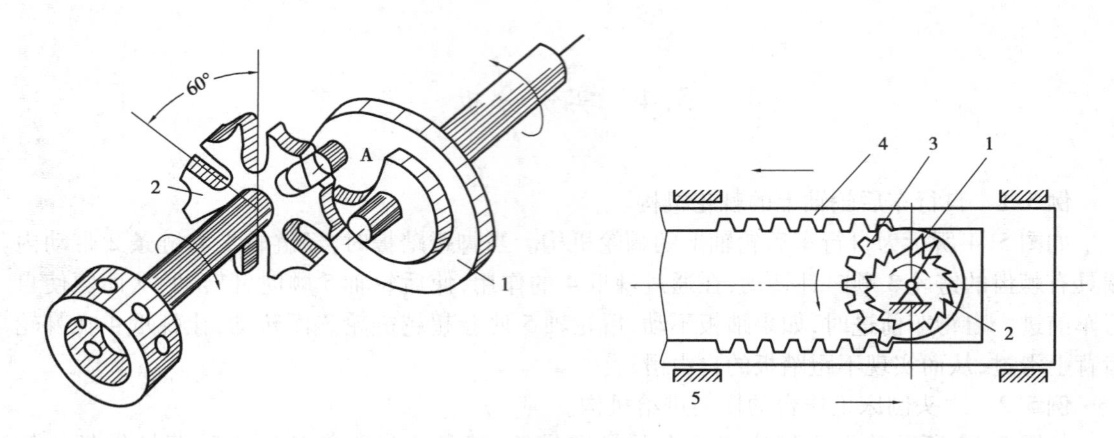


图 5.14　自动机床上的转位机构　　　图 5.15　插秧机的秧箱移行机构

**例 5.4**　不完全齿轮机构应用示例。

如图 5.15 所示为插秧机的秧箱移行机构。该机构由与摆杆固连的棘爪 1、棘轮 2、与棘轮固连的不完全齿轮 3、上下齿条(秧箱)4 组成。当构件 1 顺时针方向摆动时,2、3 不动,秧箱 4 停歇,这时秧爪(图中未示出)取秧;当取秧完毕,构件 1 逆时针方向摆动时,2 与 3 一同逆时针方向转动,3 与上齿条 4 啮合,使 4 向左移动,即秧箱向左移动。当秧箱移动到终至位置(如图示位置),轮 3 与下齿条 4 啮合,使秧箱自动换向向右移动。

## 本章小结

间歇运动机构是各类自动化机械中常用的机构。本章要求学生了解间歇运动机构的运动特点,掌握棘轮机构、槽轮机构和不完全齿轮机构的工作原理及应用。

## 思考题与习题

5.1　常用的棘轮机构有哪几种形式?各有什么特点?

5.2　槽轮机构有哪几种形式?

5.3　在棘轮机构和槽轮机构中,如何保证从动件在停歇时间里静止不动?

5.4　棘轮机构除了常用来实现间歇运动的功能外,还常用来实现什么功能?

5.5　棘轮机构、槽轮机构和不完全齿轮机构都是常用的间歇运动机构,通过对比,说出它们在运动平稳性、加工工艺性和经济性等方面各具有哪些优缺点,各适用于什么场合。

# 第6章 齿轮传动

**【案例导入】**

齿轮机构是现代机械中应用最广泛的一种传动机构，由于它具有速比范围大、功率范围广、结构紧凑、可靠等优点，已广泛应用于各种机械设备和仪器仪表中，成为现代机械产品的重要基础零部件。齿轮机构从发明到现在经历了无数次更新换代，主要向高速、重载、平稳性、体积小、低噪声等方向发展。齿轮机构的设计与制造水平直接影响到机械产品的性能和质量。由于齿轮机构在工业发展中的突出地位，已被公认为工业化的一种象征。

齿轮的发展要追溯到公元前，迄今约有3 000年的历史。根据出土文物和史料记载，我国是应用齿轮最早的国家之一。在河北武安发现了直径约80 mm的铁齿轮，经研究确认为战国末期（公元前3世纪）到西汉（公元24年）期间的制品；在山西出土了一对青铜人字齿轮，据分析为东汉初年（公元1世纪）遗物。这些已发现的古老的齿轮，说明在2 000多年前古代中国就已经开始使用齿轮了。经研究发现，作为反映古代科学技术成就的记里鼓车以及如图6.1所示的汉代发明的指南车就是以齿轮机构为核心的机械装置。17世纪末，人们开始研究能准确传递运动的轮齿形状。18世纪，欧洲工业革命以后，齿轮机构应用日益广泛。目前，在起重机械、运输机械、石油机械、化工机械、建筑机械、煤炭机械、轻工机械、纺织机械、精密机械中都广泛使用了齿轮机构。

图6.1　指南车

本章主要介绍渐开线直齿、斜齿圆柱齿轮传动、直齿圆锥齿轮传动等有关知识。

# 6.1 齿轮机构的特点及类型

## 6.1.1 齿轮机构的特点

齿轮机构由主动齿轮、从动齿轮和机架等构件组成，两齿轮以高副相连，属高副机构。该机构广泛用于传递空间任意两轴间的运动和动力，其圆周速度可达到 300 m/s，具有传递功率大（最大功率可达 $10^6$ kW）、效率高（98% ~99%）、传动比准确、能传递任意夹角两轴间的运动、使用寿命长、工作平稳、安全可靠等优点，是历史上应用最早的传动机构之一。其主要缺点是制造和安装精度要求较高，成本较高，不适用于两轴间距离较远的传动。

## 6.1.2 齿轮机构的分类

按照一对齿轮在传动时的相对运动是平面运动还是空间运动，可将圆形齿轮机构分为平面齿轮机构和空间齿轮机构两类。

（1）平面齿轮机构

平面齿轮机构用于传递两平行轴之间的运动和动力。根据轮齿排列方向的不同，平面齿轮机构可分为如下几类。

1）直齿圆柱齿轮机构

直齿圆柱齿轮机构中的齿轮称为直齿轮，其轮齿的齿向与轴线平行。直齿圆柱齿轮机构又可以分为以下三种：

①外啮合直齿轮机构。其两个齿轮的转动方向相反，如图 6.2（a）所示。这种齿轮机构的重合度较小，传动平稳性较差，故多用于速度较低的传动，以及变速箱的换挡齿轮。

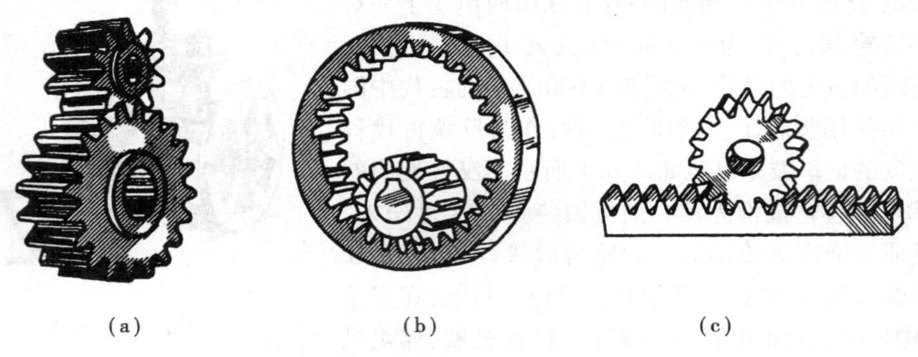

（a）（b）（c）

图 6.2 直齿圆柱齿轮机构

②内啮合直齿轮机构。其两齿轮的转动方向相同，如图 6.2（b）所示。这种齿轮机构重合度大，而且两轴间的距离小，结构紧凑，故多用于周转轮系机构。

③齿轮齿条机构。其中一个齿轮演变成齿条，当齿轮转动时，齿条做直线移动，如图 6.2（c）所示。这种齿轮机构可以把旋转运动转变为直线运动，或者将直线运动转变为旋转运动。

2）斜齿圆柱齿轮机构

斜齿圆柱齿轮机构中的齿轮称为斜齿轮，其轮齿的齿向相对于轴线倾斜一个角度，如图

6.3(a)所示。斜齿轮机构也有外啮合、内啮合及齿轮与齿条啮合之分。这种齿轮机构重合度大、传动较平稳、承载能力较强,通常用于速度较高、载荷较大或要求结构紧凑的场合。

3)人字齿圆柱齿轮机构

人字齿圆柱齿轮机构的齿形如人字,它相当于两个全等但齿向倾斜方向相反的斜齿轮拼接而成,如图6.3(b)所示。这种齿轮机构承载能力高,而且轴向力能相互抵消,故多用于重载传动。

4)曲线齿圆柱齿轮机构

曲线齿圆柱齿轮机构中的齿轮称为曲线齿轮,其轮齿沿轴向成弯曲的弧面,如图6.4所示。

(a)

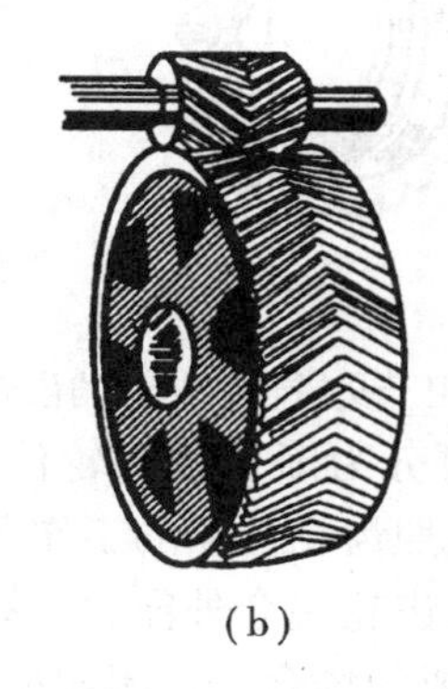

(b)

图6.3　斜齿圆柱齿轮机构

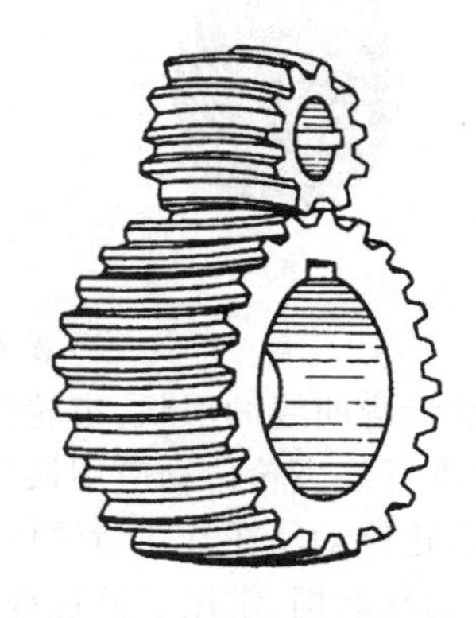

图6.4　曲线齿圆柱齿轮机构

(2)空间齿轮机构

空间齿轮机构用来传递两相交轴或交错轴(轴线既不平行又不相交)之间的运动和动力,常用的有以下类型。

1)圆锥齿轮机构

圆锥齿轮机构两齿轮的轴线相交,其轮齿排列在截圆锥体的表面上,它们也有直齿、斜齿和曲线齿之分,如图6.5所示。

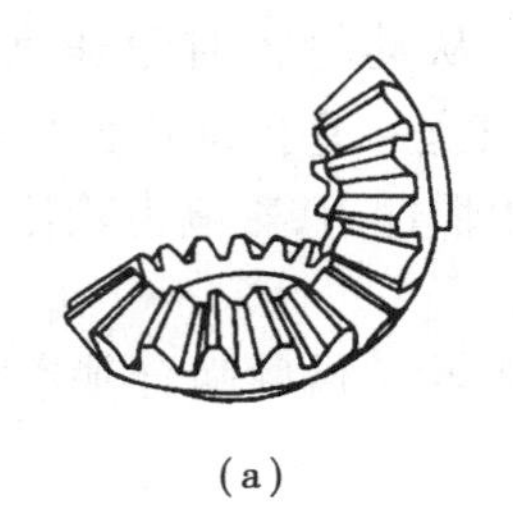

(a)

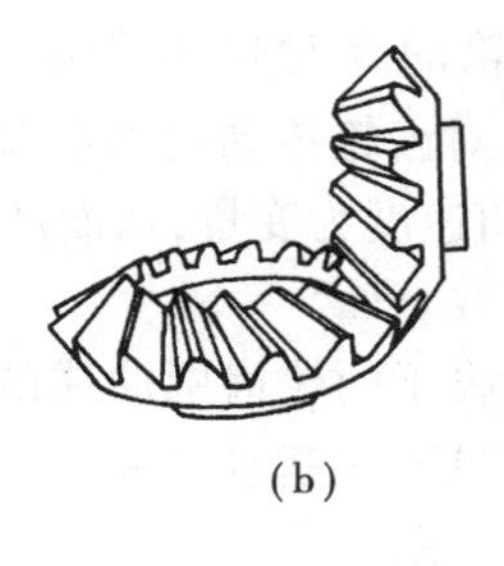

(b)

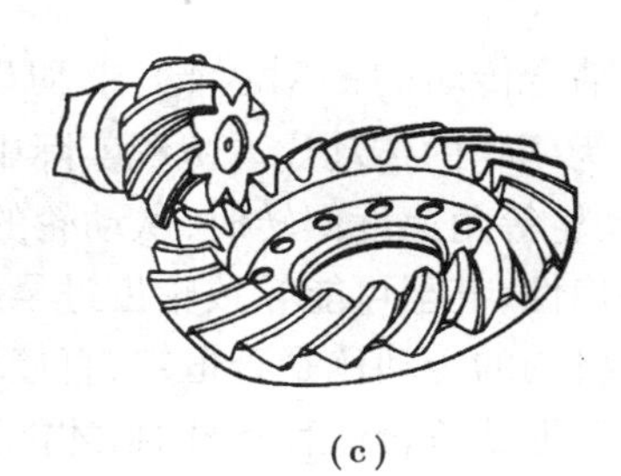

(c)

图6.5　圆锥齿轮机构

直齿锥齿轮机构制造和装配简便,但传动平稳性差,故常用于速度低、载荷小的场合。曲线齿锥齿轮机构由于传动平稳、承载能力高而常应用于速度较高、载荷较大的场合。

2)用于交错轴间传动的齿轮机构

如图6.6所示为用于交错轴间传动的齿轮机构。如图6.6(a)所示为交错轴斜齿轮机构,它是由两个斜齿轮组成的两轮轴线成空间交错的齿轮机构。这种齿轮机构两轮齿为点接触,传动效率低、磨损大,常用来传递运动,或者利用两轮齿相对滑动速度大的特点,把其中一个齿轮制成刀具(剃齿刀),对另一个齿轮进行精加工。如图6.6(b)所示为蜗杆机构,这种齿轮机构的两轴一般垂直交错。这种结构传动比大、结构紧凑、传动平稳、振动小、噪声低、能自锁,但传动效率低,容易发热和磨损。如图6.6(c)所示为准双曲面齿轮机构,这种齿轮机构的两轴线通常也是垂直交错的。

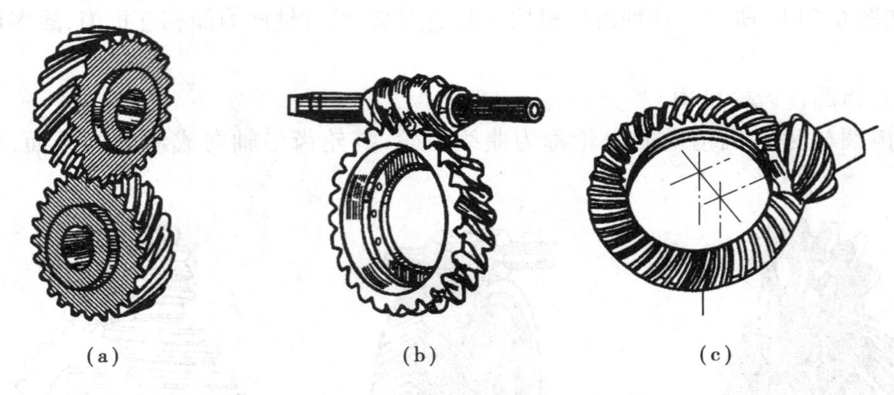


图6.6　用于交错轴间传动的齿轮机构

按照齿廓曲线的形状,齿轮传动可分为渐开线齿轮传动、摆线齿轮传动和圆弧齿轮传动等,其中渐开线齿轮传动应用最广。按照齿轮传动的工作条件,齿轮传动可分为开式齿轮传动和闭式齿轮传动。在开式齿轮传功中,齿轮完全外露,易落入灰尘和杂物,不能保证良好的润滑,故齿面易磨损,常用于低速或不重要的场合。在闭式齿轮传动中,齿轮封闭在箱体内,可以保证良好的润滑,适用于速度较高或重要的传动,应用广泛。按齿面硬度,齿轮传动可分为硬齿面(硬度大于350 HBS)齿轮和软齿面(硬度不大于350 HBS)齿轮,前者应用广泛,后者主要用于对强度、速度和精度要求都不高的场合。

## 6.2　齿廓啮合基本定律

相互啮合传动的一对齿轮,主动齿轮的瞬时角速度 $\omega_1$ 与从动轮瞬时角速度 $\omega_2$ 之比 $\omega_1/\omega_2$,称为两轮的传动比。工程实际中,对齿轮传动的基本要求之一是传动比保持不变。否则,当主动轮等角速度回转时,从动轮的角速度为变量,从而产生惯性力,影响齿轮传动的工作精度和平稳性,甚至可能导致轮齿过早失效。

齿轮机构的传动比是否恒定,直接取决于两轮齿廓曲线的形状。齿廓啮合基本定律就是研究当齿廓形状符合何种条件时,才能满足这一基本要求。

### 6.2.1　齿廓啮合基本定律

图6.7表示两相互啮合的齿廓 $C_1$、$C_2$ 在 $K$ 点接触,过 $K$ 点作两齿廓的公法线 $nn$,它与两轮连心线 $O_1O_2$ 交于 $P$ 点,称为节点。

设 $\omega_1$、$\omega_2$ 分别为两轮的角速度,齿轮1驱动齿轮2,两轮在 $K$ 点的线速度分别为

$$\left.\begin{aligned} v_{K1} &= \omega_1\ \overline{O_1K} \\ v_{K2} &= \omega_2\ \overline{O_2K} \end{aligned}\right\} \tag{6.1}$$

两轮在 $K$ 点啮合,则两轮齿啮合点在公法线 $nn$ 上的分速度必须相等,即

$$v_{K1}\cos\alpha_{K1}=v_{K2}\cos\alpha_{K2} \tag{6.2}$$

式中,$\alpha_{K1}$ 和 $\alpha_{K2}$ 分别为两齿廓在 $K$ 点的压力角。

由式(6.1)、式(6.2)有

$$i_{12}=\frac{\omega_1}{\omega_2}=\frac{\overline{O_2K}\cos\alpha_{K2}}{\overline{O_1K}\cos\alpha_{K1}} \tag{6.3}$$

由图6.7可得

$$i_{12}=\frac{\omega_1}{\omega_2}=\frac{\overline{O_2K}\cos\alpha_{K2}}{\overline{O_1K}\cos\alpha_{K1}}=\frac{\overline{O_2N_2}}{\overline{O_1N_1}} \tag{6.4}$$

式(6.4)进一步简化为

$$i_{12}=\frac{\omega_1}{\omega_2}=\frac{\overline{O_2N_2}}{\overline{O_1N_1}}=\frac{\overline{O_2P}}{\overline{O_1P}} \tag{6.5}$$

式(6.5)表明,若使两齿轮的瞬时传动比恒定,则应使 $P$ 点的位置恒定不变。两轮的中心距 $O_1O_2$ 为定长,由此得出齿廓啮合基本定律:两轮齿廓无论在任何位置接触,若其啮合节点位置恒定,则两轮传动比恒定不变。

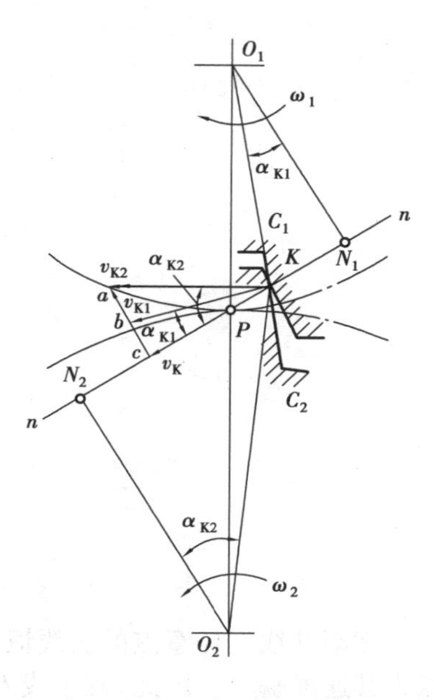

图6.7　齿廓啮合基本定律

啮合节点在两轮运动平面上形成的轨迹曲线是两个相切圆,称为节圆,以 $r_1'$ 和 $r_2'$ 表示两节圆的半径,则两轮的传动比为

$$i_{12}=\frac{\omega_1}{\omega_2}=\frac{r_2'}{r_1'} \tag{6.6}$$

### 6.2.2　共轭齿廓

凡能满足齿廓啮合基本定律的任意一对齿廓,称为共轭齿廓。齿轮机构中,常用的共轭齿廓有渐开线齿廓、摆线齿廓、圆弧齿廓等,其中以渐开线齿廓应用最广。因此,本章主要介绍渐开线齿廓的齿轮机构。

## 6.3　渐开线齿廓

### 6.3.1　渐开线的形成

如图6.8所示,当直线 $BK$ 沿半径为 $r_b$ 的圆做纯滚动时,直线上任意一点 $K$ 的轨迹 $AK$ 就是该圆的渐开线。这个圆称为渐开线的基圆,$r_b$ 称为基圆半径,而该直线 $BK$ 称为渐开线的发生线,角 $\theta_K$ 称为渐开线在 $AK$ 段的展角。当以此渐开线作为齿轮的齿廓,并与其共轭齿廓在 $K$ 点啮合时,则在该点所受正压力的方向(即法线方向)与速度方向之间所夹的锐角 $\alpha_K$,称为 $K$ 点的压力角。

### 6.3.2　渐开线的特性

由渐开线的形成过程可知,渐开线具有以下几个特性:

①发生线沿基圆滚过的长度,等于基圆上被滚过的圆弧长度,即 $BK=\overset{\frown}{AB}$。

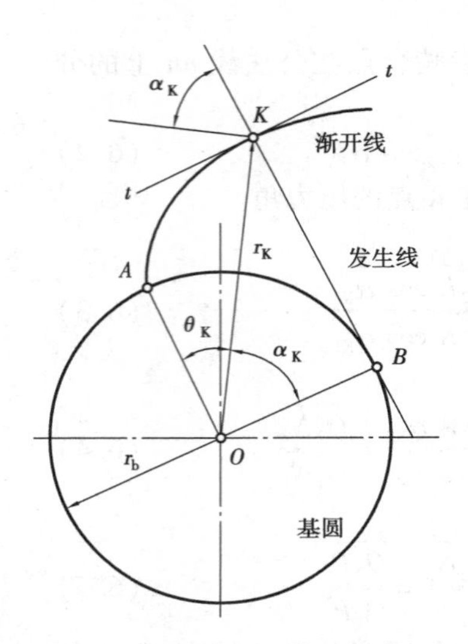


图 6.8　渐开线齿廓的形成

②渐开线上任意点的法线恒与基圆相切。发生线 $BK$ 沿基圆做纯滚动时,它与基圆的切点为其速度瞬心。因此,发生线 $BK$ 即为渐开线上点 $K$ 的法线。又因发生线始终切于基圆,故可得出结论:渐开线上任意点的法线一定是基圆的切线。

③发生线与基圆的切点 $B$ 是渐开线在点 $K$ 的曲率中心,而线段 $BK$ 是渐开线在点 $K$ 的曲率半径。因此渐开线上各点的曲率半径是不同的,$K$ 点离基圆越远,曲率半径越大,渐开线越平缓。

④渐开线的形状取决于基圆的大小。同一基圆上的渐开线形状相同,不同基圆上的渐开线形状不同,基圆越大,渐开线越平直,基圆半径为无穷大时,渐开线为直线。齿条上的齿廓为直线齿廓,如图 6.9 所示。

⑤渐开线是从基圆开始向外展开的,故基圆内无渐开线。

⑥渐开线上各点的压力角不相等,离基圆越远,压力角越大。

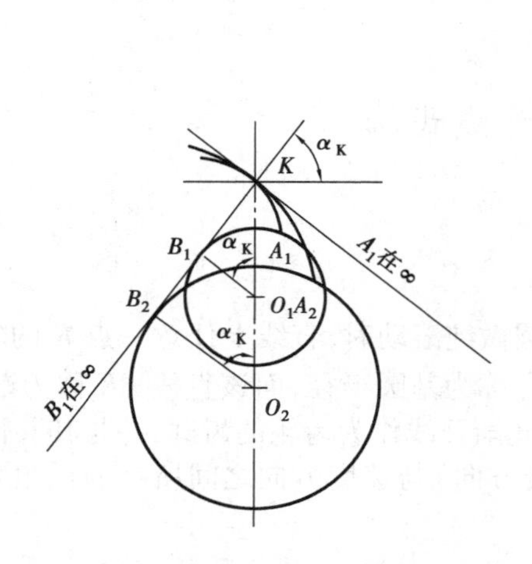


图 6.9　不同基圆上的渐开线

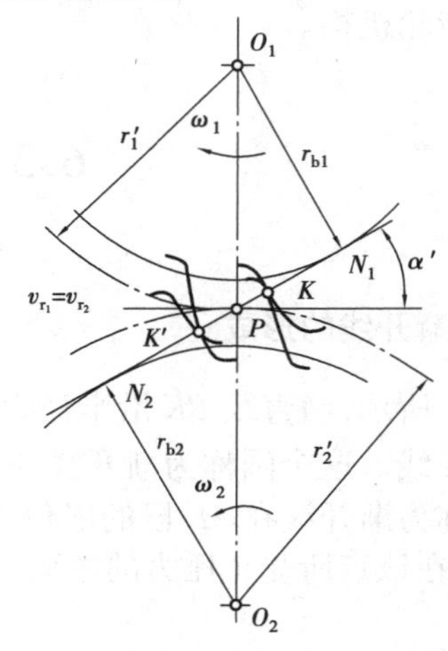


图 6.10　渐开线齿廓的啮合

### 6.3.3　渐开线齿廓满足定角速比要求

齿轮传动时,其齿廓啮合点的轨迹称为啮合线。如图 6.10 所示,一对渐开线齿廓在任意

点 $K$ 啮合,过 $K$ 点作两齿廓的公法线 $N_1N_2$,根据渐开线的性质,该公法线就是两基圆的共切线。当两齿廓转到 $K'$ 点啮合时,过 $K'$ 点所作公法线也是两基圆的公切线。齿轮基圆的大小和位置均固定,两圆同方向的内公切线只有一条,所有公法线 $nn$ 是唯一的。因此无论齿轮在哪点啮合,公法线与连心线的交点 $P$ 都为一定点,其传动比恒定不变。

### 6.3.4 渐开线齿廓啮合的特点

(1)四线合一

齿轮传动时正压力沿着公法线方向传递,因此对于渐开线齿廓的齿轮传动,啮合线、过啮合点的公法线、基圆的公切线和正压力线重合,称为四线合一。

(2)啮合线为一直线,啮合角为一定值

如前所述,渐开线齿廓的啮合线必与公法线 $N_1N_2$ 相重合,所以啮合线为一直线。啮合线的直线性使传递压力的方向保持不变,从而使齿轮传动平稳。啮合线与两节圆公切线所夹的锐角称为啮合角,用 $\alpha'$ 表示,它就是渐开线在节圆上的压力角,显然,齿轮传动时啮合角不变。

(3)中心距可分性

从图6.10中可知,$\triangle O_1PN_1 \backsim \triangle O_2PN_2$,所以两轮的传动比为

$$i_{12} = \frac{\omega_1}{\omega_2} = \frac{\overline{O_2P}}{\overline{O_1P}} = \frac{r_2}{r_1} = \frac{r_{b2}}{r_{b1}} = \text{常数} \tag{6.7}$$

由式(6.7)可知渐开线齿轮的传动比是常数。齿轮一经加工完毕,基圆大小就确定了,因此在安装时,若中心距略有变化也不会改变传动比的大小,此特性称为中心距可分性。该特性使渐开线齿轮对加工、安装的误差及轴承的磨损不敏感,这一点对齿轮传动十分有利。

## 6.4 渐开线直齿圆柱齿轮的基本参数和几何尺寸

### 6.4.1 齿轮各部分名称和符号

如图6.11所示为圆柱外齿轮的一部分,每个轮齿的两侧齿廓都由形状相同的反向渐开线组成,相邻两轮齿之间的空间为齿槽。渐开线齿轮的各部分名称及符号如下:

①齿顶圆、齿根圆。过齿轮各轮齿顶部所作的圆称为齿顶圆,其半径用 $r_a$ 表示,直径用 $d_a$ 表示;过齿轮各齿槽底部所作的圆称为齿根圆,其半径用 $r_f$ 表示,直径用 $d_f$ 表示。

②齿厚、齿槽宽和齿距。在任意圆周上,轮齿两侧齿廓的弧线长度称为该圆周上的齿厚,用 $s_k$ 表示;齿槽两侧齿廓的弧线长度称为该圆上的齿槽宽,用 $e_k$ 表示;相邻两齿同侧齿廓之间的弧长称为该圆周上的齿距,用 $p_k$ 表示,$p_k = s_k + e_k$。

③分度圆。为便于设计、制造、测量和互换,在齿顶圆和齿根圆之间,取一个圆作为计算齿轮各部分几何尺寸的基准,称为分度圆,其半径和直径分别用 $r$ 和 $d$ 表示。规定分度圆上的齿厚、齿槽宽、齿距、压力角等符号一律不加脚标,凡是分度圆上的参数都直接称呼,而其他圆上的参数都必须指明是哪个圆上的参数。

④齿顶高、齿根高、齿全高。齿顶圆与分度圆之间的径向距离称为齿顶高,用 $h_a$ 表示;齿根圆与分度圆之间的径向距离称为齿根高,用 $h_f$ 表示;齿顶圆和齿根圆之间的径向距离称为

齿全高,用 $h$ 表示。

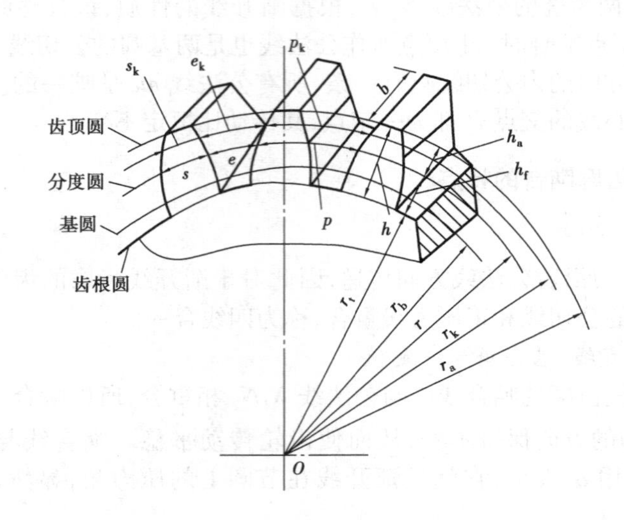


图 6.11 齿轮各部分名称

### 6.4.2 渐开线齿轮的基本参数

(1)齿数

在齿轮整个圆周上分布的轮齿总数称为齿数,用 $z$ 表示。

(2)模数

齿轮分度圆是计算齿轮各部分尺寸的基准,而齿轮分度圆的周长 $=\pi d=zp$,由此可得分度圆的直径为 $d=zp/\pi$。但由于上式中 $\pi$ 为无理数,作为计算基准很不方便,于是人为地将 $p/\pi$ 规定为简单有理数并标准化,并把这个比值称为模数,用 $m$ 表示,其单位为 mm,即

$$m=\frac{p}{\pi}\text{或 } p=\pi m$$

于是得

$$d=mz \tag{6.8}$$

表 6.1 渐开线齿轮的模数(GB/T 1357—2008)

| | |
|---|---|
| 第一系列 | 1 1.25 1.5 2 2.5 3 4 5 6 8 10 12 16 20 25 32 40 50 |
| 第二系列 | 1.75 2.25 2.75 (3.25) 3.5 (3.75) 4.5 5.5 (6.5) 7 9 (11) 14 18 22 28 (30) 36 45 |

注:本标准适用于渐开线圆柱齿轮,对于斜齿轮是指法面模数;选取时优先选第一系列,括号内的模数尽量不用。

模数是齿轮一个很重要的参数,它反映了轮齿及各部分尺寸的大小,是齿轮几何尺寸计算的基础。$m$ 越大,$p$ 越大,轮齿的尺寸也越大,如图 6.12 所示。我国已规定了齿轮模数的标准系列(表 6.1)。在设计齿轮时,$m$ 必须取标准值。

(3)压力角

由图 6.8 可知渐开线齿廓在半径为 $r_k$ 的圆周上的压力角为 $\alpha_k=\arccos(r_b/r_k)$,由此式可知,对于同一渐开线齿廓,$r_k$ 不同,$\alpha_k$ 不同,即渐开线齿廓在不同圆周上有不同的压力角。通

常所说的齿轮压力角指在分度圆上的压力角，用 $\alpha$ 表示。压力角 $\alpha$ 是决定渐开线齿廓形状的一个基本参数。我国标准规定分度圆上的压力角为标准压力角，其值为 $\alpha=20°$。

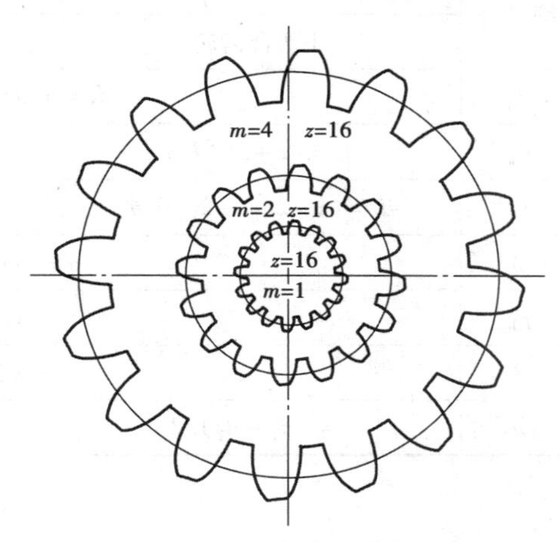


图6.12 不同模数齿轮的比较

(4)齿顶高系数和顶隙系数

用模数来表示轮齿的齿顶高和齿根高，则

$$\left.\begin{aligned} h_a &= h_a^* m \\ h_f &= (h_a^* + c^*) m \end{aligned}\right\} \tag{6.9}$$

式中，$h_a^*$、$c^*$ 分别为齿顶高系数和顶隙系数。我国规定齿顶高系数和顶隙系数为标准值：

对于正常齿， $h_a^*=1, c^*=0.25$

对于短制齿， $h_a^*=0.8, c^*=0.3$

一对齿轮互相啮合时，为避免一个齿轮的齿顶与另一个齿轮的齿槽底相抵触，同时还能储存润滑油，在一个齿轮的齿根圆柱面与配对齿轮的齿顶圆柱面之间留有间隙，称为顶隙，用 $c$ 表示，$c=c^* m$。

综上所述，$m$、$\alpha$、$h^*$、$c^*$ 和 $z$ 是渐开线齿轮几何尺寸的5个基本参数。

### 6.4.3 标准齿轮的几何尺寸计算

所谓标准齿轮是指 $m$、$\alpha$、$h^*$ 和 $c^*$ 均为标准值且 $s=e$ 的齿轮。渐开线标准齿轮的几何尺寸计算见表6.2。

**表6.2 标准直齿圆柱齿轮几何尺寸的计算公式**

| 序　号 | 名　称 | 符　号 | 计算公式 | |
|---|---|---|---|---|
| | | | 外啮合齿轮 | 内啮合齿轮 |
| 1 | 齿顶高 | $h_a$ | $h_a=h_a^* m$ | |
| 2 | 齿根高 | $h_f$ | $h_f=(h_a^*+c^*)m$ | |
| 3 | 齿全高 | $h$ | $h=h_a+h_f$ | |
| 4 | 顶隙 | $c$ | $c=c^* m$ | |
| 5 | 分度圆直径 | $d$ | $d=mz$ | |

续表

| 序　号 | 名　称 | 符　号 | 计算公式 | |
|---|---|---|---|---|
| | | | 外啮合齿轮 | 内啮合齿轮 |
| 6 | 基圆直径 | $d_b$ | $d_b = d\cos\alpha$ | |
| 7 | 齿顶圆直径 | $d_a$ | $d_a = (z + 2h_a^*)m$ | $d_a = (z - 2h_a^*)m$ |
| 8 | 齿根圆直径 | $d_f$ | $d_f = (z - 2h_a^* - 2c^*)m$ | $d_f = (z + 2h_a^* + 2c^*)m$ |
| 9 | 齿距 | $p$ | $p = \pi m$ | |
| 10 | 基圆齿距 | $p_b$ | $p_b = p\cos\alpha$ | |
| 11 | 齿厚 | $s$ | $s = \pi m/2$ | |
| 12 | 标准中心距 | $a$ | $a = (d_1 + d_2)/2$ | $a = (d_1 - d_2)/2$ |

## 6.5　渐开线标准齿轮的啮合传动

### 6.5.1　正确啮合条件

一对渐开线齿轮齿廓能保证定传动比，并不意味着任意两个渐开线齿轮相互配对都能保证准确传动。齿轮传动时，它的每一对齿仅啮合一段时间便要分离，再由后一对齿接替。如图6.13所示为一对渐开线齿轮的啮合传动，其齿廓啮合点$K_1$、$K_2$都应在啮合线$N_1N_2$上。要使各对轮齿都能正确地在啮合线上啮合而不相互嵌入或分离，则当前一对齿在啮合线上的$K_1$点接触时，其后一对齿应在啮合线上的另一点$K_2$接触。为了保证前后两对齿有可能同时在啮合线上接触，两轮相邻两齿间$\overline{K_1K_2}$的长应相等，即相邻两齿同侧齿廓间法向齿距应相等。如果不等，当$p_{b1} > p_{b2}$时，传动会短时间中断，产生冲击；当$p_{b1} < p_{b2}$时，轮齿会卡住。由此可知，要使两齿轮正确啮合，则它们的法向齿距必须相等，即$p_{b1} = p_{b2}$。由渐开线性质可知，齿轮法向齿距等于基圆齿距，所以

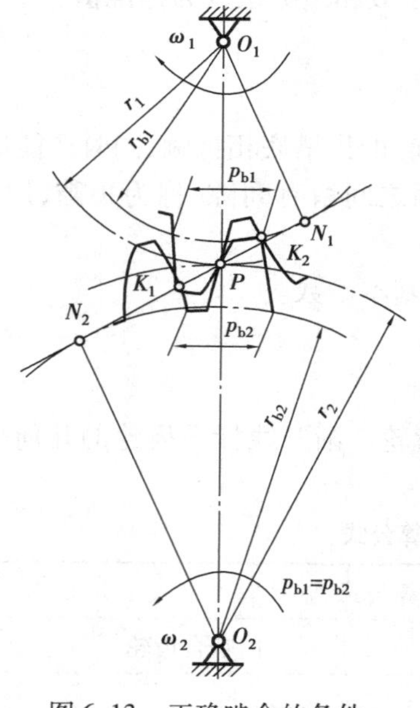


图6.13　正确啮合的条件

$$p_{b1} = \frac{\pi d_{b1}}{z_1} = \frac{\pi d_1\cos\alpha_1}{z_1} = \frac{\pi m_1 z_1\cos\alpha_1}{z_1} = \pi\ m_1\cos\alpha_1$$

同理，$p_{b_2} = \pi m_2\cos\alpha_2$，故$m_1\cos\alpha_1 = m_2\cos\alpha_2$。

此式说明，只要两轮的模数和压力角的余弦值之积相等，两轮即能正确啮合，但由于模数和压力角都是标准值，所以两轮正确啮合的条件为

$$m_1 = m_2 = m$$

$$\alpha_1 = \alpha_2 = \alpha$$

由相互啮合齿轮模数相等的条件，可推导出一对齿轮的传动比为

$$i_{12}=\frac{\omega_1}{\omega_2}=\frac{d_2'}{d_1'}=\frac{d_{b2}}{d_{b1}}=\frac{d_2}{d_1}=\frac{mz_2}{mz_1}=\frac{z_2}{z_1} \tag{6.10}$$

### 6.5.2　标准中心距

正确安装的一对齿轮在理论上应达到无齿侧间隙，否则啮合传动时就会产生冲击和噪声，反向啮合时会出现空行程，影响传动的精度。为了在相互啮合的齿面间形成润滑油膜，防止因制造误差引起轮齿咬死，啮合轮齿间应留有微量齿侧间隙，它是由齿厚的公差来给予保证的。在进行齿轮的几何计算时，理论上仍按无齿侧间隙啮合考虑。

一对相啮合的标准齿轮，由于两轮的模数、压力角相等，且分度圆上的齿厚与齿槽宽相等，因此，当分度圆与节圆重合时便可满足无侧隙啮合。节圆与分度圆相重合的安装称为标准安装，此时的中心距称为标准中心距，用 $\alpha$ 表示。

$$a=r_1'+r_2'=r_1+r_2=\frac{1}{2}m(z_1+z_2)$$

显然，此时啮合角 $\alpha'$ 等于分度圆压力角 $\alpha$。

由于齿轮制造和安装的误差、轴的变形以及轴承磨损等原因，两轮的实际中心距 $a'$ 往往与标准中心距不一致，而略有差异。此时两轮节圆虽相切，但两轮分度圆却分离或相割，节圆与分度圆不重合，故 $\alpha'\neq\alpha$。由于渐开线齿轮中心距具有可分性，所以不会影响定传动比传动，此时有 $a'\cos\alpha'=a\cos\alpha$。

由以上分析可知，节圆、啮合角是一对齿轮啮合传动时才存在的参数，单个齿轮没有，而分度圆、压力角则是单个齿轮所具有的几何参数。

### 6.5.3　重合度

齿轮传动是通过其轮齿交替啮合而实现的。如图6.14所示为一对渐开线直齿圆柱齿轮传动，设轮1为主动轮，轮2为从动轮，转动方向如图所示。一对齿廓开始啮合时，主动轮的齿根推动从动轮的齿顶运动，开始啮合点是从动轮的齿顶圆与啮合线 $N_1N_2$ 的交点 $B_2$。同理主动轮的齿顶圆与啮合线 $N_1N_2$ 的交点 $B_1$ 则为两轮齿廓开始分离点。线段 $B_1B_2$ 为啮合的实际轨迹，称为实际啮合线。线段 $N_1N_2$ 为理论上可能的最长啮合线段，称为理论啮合线段。

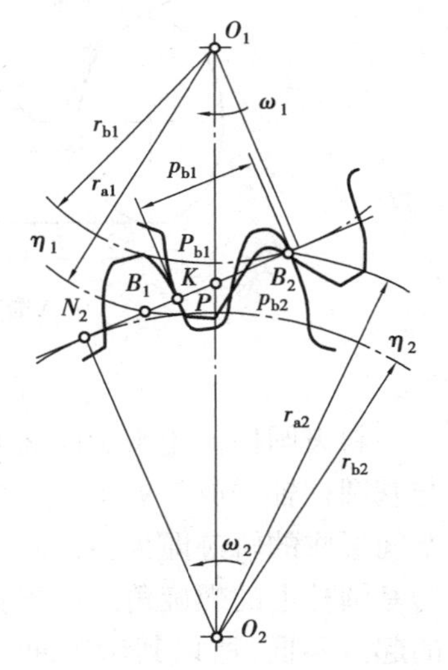

图6.14　连续传动的条件

两齿轮在啮合传动时，若前一对轮齿尚未脱离啮合，而后一对轮齿就已进入啮合，则这种传动称为连续传动。如果前一对轮齿已于 $B_1$ 点脱离啮合，而后一对轮齿仍未进入啮合，这样在前后两对齿交替啮合时传动将发生中断，从而引起冲击。所以，要保证连续传动，后一对轮齿应在前一对轮齿啮合点 $K$ 尚未到达啮合终点 $B_1$ 时进入啮合开始点 $B_2$。因此连续传动的条件是 $\overline{B_1B_2}\geqslant\overline{B_2K}$，因 $\overline{B_2K}$ 等于法向齿距（即基圆齿距 $p_b$）。通常将实际啮合线长度与基圆齿距之比称为齿轮的重合度，用 $\varepsilon$ 表示，于是齿轮连续传动的条件为

$$\varepsilon = \frac{\overline{B_1B_2}}{p_b} \geqslant 1 \tag{6.11}$$

从理论上讲，重合度 $\varepsilon=1$ 就能保证连续传动，但在实际中，考虑到制造和安装的误差，为了确保齿轮能连续传动，应使重合度大于 1。$\varepsilon$ 越大表示多对轮齿同时啮合的概率越大，齿轮传动越平稳。在设计时，根据齿轮机构的使用要求和制造精度，使设计所得的重合度 $\varepsilon$ 不小于其许用值 $[\varepsilon]$。

## 6.6　斜齿圆柱齿轮传动

### 6.6.1　齿廓曲面的形成

如前所述，直齿圆柱齿轮的齿廓形成是在垂直于齿轮轴线的端面内进行的，实际上，如图 6.15(a)所示轮齿总是有一定的宽度，基圆应是基圆柱，发生线应是发生面，发生面上的 $K$ 点就是一条直线 $KK$。当发生面沿基圆柱做纯滚动时，直线在空间形成的轨迹就是一个渐开面，即直齿轮的齿廓曲面。当一对直齿轮相啮合时，两轮齿面的瞬时接触线为平行于轴线的直线，如图 6.15(b)所示，这种齿轮的啮合状况是整个齿宽同时进入啮合和同时退出啮合，传动过程中载荷沿齿宽被突然加上，又被突然卸掉，使得其传动平稳性较差，容易产生较大的冲击、振动和噪声。为了克服这种缺点，工程中采用斜齿圆柱齿轮。

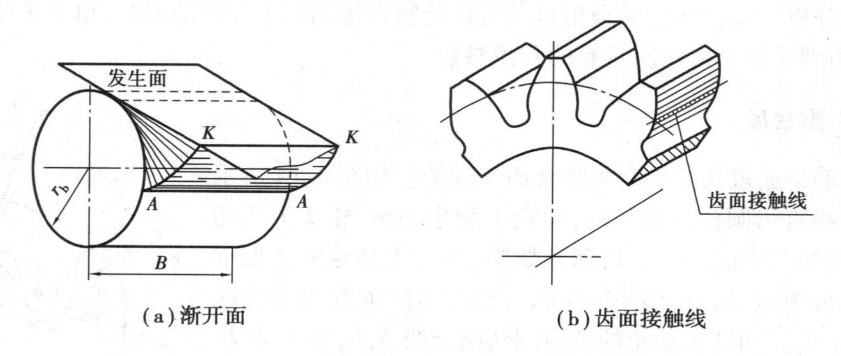


(a) 渐开面　　(b) 齿面接触线

图 6.15　渐开线直齿轮齿面的形成

斜齿圆柱齿轮齿廓曲面的形成原理与直齿圆柱齿轮相似，所不同的是发生面上的直线 $KK$ 与基圆柱轴线成一夹角 $\beta_b$，如图 6.16(a)所示。当发生面沿基圆柱做纯滚动时，斜直线 $KK$ 在空间形成的轨迹即为斜齿圆柱齿轮齿廓曲面。它与基圆的交线 $AA$ 是一条螺旋线，夹角 $\beta_b$ 称为基圆柱上的螺旋角。由于斜线 $KK$ 上任意一点的轨迹都是同一基圆上的渐开线，只是它们的起点不同，所以其齿廓曲面为渐开螺旋面。由此可见，斜齿圆柱齿轮的端面齿廓仍为渐开线。当两斜齿轮啮合时，由于轮齿倾斜，一端先进入啮合，另一端后进入啮合，其接触线由短变长，再由长变短，如图 6.16(b)所示。整个啮合过程是一个逐渐进入啮合又逐渐退出的过程，轮齿上的载荷也是逐渐加上又逐渐卸掉，所以斜齿圆柱齿轮传动平稳，冲击、振动和噪声较小，被广泛用于高速、重载的机械中。

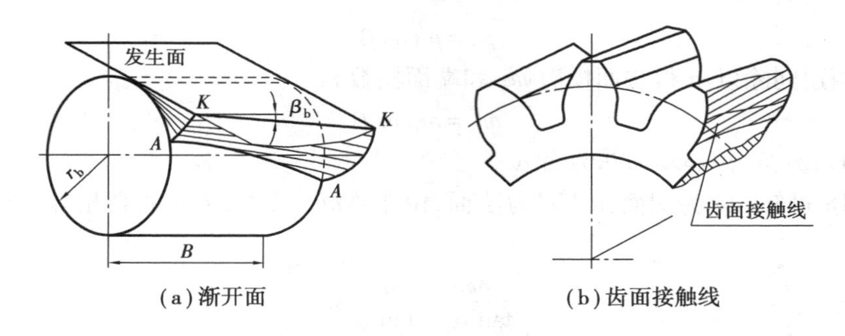


(a)渐开面　　(b)齿面接触线

图6.16　渐开线斜齿轮齿面的形成

## 6.6.2　斜齿圆柱齿轮的基本参数

斜齿圆柱齿轮的轮齿呈螺旋状,在不同的截面上,其轮齿的齿形不同。垂直于齿轮轴线的平面称为端(平)面,而垂直于轮齿螺旋线切线的平面称为法(平)面,则齿廓形状有端面和法面之分,因而斜齿轮的几何参数有端面和法面的区别。

(1)螺旋角

如图6.17所示为斜齿轮的分度圆柱及其展开图。图中螺旋线展开所得的斜直线与轴线之间的夹角$\beta$称为分度圆柱上的螺旋角,简称螺旋角。它是斜齿轮的一个重要参数,可定量地反映其轮齿的倾斜程度。螺旋角太小,不能充分显示斜齿轮传动的优点,而螺旋角太大,则轴向力太大,因此一般取为8°~12°。

基圆柱面上螺旋角$\beta_b$与分度圆柱面上螺旋角$\beta$不同,它们之间的关系为

$$\tan\beta_b=\tan\beta\cos\alpha_t \tag{6.12}$$

式中,$\alpha_t$为斜齿轮端面压力角。

斜齿轮轮齿的旋向可分为右旋和左旋两种,当斜齿轮的轴线垂直放置时,其螺旋线左高右低的为左旋,反之为右旋。

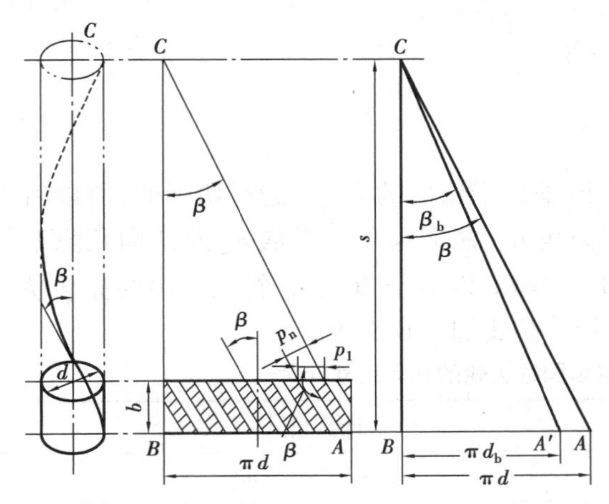


图6.17　斜齿轮螺旋角

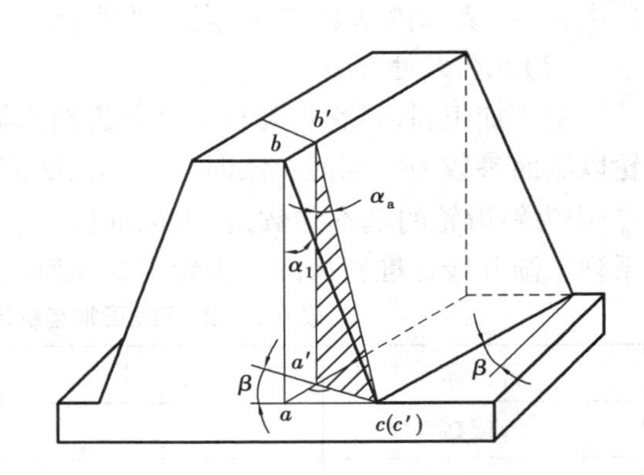


图6.18　端面压力角和法面压力角

(2)法面模数$m_n$和端面模数$m_t$

如图6.17所示的阴影区域表示轮齿,空白区域表示齿槽。由图可得端面齿距与法面齿距有如下关系:

$$p_n = p_t \cos\beta$$

将上式两边同除以 π 得法面模数 $m_n$ 和端面模数 $m_t$：

$$m_n = m_t \cos\beta \tag{6.13}$$

(3)法面压力角 $\alpha_n$ 和端面压力角 $\alpha_t$

由图 6.18 可知 $abc$ 为端面，$a'b'c'$ 为法面，由于 $\triangle abc$ 及 $\triangle a'b'c'$ 的高相等，于是由几何关系可知

$$\frac{ac}{\tan\alpha_t} = \frac{a'c}{\tan\alpha_n}$$

又，在 $\triangle aa'c$ 中，$a'c = ac\cos\beta$，于是有

$$\tan\alpha_n = \tan\alpha_t \cos\beta \tag{6.14}$$

(4)法面齿顶高系数 $h_{an}^*$ 和端面齿顶高系数 $h_{at}^*$

由于斜齿轮的径向尺寸无论在法面还是在端面都不变，故其法面和端面的齿顶高与顶隙都相等，即

$$h_a = h_{at}^* m_t = h_{an}^* m_n = h_{an}^* m_t \cos\beta$$

$$c = c_n^* m_n = c_t^* m_t = c_n^* m_t \cos\beta$$

故

$$h_{at}^* = h_{an}^* \cos\beta$$

$$c_t^* = c_n^* \cos\beta$$

### 6.6.3 斜齿圆柱齿轮的正确啮合条件和几何尺寸计算

(1)正确啮合条件

一对外啮合斜齿轮正确啮合时，除了两齿轮的法向模数和法向压力角分别相等外，两齿轮的螺旋角还必须大小相等、方向相反，一齿轮为左旋，另一齿轮为右旋，即

$$\left.\begin{aligned} m_{n1} &= m_{n2} = m_n \\ \alpha_{n1} &= \alpha_{n2} = \alpha_n \\ \beta_1 &= \pm\beta_2 \end{aligned}\right\} \tag{6.15}$$

式中，“+”表示内啮合；“-”表示外啮合。

(2)几何尺寸计算

由于加工斜齿轮时，刀具是沿着齿槽方向(即垂直于法向的方向)进行切削的，所以斜齿轮以法面参数为标准值。法向模数 $m_n$、法向压力角 $\alpha_n$、法向齿项高系数 $h_{an}^*$ 及法向顶隙系数 $c_n^*$ 均为斜齿轮的基本参数，且为标准值：$h_{an}^* = 1$，$c_n^* = 0.25$，$\alpha_n = 20°$，$m_n$ 符合表中的标准模数系列。渐开线标准斜齿圆柱齿轮主要几何尺寸计算公式如表 6.3 所示。

表 6.3 渐开线正常齿标准斜齿圆柱齿轮的几何尺寸计算

| 名 称 | 符 号 | 计算公式 |
| --- | --- | --- |
| 齿顶高 | $h_a$ | $h_a = h_{an}^* m_n = m_n$ |
| 齿根高 | $h_f$ | $h_f = (h_{an}^* + c_n^*) m_n = 1.25 m_n$ |
| 齿全高 | $h$ | $h = h_a + h_f = 2.25 m_n$ |
| 分度圆直径 | $d$ | $d = m_t z = m_n z / \cos\beta$ |

续表

| 名　称 | 符　号 | 计算公式 |
|---|---|---|
| 基圆直径 | $d_b$ | $d_b = d\cos\alpha_t$ |
| 齿顶圆直径 | $d_a$ | $d_a = d + 2h_a$ |
| 齿根圆直径 | $d_f$ | $d_f = d - 2h_f$ |
| 中心距 | $a$ | $a = \frac{1}{2}(d_1 + d_2) = \frac{m_n}{2\cos\beta}(z_1 + z_2)$ |

### 6.6.4　斜齿圆柱齿轮的重合度

斜齿轮传动的重合度要比直齿轮大。如图6.19(a)所示为斜齿轮与斜齿条在前端面的啮合情况，齿廓在$A$点进入啮合，在$E$点终止啮合。但从俯视图6.19(b)上来分析，当前端面开始脱离啮合时，后端面仍在啮合区内。后端面脱离啮合时，前端面已达$H$点。所以，从前端面进入啮合到后端面脱离啮合，前端面走了$FH$段，故斜齿轮传动的重合度为

$$\varepsilon = \frac{FH}{p_t} = \frac{FG + GH}{p_t} = \varepsilon_t + \frac{b\tan\beta}{p_t} \tag{6.16}$$

式中，$\varepsilon_t$为端面重合度，其值等于与斜齿轮端面齿廓相同的直齿轮传动的重合度；$b\tan\beta/p_t$为轮齿倾斜而产生的附加重合度。

$\varepsilon$随齿宽$b$和螺旋角$\beta$的增大而增大，根据传动需要可以达到很大的值，所以斜齿轮传动较平稳，承载能力大。

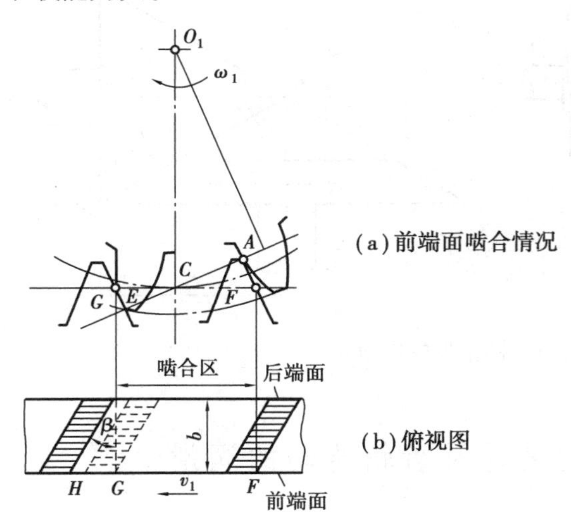


图6.19　斜齿轮传动的重合度

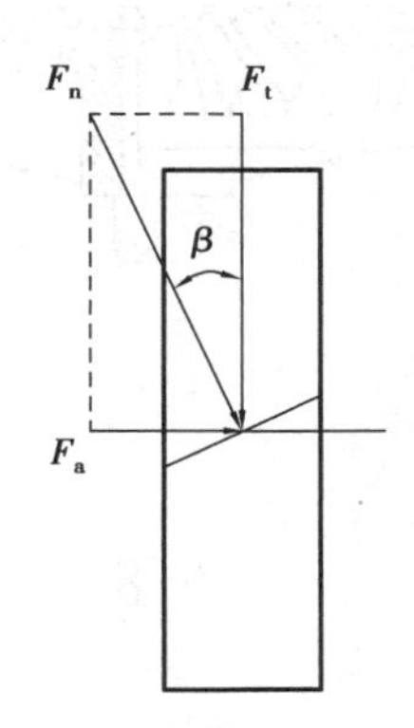


图6.20　斜齿轮的轴向力

### 6.6.5　斜齿圆柱齿轮传动的优缺点

与直齿轮相比，斜齿轮传动有以下特点：①斜齿轮齿面的接触线为斜直线，轮齿是逐渐进入啮合和逐渐退出啮合，故传动平稳，冲击和噪声小。②由于斜齿圆柱齿轮重合度大，降低了每对轮齿的载荷，相对提高了齿轮的承载能力，延长了齿轮的使用寿命。③不发生根切的最少齿数比直齿轮要少，可获得更为紧凑的机构。④斜齿轮传动在运转时会产生轴向推力。

如图6.20所示，其轴向推力为 $F_a = F_t \tan\beta$，所以螺旋角 $\beta$ 越大，则轴向推力越大。若要消除轴向推力的影响，可采用齿向左右对称的人字齿轮或反向使用两对斜齿轮传动，这样可使产生的轴向力互相抵消。人字齿轮的缺点是制造较为困难。

## 6.7 直齿圆锥齿轮传动

圆锥齿轮机构用于两相交轴之间的传动。和圆柱齿轮相似，锥齿轮有分度圆锥、齿顶圆锥、齿根圆锥和基圆锥。一对锥齿轮传动相当于一对节圆锥做纯滚动。分度圆锥母线与轴线之间的夹角称为分度圆锥角，以 $\delta$ 表示。如图6.21所示为一对正确安装的标准圆锥齿轮传动，其节圆锥与分度圆锥重合，轴夹角 $\Sigma = \delta_1 + \delta_2$。

因

$$r_1 = \overline{OP}\sin\delta_1, r_2 = \overline{OP}\sin\delta_2$$

式中，$\overline{OP}$为分度圆锥锥顶到大端的距离，称为外锥距。故传动比

$$i = \frac{\omega_1}{\omega_2} = \frac{z_2}{z_1} = \frac{r_2}{r_1} = \frac{\sin\delta_2}{\sin\delta_1} \tag{6.17}$$

在大多数情况下，$\Sigma = 90°$，这时

$$i = \frac{\omega_1}{\omega_2} = \frac{z_2}{z_1} = \frac{r_2}{r_1} = \cot\delta_1 = \tan\delta_2 \tag{6.18}$$

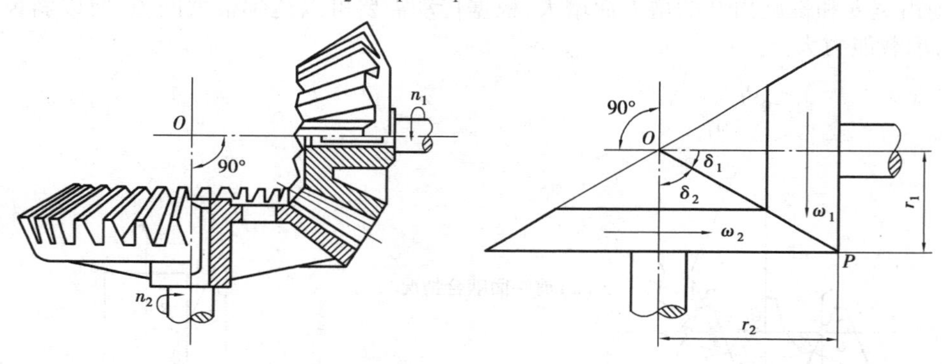


图6.21 圆锥齿轮传动

## 6.8 齿轮结构设计及齿轮传动的润滑

### 6.8.1 齿轮结构设计

齿轮的结构设计主要包括选择合适的结构形式，确定齿轮的轮毂、轮辐、轮缘等各部分的尺寸并绘制齿轮的零件工作图等。常用的齿轮结构形式有以下几种：

(1)齿轮轴

当齿轮的齿根圆直径与相配轴直径相差很小时,可将齿轮与轴做成一体,称为齿轮轴,如图6.22所示。通常对于钢制圆柱齿轮,其齿根圆至键槽底部的距离 $e \leqslant (2 \sim 2.5) m_n$ 时;对锥齿轮,其小端齿根圆至键槽底部的距离 $e \leqslant (1.6 \sim 2) m$($m$ 为大端模数)时,便将齿轮与轴做成一体。

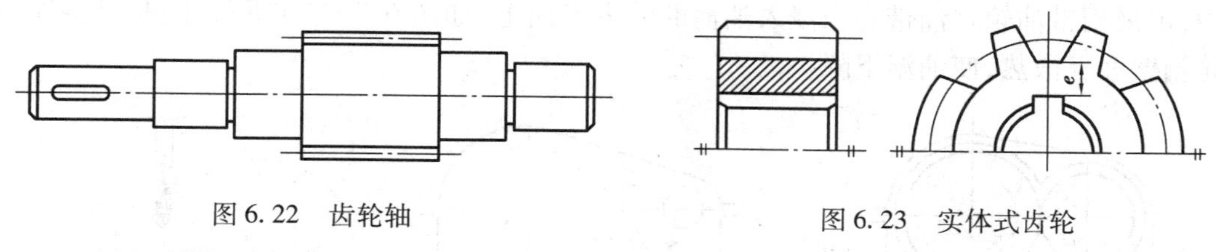


图6.22 齿轮轴　　图6.23 实体式齿轮

(2)实体式齿轮

当齿轮的齿顶圆直径 $d_a \leqslant 200$ mm,且 $e$ 超过上述界限时,可采用实体式齿轮,如图6.23所示。

(3)腹板式齿轮

当齿顶圆直径 200 mm $< d_a <$ 500 mm 时,为了减小质量和节省材料,可采用腹板式结构,如图6.24所示,有关尺寸参考图中经验公式确定。

(4)轮辐式齿轮

当齿顶圆直径 $d_a >$ 500 mm 的齿轮,采用轮辐式结构,如图6.25所示。

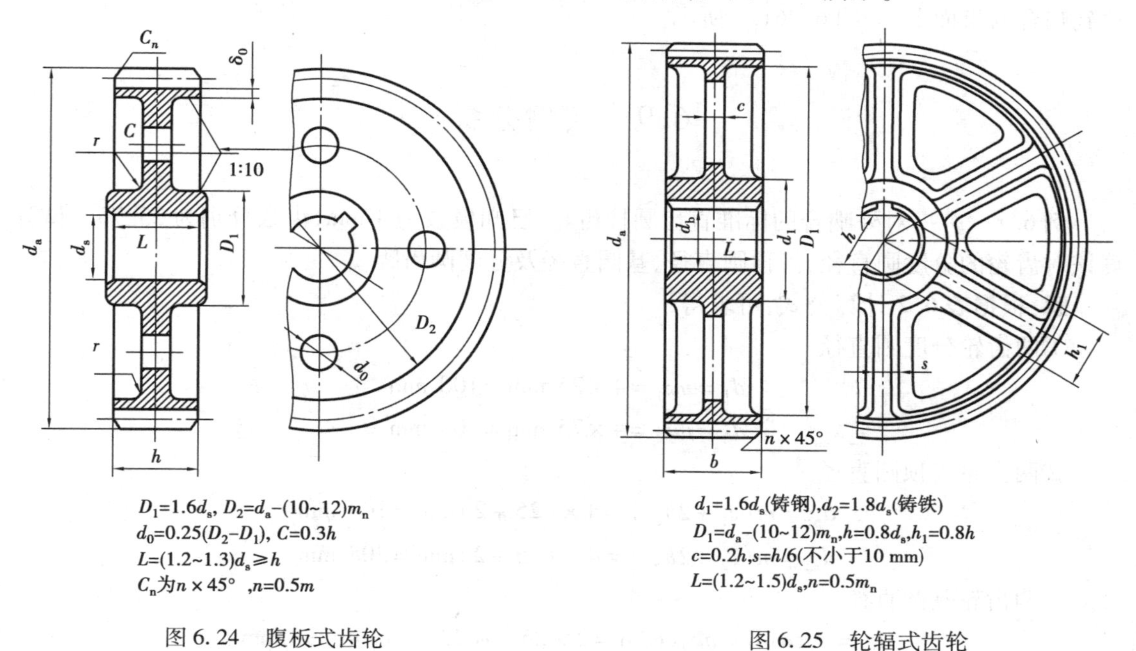


图6.24 腹板式齿轮　　图6.25 轮辐式齿轮

### 6.8.2 齿轮传动的润滑

齿轮传动的润滑可减少磨损和发热,还可以防锈和降低噪声,对防止和延缓轮齿失效,改善齿轮传动的工作状况起着重要作用。开式和半开式齿轮传动及低速轻载的闭式传动,通常采用周期性的人工加油或脂润滑。闭式齿轮传动可采用以下方式润滑。

(1)浸油润滑

当齿轮的圆周速度 $v<12$ m/s 时,通常将大齿轮浸入油池中进行润滑,如图 6.26(a)所示,浸油深度为 1~2 个齿高,速度高时取小值,但不应小于 10 mm。对锥齿轮传动应浸入全齿宽,至少浸入半个齿宽。浸油深度过大会增大齿轮的搅油阻力,并使油温升高。在多级齿轮传动中,可采用带油轮将油带到未浸入油池的轮齿齿面上,如图 6.26(b)所示,同时可将油甩到齿轮箱壁面上散热,使油温下降。

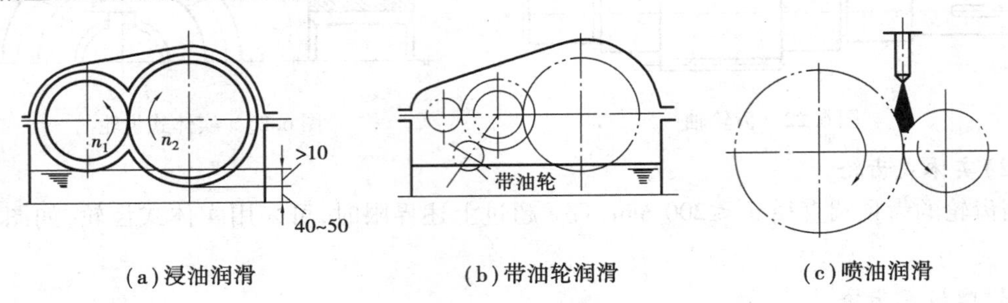


(a)浸油润滑　(b)带油轮润滑　(c)喷油润滑

图 6.26　油池润滑和喷油润滑

(2)喷油润滑

当齿轮圆周速度 $v>12$ m/s 时,由于圆周速度大,齿轮搅油剧烈,会使黏附在齿廓面上的油被甩掉,因此,不宜采用浸油润滑,可采用喷油润滑,即用油泵将具有一定压力的油经喷油嘴喷到啮合的齿面上,如图 6.26(c)所示。

## 6.9　实例分析

**例 6.1**　有一对外啮合的标准直齿圆柱齿轮,已知模数为 4 mm,齿数分别为 25、75。试计算该对齿轮的分度圆直径、齿顶圆直径、基圆直径及分度圆齿距。

**解**:根据表 6.2 计算公式,可求得

①两齿轮分度圆直径

$$d_1 = mz_1 = 4 \times 25 \text{ mm} = 100 \text{ mm}$$

$$d_2 = mz_2 = 4 \times 75 \text{ mm} = 300 \text{ mm}$$

②两齿轮齿顶圆直径

$$d_{a1} = m(z_1 + 2h_a^*) = 4 \times (25 + 2) \text{mm} = 108 \text{ mm}$$

$$d_{a2} = m(z_2 + 2h_a^*) = 4 \times (75 + 2) \text{mm} = 308 \text{ mm}$$

③两齿轮基圆直径

$$d_{b1} = d_1 \cos\alpha = mz_1 \cos\alpha = 2 \times 25 \cos 20° \text{mm} = 46.98 \text{ mm}$$

$$d_{b2} = d_2 \cos\alpha = mz_2 \cos\alpha = 2 \times 75 \cos 20° \text{mm} = 140.95 \text{ mm}$$

④两齿轮分度圆齿距

$$p_1 = p_2 = \pi m = 3.14 \times 4 \text{ mm} = 12.56 \text{ mm}$$

**例 6.2**　有一对标准斜齿圆柱齿轮,已知传动比为 $i_{12}=3.5$,小齿轮齿数 $z_1=20$,法向模数

$m_n = 2$ mm，中心距为 92 mm。试确定该对齿轮的分度圆、齿顶圆直径。

**解**：根据表 6.3 斜齿轮相关计算公式，可确定

①大齿轮齿数

$$z_2 = i_{12} z_1 = 3.5 \times 20 = 70$$

②斜齿轮的螺旋角

$$a = \frac{1}{2}(d_1 + d_2) = \frac{m_n(z_1 + z_2)}{2\cos\beta}$$

$$\cos\beta = \frac{m_n(z_1 + z_2)}{2a} = \frac{2 \times (20 + 70)}{2} \times 92 = 0.978$$

$$\beta = 11°58'7''$$

③分度圆、齿顶圆直径

分度圆直径
$$d_1 = \frac{z_1 m_n}{\cos\beta} = \frac{20 \times 2}{\cos 11°58'} \text{ mm} = 40.89 \text{ mm}$$

$$d_2 = \frac{z_2 m_n}{\cos\beta} = \frac{70 \times 2}{\cos 11°58'} \text{ mm} = 143.11 \text{ mm}$$

齿顶圆直径
$$d_{a1} = d_1 + 2h_{an}^* m_n = (40.89 + 2 \times 1 \times 2) \text{ mm} = 44.89 \text{ mm}$$

$$d_{a2} = d_2 + 2h_{an}^* m_n = (143.11 + 2 \times 1 \times 2) \text{ mm} = 147.11 \text{ mm}$$

**例 6.3**　齿轮机构在自动送料机中的应用

如图 6.27 所示为自动送料机间歇传送机构，由两个齿轮机构和一个平行四边形机构并联组成，5 为工作滑轨，6 为被推送的工件。主动齿轮 1 经两个齿轮 2 与 2′带动平行四边形机构的两个连架杆 3 与 3′同步转动，使连杆 4（送料动梁）平动，送料动梁上任意一点的运动轨迹都是半径相同的圆，如图 6.27 中的点画线所示，故可间歇地推送工件。该机构将齿轮机构的连续转动转化为连杆的平动，并与工作滑轨配合，实现间歇推料动作，机构运动可靠。

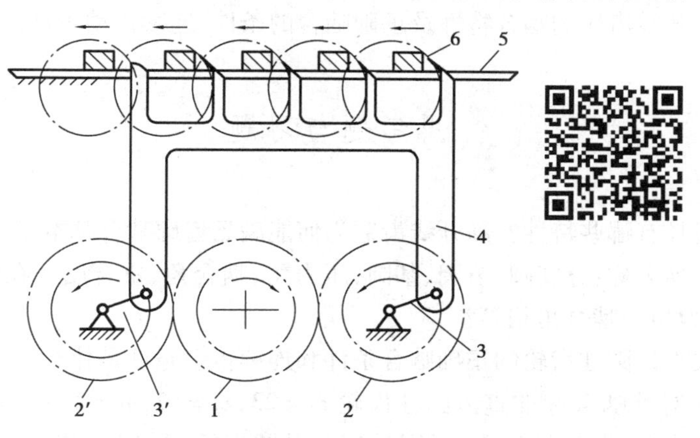


图 6.27　自动送料机间歇传送机构

**例 6.4**　齿轮机构在振摆式轧钢机中的应用

如图 6.28 所示的振摆式轧钢机构，采用上下对称结构，均由二自由度的五杆机构和齿轮机构封闭组成。图中 1 为主动件，当 1 转动时，轧辊中心 $M$ 按一定的轨迹运动，并对钢材进行轧制。调节两曲柄 $AB$ 和 $DE$ 的相位角，可方便地改变 $M$ 点的轨迹。

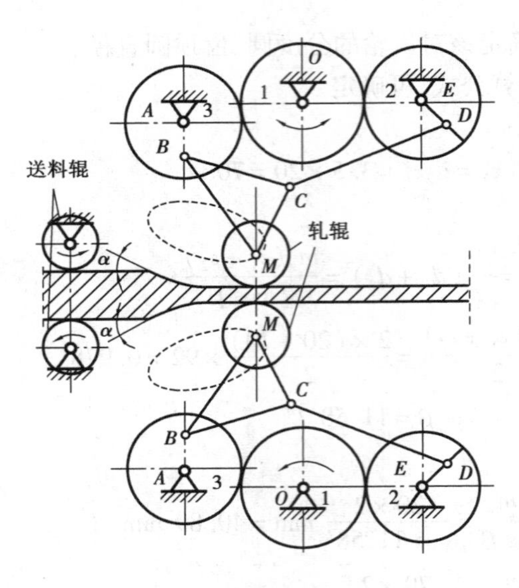

图 6.28　振摆式轧钢机构

## 本章小结

本章介绍了齿轮机构的类型和应用、齿廓啮合基本定理、渐开线齿轮的啮合特性及正确啮合的条件、连续传动条件、渐开线齿轮基本参数及几何尺寸计算，简要介绍了斜齿圆柱齿轮传动和圆锥齿轮传动。

本章重点：渐开线齿轮基本参数及几何尺寸计算。

本章难点：渐开线齿轮的啮合特性及正确啮合的条件、连续传动条件。

## 思考题与习题

6.1　渐开线具有哪些特性？渐开线齿廓为何能满足齿廓啮合基本定律？

6.2　解释下列名称：分度圆、节圆、基圆、压力角、啮合角、重合度。在什么条件下分度圆与节圆重合？压力角与啮合角相等？

6.3　渐开线直齿圆柱齿轮的正确啮合条件和连续传动条件是什么？

6.4　已知一对外啮合标准直齿圆柱齿轮 $z_1=23$，$z_2=57$，$m=2.5$ mm，试求该齿轮传动比、两轮的分度圆直径、齿顶圆直径、齿根圆直径、基圆直径、中心距、齿距、齿厚、齿槽宽。

6.5　已知一标准直齿圆柱齿轮 $\alpha=20°$，$m=5$ mm，$z=40$，试求其分度圆、基圆、齿顶圆上的渐开线齿廓的曲率半径和压力角。

6.6　某传动装置中有一对渐开线标准直齿圆柱齿轮（正常齿），大齿轮已损坏，小齿轮的齿数 $z_1=24$，齿顶圆直径 $d_{a1}=78$ mm，中心距 $\alpha=135$ mm，试计算大齿轮的主要几何尺寸及这对齿轮的传动比。

6.7　已知一对斜齿圆柱齿轮传动，$z_1=18$，$z_2=36$，$m_n=2.5$ mm，$a=68$ mm，$a_n=20°$，$h_{an}^*=1$，$c_n^*=0.25$。试求：①这对斜齿轮螺旋角 $\beta$；②两轮的分度圆直径 $d_1$，$d_2$ 和齿顶圆直径 $d_{a1}$，$d_{a2}$。

6.8　设一对斜齿圆柱齿轮传动的参数为：$m_n=5$ mm，$a_n=20°$，$z_1=25$，$z_2=40$，试计算当 $\beta=20°$ 时的下列值：①端面模数 $m_t$；②端面压力角 $\alpha_t$；③分度圆直径 $d_1$，$d_2$；④中心距 $a$。

6.9　为了满足高层建筑擦玻璃窗的需求，试构思一台自动擦窗机的设计方案，说明其结构组成和特点。

# 第7章 轮系

【案例导入】

在实际机械中,只用一对齿轮传动往往难以满足工作要求,例如:在机床中,为了使主轴获得多级转速;在钟表中为了使时针、分针和秒针的转速具有一定的比例关系;在汽车后轮的传动中,为了根据汽车转弯半径的不同,使两个后轮获得不同的转速等,都需要由一系列的齿轮所组成的齿轮机构来实现。这种由一系列齿轮所构成的齿轮传动系统称为齿轮系,简称轮系。

如图7.1所示的汽车后桥差速器,当汽车拐弯时,它能将发动机传给齿轮5的运动,以不同转速分别传递给左右两车轮。当汽车在平坦道路上直线行驶时,左右两车轮滚过的距离相等,所以转速也相等。这时齿轮1、2、3和4如同一个固连的整体,一起转动。当汽车向左拐弯时,为使车轮和地面之间不发生滑动,减少轮胎磨损,就要求右轮比左轮转得快些。这时齿轮1和齿轮3之间便发生相对转动,齿轮2除了随齿轮4绕后车轮轴线公转外,还绕自己的轴线自转,由齿轮1、2、3和4(即行星架H)组成的差动轮系便发挥作用,使左右两车轮获得不同的转速。

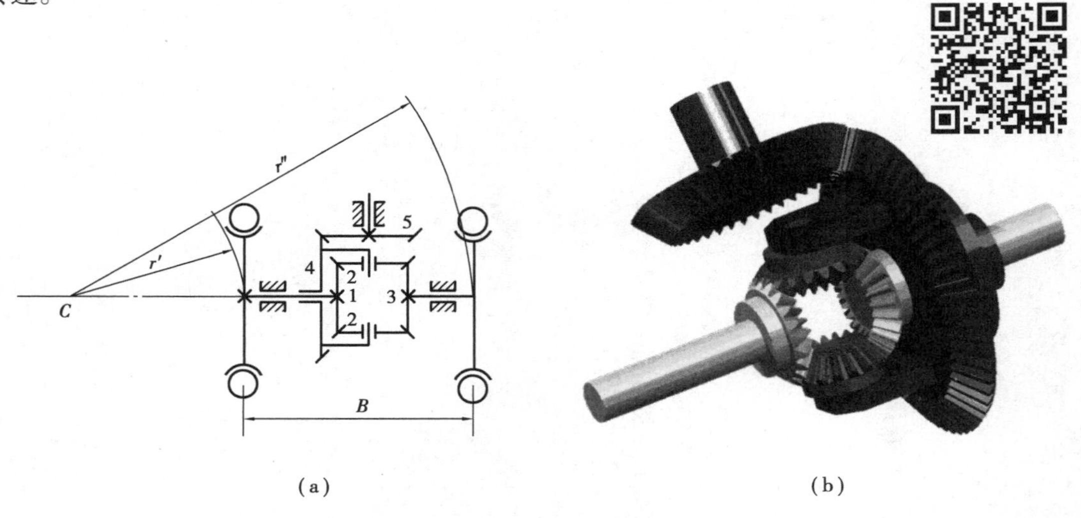


(a) (b)

图7.1 汽车后桥差速器

本章主要介绍轮系的类型、应用以及轮系传动比的计算。

## 7.1　轮系的类型

根据轮系运转时，各个齿轮的轴线相对于机架的空间位置是否固定，可以将轮系分为以下两种基本类型。

(1)定轴轮系

轮系在转动时，各个齿轮轴线的位置都是固定不动的，如图7.2(a)所示的轮系就是定轴轮系，图7.2(b)为其机构运动简图，并表达了各齿轮的转向关系。

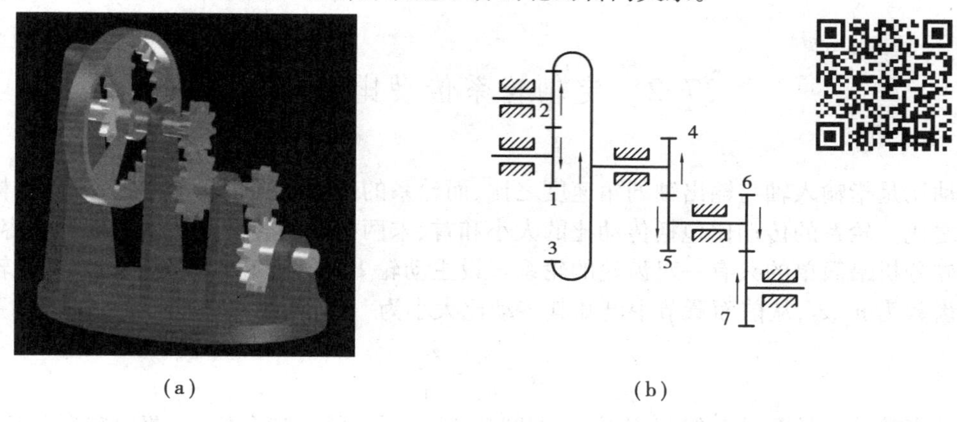


图7.2　定轴轮系

(2)周转轮系

如图7.3所示的轮系在传动时，齿轮2的几何轴线绕齿轮1和构件H的共同轴线转动，这种至少有一个齿轮的几何轴线绕另一个齿轮的几何轴线转动的轮系称为周转轮系。

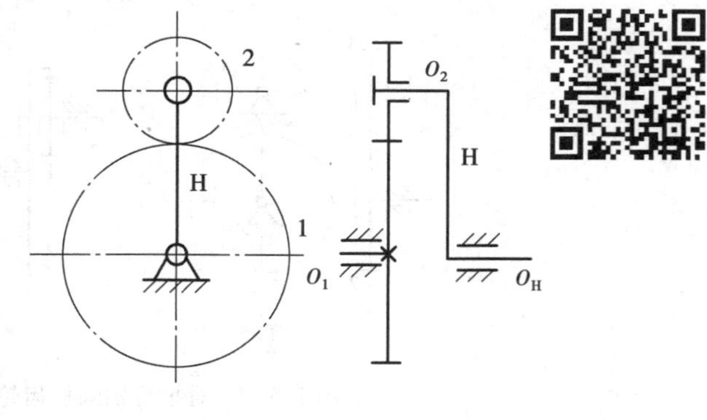


图7.3　周转轮系

在实际机构中，许多轮系不单纯是定轴轮系或周转轮系，而是经常既包括定轴轮系部分，又包括周转轮系部分，如图7.4(a)所示；或者是由几部分周转轮系组成的，如图7.4(b)所示，这种轮系称为复合轮系。

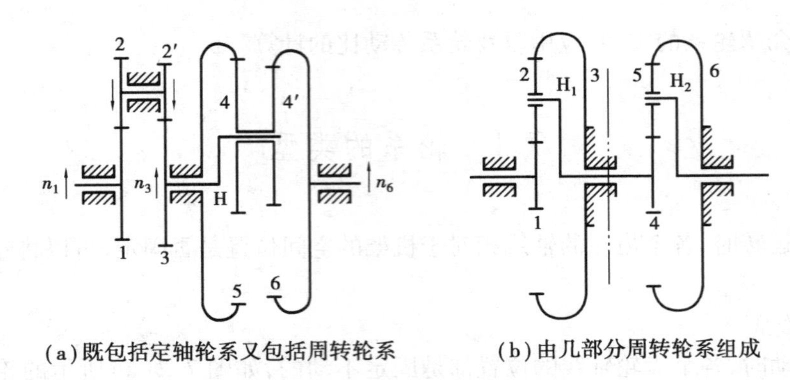


(a)既包括定轴轮系又包括周转轮系　　(b)由几部分周转轮系组成

图7.4　复合轮系

## 7.2　定轴轮系传动比计算

传动比是指输入轴与输出轴的角速度之比,而轮系的传动比则指轮系中首、末两个构件的角速度之比。轮系的传动比包括传动比的大小和首、末两构件的转向关系两方面的内容。

首先分析最简单的只有一对齿轮的轮系。设主动轮1的转速和齿数为 $n_1$、$z_1$,从动轮2的转速和齿数为 $n_2$、$z_2$,从前面章节中已知其传动比大小为

$$i_{12}=\frac{n_1}{n_2}=\frac{z_2}{z_1}$$

圆柱齿轮传动的两轮轴线互相平行,如图7.5(a)所示的外啮合传动,两轮转向相反,传动比用负号表示;如图7.5(b)所示的内啮合传动,两轮转向相同,传动比用正号表示。因此,两轮的传动比可写成

$$i_{12}=\frac{n_1}{n_2}=\pm\frac{z_2}{z_1}$$

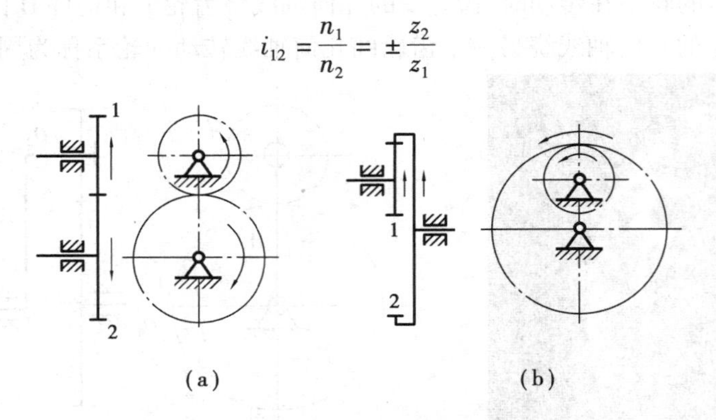


(a)　　(b)

图7.5　一对平行轴圆柱齿轮的转向关系

两轮的转向关系也可在图上用箭头来表示,如图7.5所示,箭头方向表示齿轮可见侧的运动方向。用相反的箭头(箭头相对或相背)表示外啮合时两轮转向相反,同向箭头表示内啮合转向相同。

两圆锥齿轮的轴线相交,其转向关系不能用传动比的正负来表示,只能在图上用箭头表示,根据主动轮和从动轮的受力分析可知,表示两轮转向的箭头必须同时指向节点或同时背离

节点,如图7.6所示。

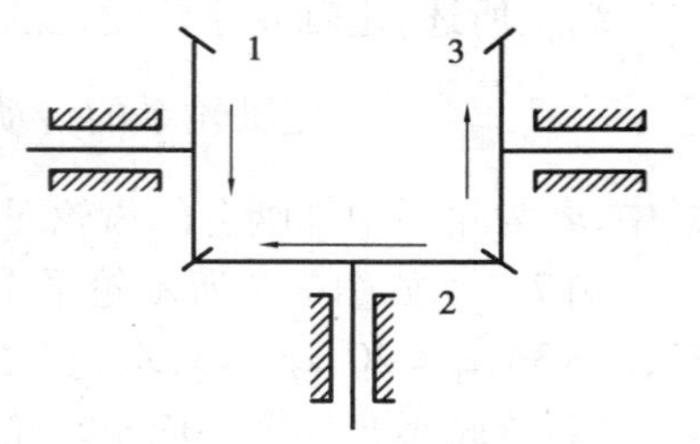

图7.6 圆锥齿轮的转向关系

如图7.7所示平面定轴轮系的传动比,齿轮1和2为一对外啮合圆柱齿轮;齿轮2和3为一对内啮合圆柱齿轮;齿轮4和5、齿轮6和7又是两对外啮合圆柱齿轮。设齿轮1为主动轮(首轮),齿轮7为从动轮(末轮),则此轮系的传动比为

$$i_{17}=\frac{n_1}{n_7}$$

轮系中各对啮合齿轮的传动比依次为

$$i_{12}=\frac{n_1}{n_2}=-\frac{z_2}{z_1},i_{23}=\frac{n_2}{n_3}=\frac{z_3}{z_2},$$

$$i_{45}=\frac{n_4}{n_5}=-\frac{z_5}{z_4},i_{67}=\frac{n_6}{n_7}=-\frac{z_7}{z_6}$$

另外,齿轮3和齿轮4同轴,齿轮5和齿轮6同轴,所以 $n_3=n_4,n_5=n_6$。

由图7.7可见,主动轮1到从动轮7之间的传动,是通过上述齿轮的依次传动来实现的。因此,为了求得轮系的传动比 $i_{17}$,可将上列各对齿轮的传动比连乘起来,得

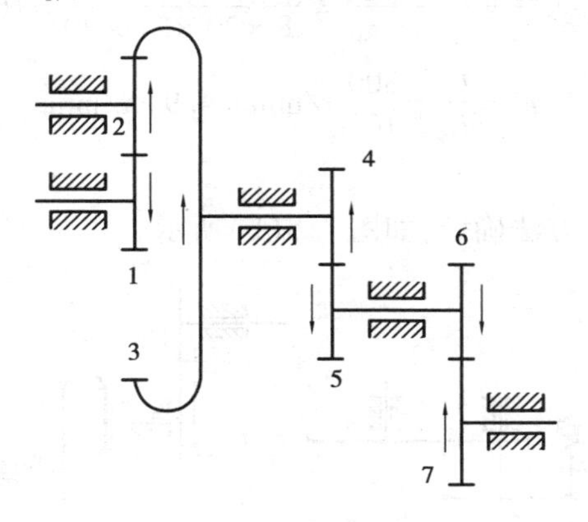

图7.7 平面定轴轮系

$$i_{12}i_{23}i_{45}i_{67}=\frac{n_1}{n_2}\frac{n_2}{n_3}\frac{n_4}{n_5}\frac{n_6}{n_7}=\frac{n_1}{n_7}$$

即

$$i_{17}=\frac{n_1}{n_7}=i_{12}i_{23}i_{45}i_{67}=(-1)^3\frac{z_2z_3z_5z_7}{z_1z_2z_4z_6}=-\frac{z_3z_5z_7}{z_1z_4z_6}$$

上式表明:

①定轴轮系的传动比大小等于组成该轮系的各对啮合齿轮传动比的连乘积;也等于各对啮合齿轮中所有从动齿轮齿数的连乘积与所有主动齿轮齿数的连乘积之比。

②对于各种定轴轮系,主动轮与从动轮的转向关系都可以用箭头法判定。对于各齿轮轴线相互平行的平面定轴轮系,还可以用符号法判定,具体方法是在齿数比的基础上乘以 $(-1)^m$,$m$ 为轮系中齿轮外啮合次数。

③齿轮2在轮系中既是从动轮,又是主动轮,这种齿轮称为惰轮。惰轮的齿数对传动比的大小没有影响,但是改变了转向关系。

综上所述,定轴轮系传动比的计算可写成通式:

$$定轴轮系的传动比=(-1)^m\frac{所有从动齿轮齿数的连乘积}{所有主动齿轮齿数的连乘积} \quad (7.1)$$

式中,$m$ 为轮系中外啮合的齿轮对数。

**例 7.1** 如图 7.7 所示轮系中,已知各个齿轮的齿数分别为:$z_1=30$,$z_2=30$,$z_3=90$,$z_4=25$,$z_5=36$,$z_6=20$,$z_7=45$,求轮系的传动比 $i_{17}$。

**解**:该轮系是一个平面定轴轮系,根据式(7.1)得

$$i_{17}=(-1)^3\frac{z_2z_3z_5z_7}{z_1z_2z_4z_6}=-\frac{30\times90\times36\times45}{30\times30\times25\times20}=-9.72$$

经计算,传动比 $i_{17}$ 为负值,表示齿轮 7 与齿轮 1 转向相反。

**例 7.2** 如图 7.8(a)所示,已知 $z_1=18$,$z_2=54$,$z_{2'}=20$,$z_3=80$,$z_{3'}=21$,$z_4=63$,$z_{4'}=20$,$z_5=90$,若 $n_1=800$ r/min,求轮 5 的转速及各轮的转向。

**解**:该传动系统是由圆柱齿轮和圆锥齿轮组成的空间定轴轮系,由于两圆锥齿轮的轴线相交,其转向关系不能用传动比的正负来表示,只能在图上用箭头表示。

①传动比大小根据式(7.1)计算

$$i_{15}=\frac{n_1}{n_5}=\frac{z_2z_3z_4z_5}{z_1z_{2'}z_{3'}z_{4'}}=\frac{54\times80\times63\times90}{18\times20\times21\times20}=162$$

轮 5 的转速:

$$n_5=\frac{n_1}{i_{15}}=\frac{800}{162}\text{ r/min}=4.94\text{ r/min}$$

②各轮的转向

各轮的转向按画箭头的方法确定,如图 7.8(b)所示。

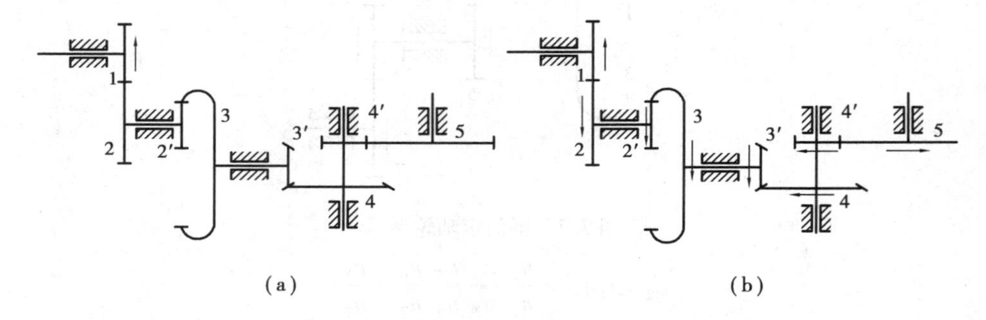


图 7.8 定轴轮系传动比计算

## 7.3 周转轮系传动比计算

### 7.3.1 周转轮系的构件与分类

如图 7.9 所示的周转轮系中,由齿轮 1、齿轮 2、齿轮 3 和构件 H 组成。齿轮 2 装在构件 H 上,绕轴线 $O_1$ 自转,同时又随构件 H 绕固定轴线 $O$ 做公转。整个轮系的运动犹如行星围绕太阳的运行;齿轮 2 相当于行星,故称为行星轮;轴线不动的齿轮 1、3 相当于太阳,称为中心轮或

太阳轮;支撑行星轮的构件 H 称为行星架,也称系杆或转臂。一个周转轮系必有一个行星架、若干个铰接在行星架上的行星轮以及与行星轮相啮合的中心轮。

在周转轮系中,一般以中心轮和行星架作为运动的输入和输出构件,故称它们为周转轮系的基本构件。行星架绕之转动的轴线称为主轴线,所以基本构件是承受外力矩且其轴线与主轴线重合的构件。

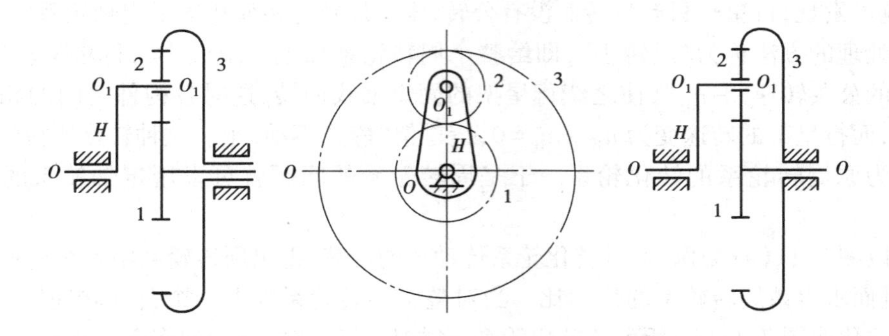


图 7.9 周转轮系

周转轮系的类型很多,通常可按以下方法进行分类:

①根据自由度的不同,周转轮系可分为差动轮系和行星轮系两类。

如图 7.9(a)所示,轮系的两个中心轮都是转动的,称为差动轮系;该机构的自由度为 2,说明需要两个独立运动的原动件。

如图 7.9(b)所示,轮系的中心轮 3 被固定,中心轮 1 可以转动,称为行星轮系;该机构的自由度为 1,说明只需要一个独立运动的原动件。

②根据基本构件的不同,周转轮系可分为 2K-H 型和 3K 型。

设轮系中的中心轮用 K 表示,行星架用 H 表示,则 2K-H 型周转轮系表示轮系中有两个中心轮和一个行星架。如图 7.10 所示的周转轮系为 2K-H 型的几种不同形式。其中图 7.10(a)为单排形式,图 7.10(b)、图 7.10(c)为双排形式。

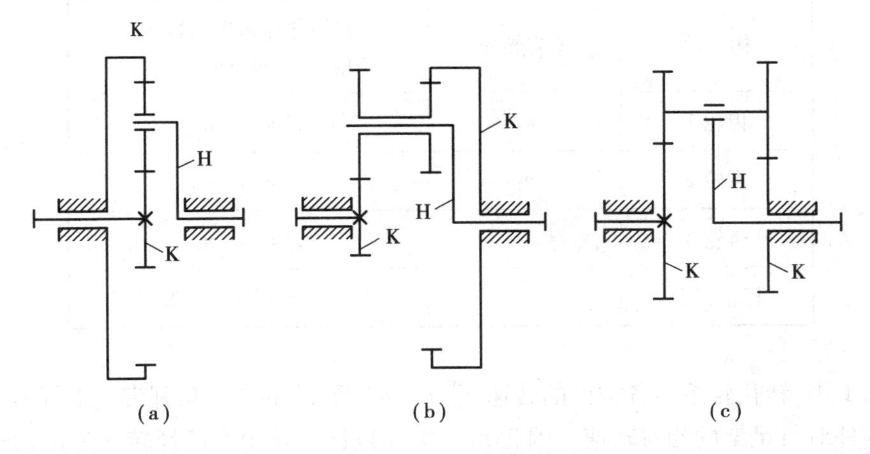


图 7.10 2K-H 型周转轮系

### 7.3.2 周转轮系传动比计算

通过对周转轮系和定轴轮系的观察和比较就会发现，它们之间的根本差别就在于周转轮系中有转动的行星架，从而使得行星轮既有自转又有公转。由于这个差别，周转轮系的传动比不能直接用定轴轮系传动比的做法来计算。如何能够解决这个问题呢？如果以行星架为参照系，这样就可发现，行星轮只有自转而没有公转，整个周转轮系演化成了定轴轮系。

实际处理的方法称为“反转法”，即给整个周转轮系加上一个大小与行星架转速相等，但方向相反的公共转速“$-n_H$”，使之绕行星架的固定轴线回转，这时各构件之间的相对运动仍保持不变，而行星架的转速变为$n_H-n_H=0$，行星架“静止不动”了。这种转化所得的假想的定轴轮系称为原周转轮系的转化轮系。于是周转轮系的问题就可以用定轴轮系的方法来解决了。

下面以图7.11(a)为例，通过转化轮系传动比的计算，得出周转轮系中各个构件之间转速的关系，进而求得该周转轮系的传动比。当对整个周转轮系加上一个公共转速“$-n_H$”以后，周转轮系演化成图7.11(b)所示的转化轮系，各构件的转速的变化如表7.1所示。

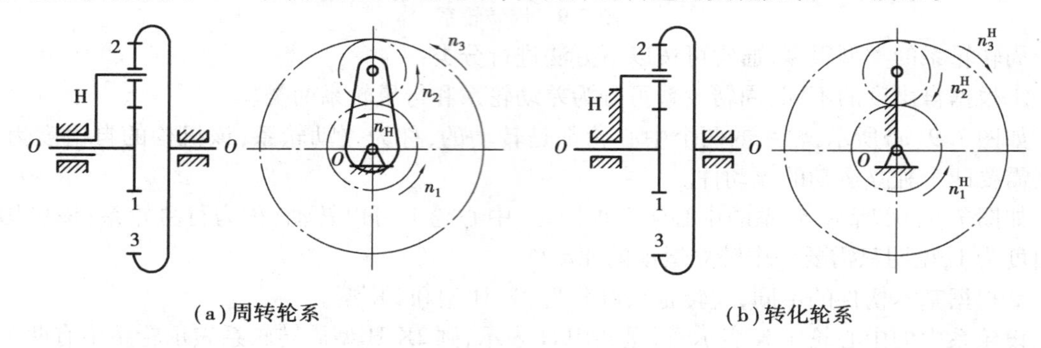


图7.11 周转轮系及其转化轮系

**表7.1 周转轮系和转化轮系的转速**

| 构　件 | 原有转速 | 在转化轮系中的转速（相对于行星架的转速） |
| --- | --- | --- |
| 齿轮1 | $n_1$ | $n_1^H=n_1-n_H$ |
| 齿轮2 | $n_2$ | $n_2^H=n_2-n_H$ |
| 齿轮3 | $n_3$ | $n_3^H=n_3-n_H$ |
| 行星架H | $n_H$ | $n_H^H=n_H-n_H=0$ |

在表7.1中，转化轮系中各构件的转速$n_1^H$、$n_2^H$、$n_3^H$及$n_H^H$的右上角都带有上标H，表示这些转速是各构件对行星架的相对转速。因为$n_H^H=0$，所以该周转轮系已经转化为定轴轮系，即该周转轮系的转化轮系。三个齿轮相对于行星架H的转速$n_1^H$、$n_2^H$、$n_3^H$即为它们在转化轮系中的转速，于是转化轮系的传动比$i_{13}^H$可计算如下：

$$i_{13}^{H}=\frac{n_1^{H}}{n_3^{H}}=\frac{n_1-n_H}{n_3-n_H}=-\frac{z_2z_3}{z_1z_2}=-\frac{z_3}{z_1} \tag{7.2}$$

式(7.2)中齿数比前的负号表示在转化轮系中齿轮1与齿轮3的转向相反，即$n_1^{H}$与$n_3^{H}$的方向相反。应注意区分$i_{13}$和$i_{13}^{H}$，前者是两轮真实的传动比，而后者是假想的转化轮系中两轮的传动比。

根据上述原理，不难得出计算周转轮系的一般关系式。设周转轮系中的两个齿轮分别为G、K，行星架为H，则其转化轮系的传动比$i_{GK}^{H}$可表示为

$$i_{GK}^{H}=\frac{n_G^{H}}{n_K^{H}}=\frac{n_G-n_H}{n_K-n_H}=\pm\frac{\text{转化轮系中从 G 到 K 的所有从动齿轮齿数的连乘积}}{\text{转化轮系中从 G 到 K 的所有主动齿轮齿数的连乘积}} \tag{7.3}$$

应用上式时，应注意：

①该公式只适用于齿轮G、K和行星架H的回转轴线重合或平行。

②应视G为起始主动轮，K为最末从动轮，中间各轮的主从地位应按这一假定在转化轮系中去判断。

③等号右侧的“±”的判断方法同定轴轮系。如果只有平行轴圆柱齿轮传动，可由$(-1)^m$来确定。如果含有圆锥齿轮传动或蜗杆传动，则用画虚箭头的方法来确定。若齿轮G和K的箭头方向相同时为“+”，相反时为“-”。

④代入各个构件实际转速时，必须带有“±”。可先假定某一个已知构件的转向为正向，其他构件的转向与其相同时取“+”，相反时取“-”。

**例7.3** 如图7.11(a)所示的周转轮系中，已知齿轮齿数$z_1=40$，$z_3=60$，两中心轮同向回转，转速$n_1=100\ r/min$，$n_2=200\ r/min$，求行星架H的转速$n_H$。

**解**：由式(7.2)得

$$i_{13}^{H}=\frac{n_1-n_H}{n_3-n_H}=-\frac{z_3}{z_1}$$

齿数比前的“-”表示在转化轮系中轮1与轮3转向相反。由题意可知，轮1和轮3同向回转，故$n_1$和$n_3$以同号代入上式，则有

$$\frac{100-n_H}{200-n_H}=-\frac{60}{40}$$

解得

$$n_H=160\ r/min$$

经计算$n_H$为正，故行星架H与齿轮1转向相同。

**例7.4** 如图7.12所示圆锥齿轮组成的行星轮系中，各轮的齿数为：$z_1=20$，$z_2=30$，$z_{2'}=60$，$z_3=80$。已知$n_1=90\ r/min$。求行星架H的转速$n_H$。

**解**：在该轮系中，齿轮1、3和行星架的轴线重合，所以可用式(7.3)进行计算

$$i_{13}^{H}=\frac{n_1-n_H}{n_3-n_H}=-\frac{z_2z_3}{z_1z_{2'}}$$

上式等号右边的负号，是由于在转化轮系中画箭头(见图7.12中虚线箭头)后，1、3两轮的箭头方向相反。

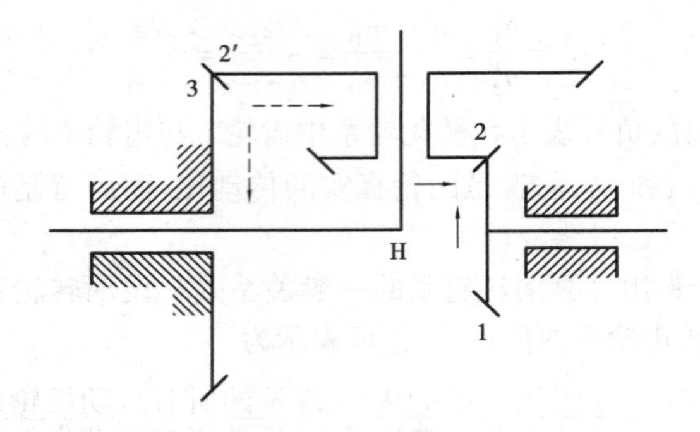


图 7.12　周转轮系及其转换轮系

设 $n_1$ 的转向为正,且齿轮 3 与机架固定,代入得

$$\frac{90-n_{\mathrm{H}}}{0-n_{\mathrm{H}}}=-\frac{30\times 80}{20\times 60}$$

解得

$$n_{\mathrm{H}}=30\ \mathrm{r/min}$$

正号表示 $n_{\mathrm{H}}$ 的转向与 $n_1$ 的转向相同。

注意,本例中行星齿轮 2 和 2′的轴线与齿轮 1、3 及行星架的轴线不平行,所以不能利用公式(7.3)来计算 $n_2$。

## 7.4　实例分析

轮系在各种机械中的应用十分广泛,其功用可概括为以下几个方面。

**例 7.5**　实现大传动比传动的轮系分析。

当两轴之间需要较大的传动比时,如果仅用一对齿轮传动,必然使两轮的尺寸差距过大,如图 7.13 中虚线所示。这样将使传动机构的外廓尺寸庞大,所以两轴间需要较大的传动比时,就可以利用定轴轮系的多级传动来实现,如图 7.13 中实线所示,这样便可克服上述缺点。

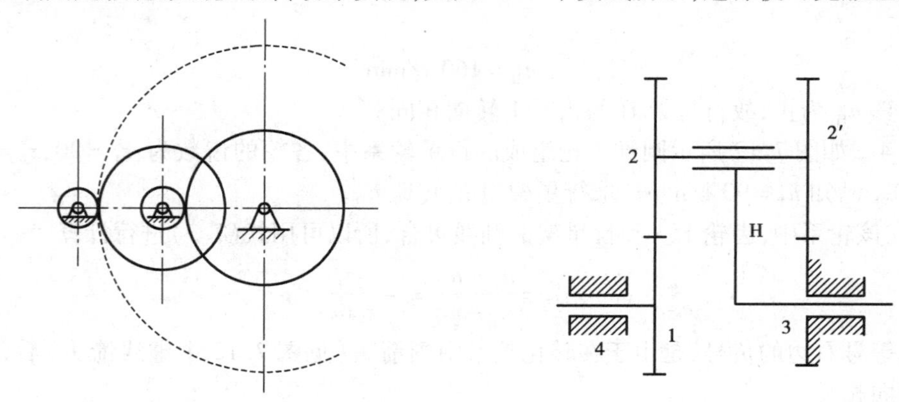


图 7.13　实现大传动比的定轴轮系　　　　图 7.14　大传动比行星轮系

为了获得大的传动比,也可以采用周转轮系或复合轮系。如图 7.14 所示的行星轮系中,

若各轮的齿数分别为 $z_1=100$，$z_2=101$，$z_{2'}=100$，$z_3=99$，则输入构件 H 对输出构件 1 的传动比 $i_{H1}=10\ 000$。可见，根据需要，行星轮系可获得很大的传动比。

**例 7.6**　实现换向传动的轮系分析。

在主轴转向不变的条件下，利用轮系可改变从动轴的转向。如图 7.15 所示为车床上走刀丝杆的三星轮换向机构。齿轮 2、3 铰接在刚性构件 a 上，构件 a 可绕轮 4 的轴线回转。如图 7.15(a)所示位置，主动轮 1 的运动经中间轮 2 及 3 传给从动轮 4，从动轮 4 与主动轮 1 转向相反；如转动构件 a，使其处于图 7.15(b)所示的位置，则齿轮 2 不参与传动，这时主动轮的运动就只经过中间轮 3 而传给从动轮 4，故从动轮与主动轮 1 的转向相同。

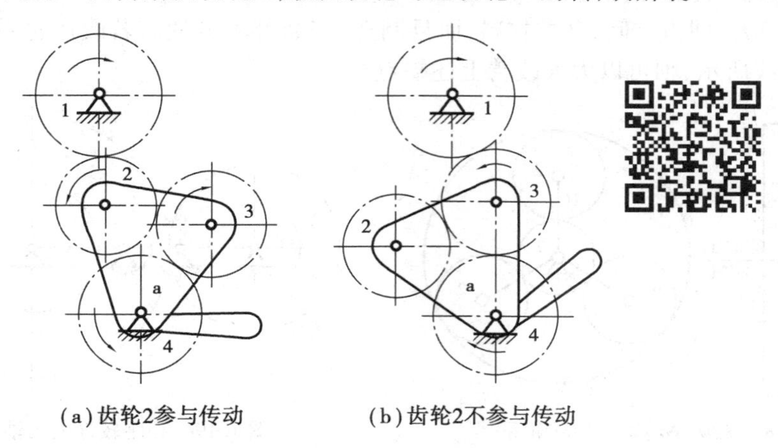


图 7.15　走刀丝杆的三星轮换向机构

**例 7.7**　实现变速传动的轮系分析。

如图 7.16 所示的轮系中，轴 Ⅰ 和 Ⅱ 分别为主动轴和从动轴，齿轮 1′与 2′固定在轴 Ⅰ 上，齿轮 1 与 2 为双联齿轮，与轴 Ⅱ 用导向键相连，可在轴 Ⅱ 上滑动。当操纵控制手柄使双联滑移齿轮分别形成 1′与 1 或 2′与 2 啮合时，就可得到两种不同的传动比。

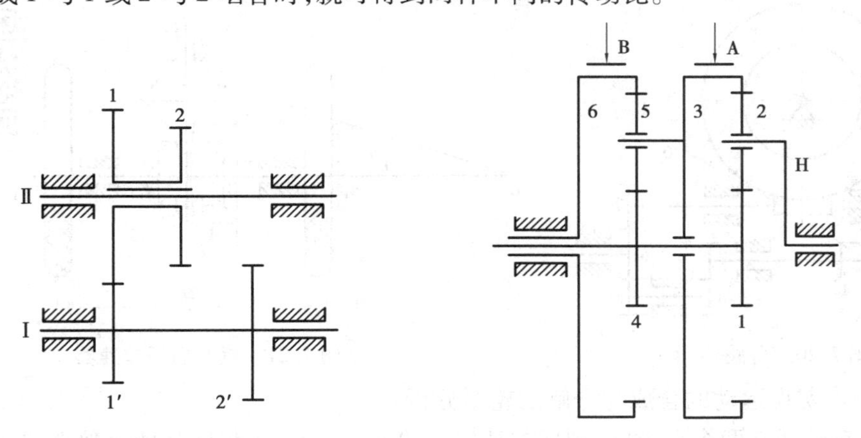


图 7.16　定轴轮系变速传动　　　图 7.17　周转轮系变速传动

变速传动也可利用周转轮系来实现，周转轮系变速器如图 7.17 所示。通过制动器 A、B 固定不同的中心轮 3、6 而得到轮系不同的传动比，从而在主动轮转速不变的条件下，可使从动轴 H 得到两种不同的转速。与定轴轮系变速器比较，周转轮系变速器较复杂，但操纵方便，可在运动中变速。

**例 7.8** 实现结构紧凑的大功率传动的轮系分析。

用作动力传动的周转轮系通常都采用具有多个行星轮的结构，如图 7.18 所示。各行星轮均匀分布在中心轮的四周，这样，载荷由多对齿轮承受，以减小齿轮尺寸。同时又可使各个啮合处的径向分力和行星轮公转所产生的离心惯性力各自得以平衡，以减小主轴承内的作用力，增加运转的平稳性，实现大功率传动。

**例 7.9** 实现较远距离传动的轮系分析。

主动轮和从动轮间的距离较远时，如果仅用一对齿轮来传动，如图 7.19 中双点画线所示，齿轮的尺寸就很大，即占空间，又费材料，而且制造、安装都不方便。若改用轮系来传动，如图 7.19 中单点画线所示，则可以大大改善上述缺点。

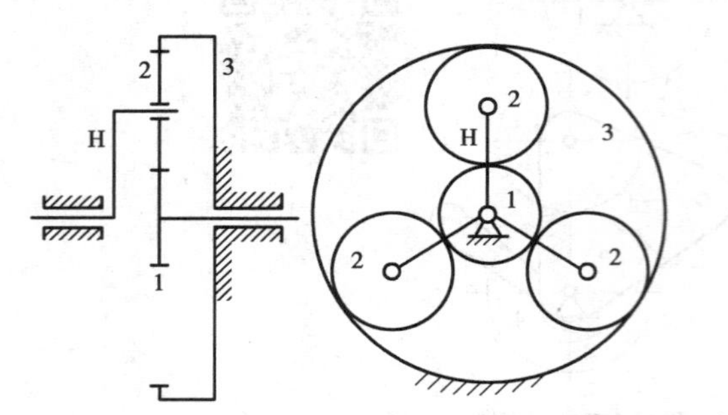


图 7.18　大功率传动的周转轮系

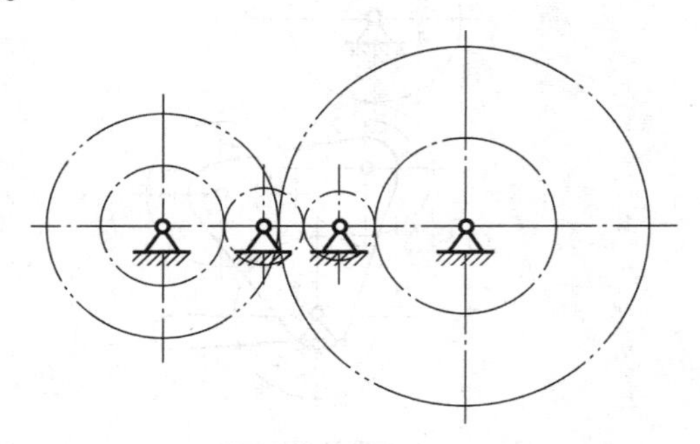

图 7.19　相距较远的两轴传动

**例 7.10** 实现分路传动的轮系分析。

当输入轴的转速一定时，利用轮系可将输入轴的一种转速运动同时传到几根输出轴上，获得所需的各种转速。如图 7.20 为滚齿机上实现轮坯与滚刀范成运动的传动简图，轴 I 的运动经过圆锥齿轮 1、2 传给滚刀，经齿轮 3、4、5、6、7 和蜗杆 8、9 传给轮坯。

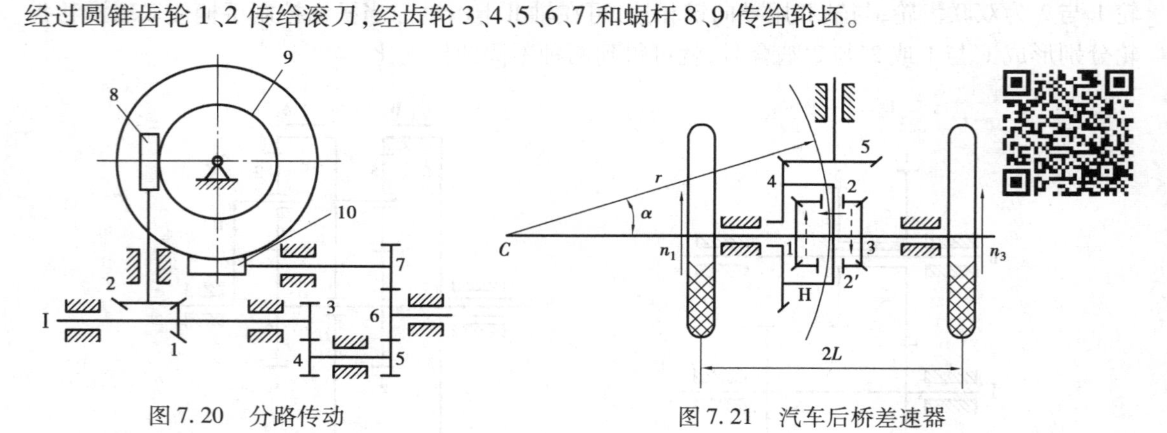


图 7.20　分路传动　　　　图 7.21　汽车后桥差速器

**例 7.11** 实现运动的合成与分解的轮系分析。

由于差动轮系有两个自由度，利用差动轮系的这一特性，不仅能将两个独立的运动合成为一个运动，而且可以将一个主动构件的运动按所需的可变比例分解为两个从动构件的不同运动。如图 7.21 所示为装在汽车上的差动轮系（常称差速器）。发动机通过传动轴驱动齿轮 5，齿轮 4 与齿轮 5 啮合并在齿轮 4 上固连着行星架 H，其上装有行星轮 2、齿轮 1、2、3 及行星架 H 组成一差动轮系。

在该轮系中，$z_1 = z_3$，$n_H = n_4$，故根据式(7.3)，有

$$i_{13}^{H} = \frac{n_1 - n_4}{n_3 - n_4} = -\frac{z_3}{z_1} = -1 \quad (7.4)$$

故

$$n_4 = \frac{1}{2}(n_1 + n_3)$$

由于左、右两车轮分别与轴1、3固联，因此当汽车直线行驶时两个车轮所走过的路程相同，即要求齿轮1、3转速相等，$n_1 = n_3 = n_4$，即齿轮1、2、3和行星架H之间没有相对运动，整个差动轮系相当于同齿轮4固联成一个整体，随齿轮4一起转动，此时行星轮2相对于行星架没有转动。

当汽车转弯时，由于左右两车轮行驶的路程不相等，所以轮1和轮3的转速不同。由于路面摩擦力的作用，当车轮在路面上做纯滚动使汽车向左转弯时，处于弯道内侧的左车轮走的是一个小圆弧，而处于弯道外侧的右车轮走的是一个大圆弧，即要求两车轮所走的路程不相等，因此要求齿轮1、3具有不同的转速。设两车轮中心距为$2L$，弯道平均半径为$r$，由于两车轮的转速应与弯道半径成正比，故由图可得

$$\frac{n_1}{n_3} = \frac{r - L}{r + L} \quad (7.5)$$

联立解式(7.4)、式(7.5)，可求得此时汽车两车轮的转速分别为

$$\begin{cases} n_1 = \dfrac{r - L}{r} n_4 \\ n_3 = \dfrac{r + L}{r} n_4 \end{cases}$$

此时行星轮除随H一起公转外，还绕其自身轴线自转。公转转速$n_4$通过差动轮系分解成$n_1$和$n_3$两个不同的转速，转速的大小随弯道半径的不同而改变。

## 本章小结

本章要求学生能够看懂轮系传动的运动简图，正确区分轮系类型，熟练掌握定轴轮系和周转轮系传动比的计算方法。轮系传动比的计算是本章的重点，而周转轮系传动比的计算是其中的难点。正确区分轮系类型是计算轮系传动比的基础，区分轮系类型的关键是正确判断是否存在行星轮。

## 思考题与习题

7.1　已知如图7.22所示轮系中各轮的齿数分别为：$z_1 = z_3 = 15$，$z_2 = 20$，$z_4 = 25$，$z_5 = 20$，$z_6 = 40$，试求传动比$i_{16}$，并指出$i_{16}$的符号如何变化。

7.2　如图7.23所示轮系中，已知各个齿轮的齿数分别为：$z_1 = 20$，$z_2 = 40$，$z_{2'} = 20$，$z_3 = 80$，$z_{3'} = 25$，$z_4 = 20$，$z_5 = 30$，求轮系的传动比$i_{15}$。

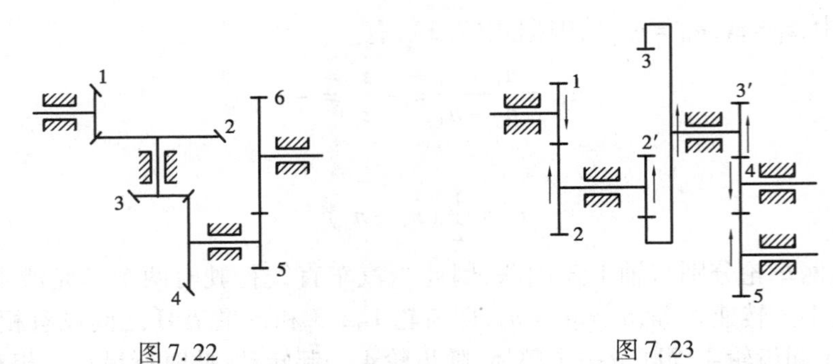


图 7.22　　　　图 7.23

7.3　如图 7.24 所示的钟表传动示意图中，E 为擒纵轮，N 为发条盘，S、M 及 H 分别为秒针、分针和时针。设 $z_1=72$，$z_2=12$，$z_3=64$，$z_4=8$，$z_5=60$，$z_6=8$，$z_7=60$，$z_8=6$，$z_9=8$，$z_{10}=24$，$z_{11}=6$，$z_{12}=24$。求秒针与分针的传动比 $i_{SM}$ 及分针与时针的传动比 $i_{MH}$。

7.4　如图 7.25 所示的轮系中，已知 $z_1=60$，$z_2=15$，$z_3=18$，各轮均为标准齿轮，且模数相同。试确定 $z_4$ 并计算传动比 $i_{1H}$ 的大小及行星架 H 的转动方向。

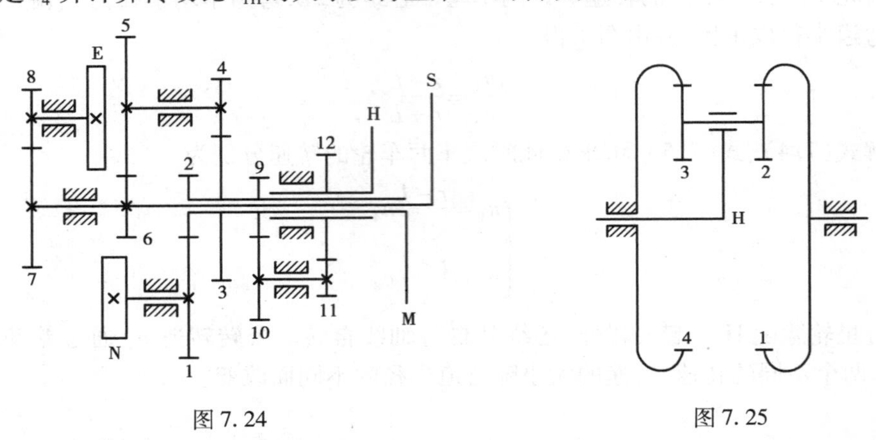


图 7.24　　　　图 7.25

7.5　如图 7.26 所示的轮系中，已知 $z_1=35$，$z_2=48$，$z_2'=55$，$z_3=70$，轮 1 的转速 $n_1=250\ \mathrm{r/min}$，$n_2=100\ \mathrm{r/min}$，方向如图所示。试求系杆 H 的转速 $n_H$。

7.6 如图 7.27 所示的轮系中，已知 $z_1=40$，$z_2=20$，$z_3=80$，求 $i_{1H}$。

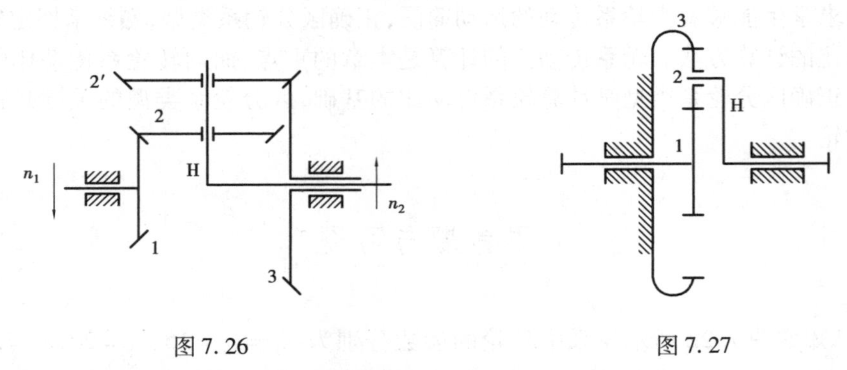


图 7.26　　　　图 7.27

7.7　试分析几种电风扇的风向调节机构。

7.8　试构思一机构运动示意图，要求它能实现适合水面升降的浮动阶梯要求，即当因涨潮、落潮水面高低变化时，阶梯能上下伸缩，但其踏脚面始终保持水平。

# 第8章 带传动

【案例导入】

带传动通常是由主动轮、从动轮和张紧在两轮上的挠性环形带和机架所组成。工作时利用张紧在带轮上的传动带与带轮的摩擦或啮合来传递运动和动力。在生产实践中,很多地方要用到带传动,比如带式输送机和轿车发动机里都用到了带传动。带传动是广泛应用的机械传动之一。

如图 8.1 所示的带式输送机,是输送粮食、煤炭等货物的主要装置,是化工、煤炭、冶金、建材、电力、轻工、粮食等部门广泛使用的运输设备。带式输送机由原动机、传动装置和工作装置等组成。其中,原动机为电动机;传动装置主要由传动件、支承件、连接件和机体等组成;工作装置为卷筒式输送带。工作时,电动机通过机械传动装置将运动和动力传递给工作装置,输送物料(如粮食、煤、砂石等)以实现工作机预定的工作要求。该传动装置由带传动和一级圆柱齿轮减速器组成,位于电动机和工作机之间,是机器的重要组成部分。带传动、齿轮传动均为机械中的传动件,主要作用是将输入轴的运动和动力传递给输出轴。

本章主要介绍带传动的类型和特点、V 带的规格、V 带轮的结构及 V 带传动的张紧装置等。

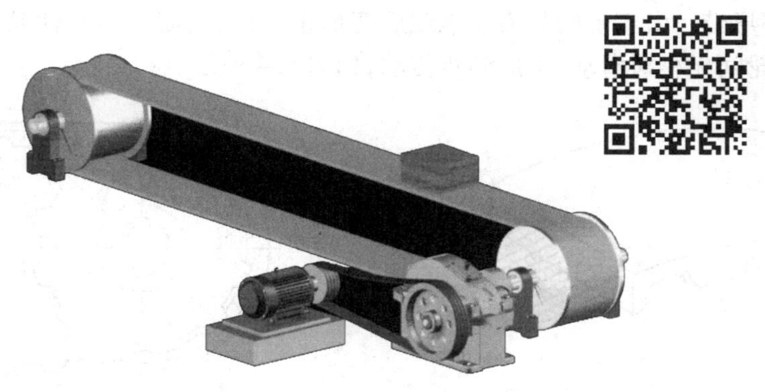

图 8.1　带式输送机

# 8.1 带传动的类型和特点

## 8.1.1 带传动的类型

(1)摩擦型带传动

摩擦型带传动由主动轮1、从动轮2和张紧在两轮上的环形带3组成(图8.2)。安装时带被张紧在带轮上,这时带所受的拉力为初拉力,它使带与带轮的接触面间产生压力。主动轮回转时,依靠带与带轮的接触面间的摩擦力拖动从动轮一起回转,从而传递一定的运动和动力。

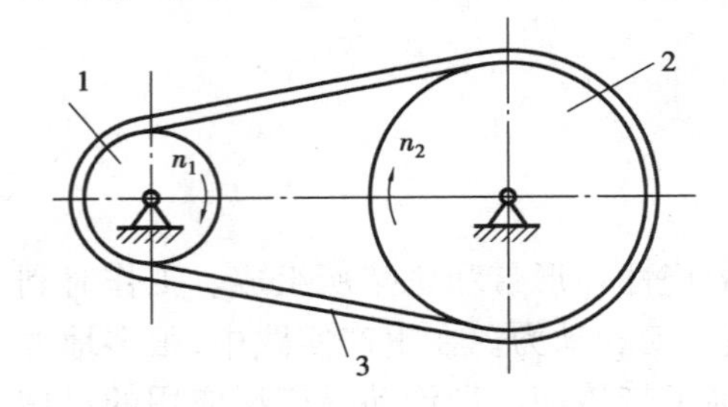


图8.2 带传动简图

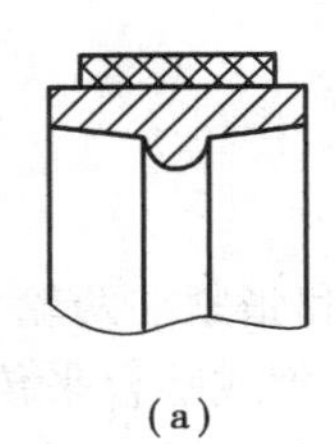
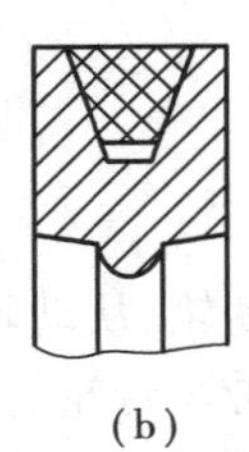
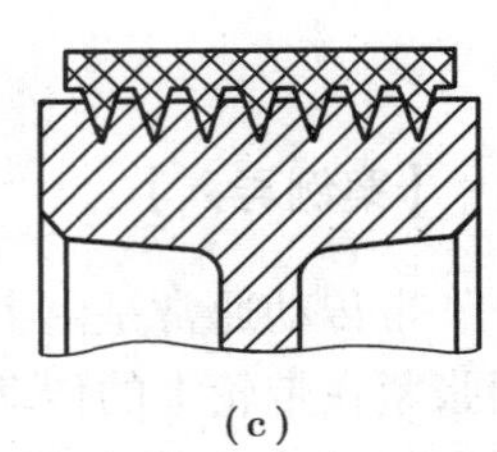


图8.3 带的横截面形状

上述摩擦型传动带按横截面形状可分为平带、V带和特殊截面带(多楔带、圆带等)三大类。平带的横截面为扁平矩形,工作时带的环形内表面与轮缘相接触[图8.3(a)]。V带的横截面为等腰梯形,工作时其两侧面与轮槽的侧面相接触,而V带与轮槽槽底不接触[图8.3(b)]。由于轮槽的楔形效应,初拉力相同时,V带传动较平带传动能产生更大的摩擦力,故具有较大的牵引能力。多楔带以其扁平部分为基体,下面有几条等距纵向槽,其工作面为楔的侧面[图8.3(c)]。这种带兼有平带的弯曲应力小和V带的摩擦力大的优点,常用于传递动力较大而又要求结构紧凑的场合。圆带的牵引能力小,常用于仪器和家用器械中。

(2)啮合型带传动

啮合型传动带通常称为同步带,同步带是以细钢丝绳或玻璃纤维为强力层,外覆以聚氨酯或氯丁橡胶的环形带。由于带的强力层承载后变形小,且内周制成齿状使其与齿形的带轮相啮合,故带与带轮间无相对滑动,构成同步传动,如图8.4所示。

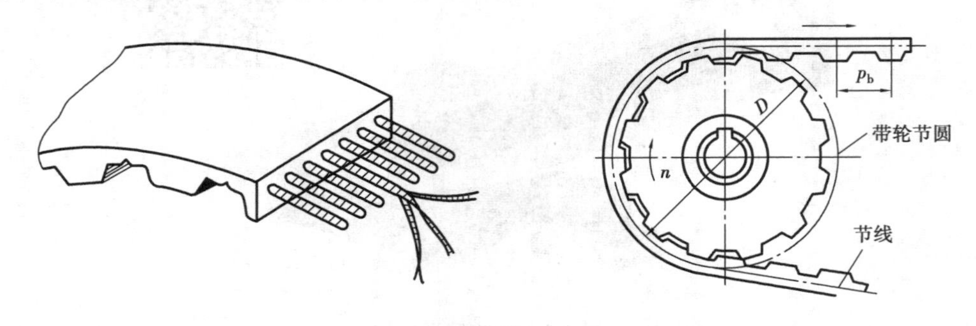


图8.4 同步带结构与同步带传动

### 8.1.2　带传动的特点

(1)摩擦型带传动

优点:①适用于中心距较大的传动;②带具有良好挠性,可缓和冲击、吸收振动;③过载时带与带轮间打滑,打滑虽会使传动失效,但可防止损坏其他零件;④结构简单、成本低廉。

缺点:①传动的外廓尺寸较大;②需要张紧装置;③由于带的弹性滑动,不能保证固定不变的传动比;④带的寿命较短;⑤传动效率较低。

(2)啮合型带传动

优点:①传动比恒定;②结构紧凑;③由于带薄而轻、强力层强度高,故带速可达 40 m/s,传动比可达 10,传递功率可达 200 kW;④效率较高,约为 0.98,因而应用日益广泛。

缺点:带及带轮价格较高,对制造、安装要求高。

## 8.2　V 带的规格

V 带由抗拉体、顶胶、底胶和包布组成,如图 8.5 所示。抗拉体是承受负载拉力的主体,其上下的顶胶和底胶分别承受弯曲时的拉伸和压缩,外壳用橡胶帆布包围成型。抗拉体由帘布或线绳组成,绳芯结构柔软易弯有利于提高寿命。抗拉体的材料可采用化学纤维或棉织物,前者的承载能力较强。

如图 8.6 所示,当带受纵向弯曲时,在带中保持原长度不变的周线称为节线,由全部节线构成的面称为节面。带的节面宽度称为节宽($b_p$),当带受纵向弯曲时,该宽度保持不变。

普通 V 带和窄 V 带已标准化,按截面尺寸的不同,普通 V 带有七种型号,见表 8.1。

在 V 带轮上,与所配用 V 带的节面宽度 $b_p$ 相对应的带轮直径称为基准直径 d(见表 8.4 附图)。V 带在规定的张紧力下,位于带轮基准直径上的周线长度称为基准长度 $L_d$。V 带长度系列见表 8.2。

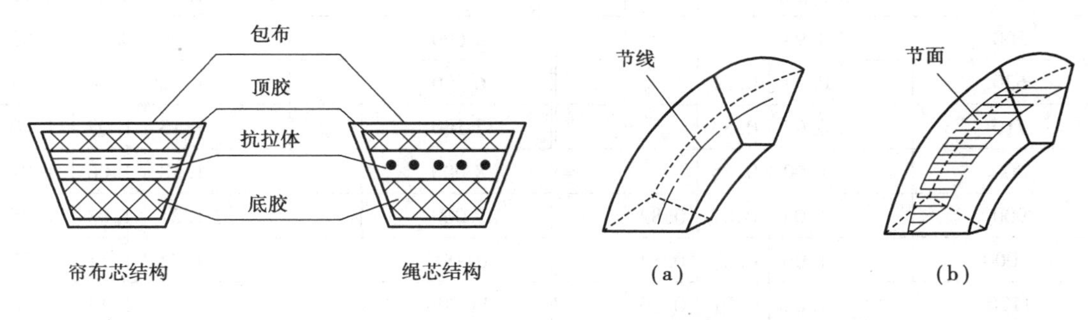


图 8.5　V 带的结构

图 8.6　V 带的节线和节面

**表 8.1　V 带截面尺寸(GB/T 11544—2012)**

| 类　型 | 节宽 | 顶宽 | 高度 | 单位长度质量 |
|---|---|---|---|---|
| 普通 V 带 | $b_p$/mm | $b$/mm | $h$/mm | $q$/(kg · m$^{-1}$) |
| Y | 5.3 | 6.0 | 4.0 | 0.04 |
| Z | 8.5 | 10.0 | 6.0 | 0.06 |
| A | 11.0 | 13.0 | 8.0 | 0.1 |
| B | 12.0 | 17.0 | 11.0 | 0.17 |
| C | 19.0 | 22.0 | 12.0 | 0.30 |
| D | 27.0 | 32.0 | 19.0 | 0.60 |
| E | 32.0 | 38.0 | 23.0 | 0.87 |

**表 8.2　V 带基准长度 $L_d$ 和带长修正系数 $K_L$**

| 基准长度 | $K_L$ | | | | | 基准长度 | $K_L$ | | | | |
|---|---|---|---|---|---|---|---|---|---|---|---|
| $L_d$/mm | Y | Z | A | B | C | $L_d$/mm | A | B | C | D | E |
| 200 | 0.81 | | | | | 2 000 | 1.03 | 0.98 | 0.88 | | |
| 224 | 0.82 | | | | | 2 240 | 1.06 | 1.00 | 0.91 | | |
| 250 | 0.84 | | | | | 2 500 | 1.09 | 1.03 | 0.93 | | |
| 280 | 0.87 | | | | | 2 800 | 1.11 | 1.05 | 0.95 | 0.83 | |
| 315 | 0.89 | | | | | 3 150 | 1.13 | 1.07 | 0.97 | 0.86 | |
| 355 | 0.92 | | | | | 3 550 | 1.17 | 1.10 | 0.99 | 0.89 | |
| 400 | 0.96 | 0.87 | | | | 4 000 | 1.19 | 1.13 | 1.02 | 0.91 | |
| 450 | 1.00 | 0.89 | | | | 4 500 | | 1.15 | 1.04 | 0.93 | 0.90 |
| 500 | 1.02 | 0.91 | | | | 5 000 | | 1.18 | 1.07 | 0.96 | 0.92 |
| 560 | | 0.94 | | | | 5 600 | | | 1.09 | 0.98 | 0.95 |
| 630 | | 0.96 | 0.81 | | | 6 300 | | | 1.12 | 1.00 | 0.97 |
| 710 | | 0.99 | 0.83 | | | 7 100 | | | 1.15 | 1.03 | 1.00 |
| 800 | | 1.00 | 0.85 | | | 8 000 | | | 1.18 | 1.06 | 1.02 |
| 900 | | 1.03 | 0.87 | 0.82 | | 9 000 | | | 1.21 | 1.08 | 1.05 |
| 1 000 | | 1.06 | 0.89 | 0.84 | | 10 000 | | | 1.23 | 1.11 | 1.07 |
| 1120 | | 1.08 | 0.91 | 0.86 | | 11 200 | | | | 1.14 | 1.10 |
| 1 250 | | 1.11 | 0.93 | 0.88 | | 12 500 | | | | 1.17 | 1.12 |
| 1 400 | | 1.14 | 0.96 | 0.90 | | 14 000 | | | | 1.20 | 1.15 |
| 1 600 | | 1.16 | 0.99 | 0.92 | 0.83 | 16 000 | | | | 1.22 | 1.18 |
| 1 800 | | 1.18 | 1.01 | 0.95 | 0.86 | | | | | | |

## 8.3　V带轮的结构

带轮常用铸铁制造，有时也采用钢或非金属材料（塑料、木材）。铸铁带轮（HT150、HT200）允许的最大圆周速度为25 m/s。速度更高时，可采用铸钢或钢板冲压后焊接。塑料带轮的质量小、摩擦系数大，常用于机床中。

带轮直径较小时可采用实心式，中等直径的带轮可采用腹板式，直径大于350 mm时可采用轮辐式，见表8.3，表中列有经验公式可供带轮结构设计时参考。各种型号V带轮的轮缘宽$B$、轮毂孔径$d_s$和轮毂长$L$的尺寸，可查阅机械设计手册。

**表8.3　V带轮的典型结构及图样**

| | |
|---|---|
| 实心式<br>$d \leqslant (2.5 \sim 3) d_h$ | 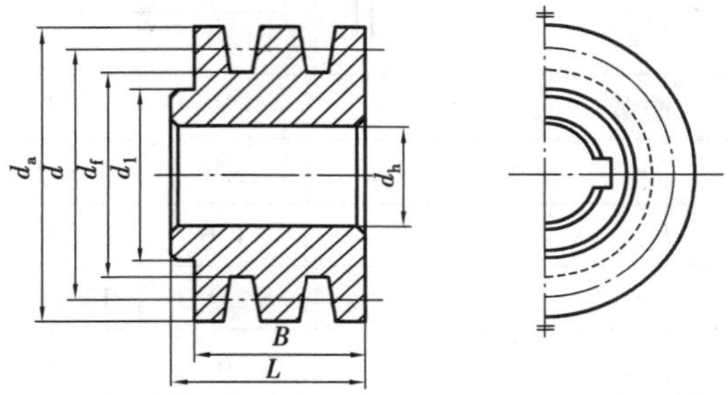 |
| 腹板式<br>$d \leqslant 300 \sim 400$ mm | 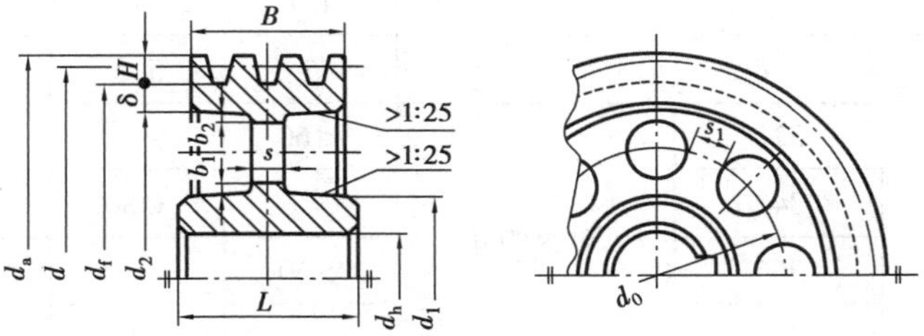 |
| 轮辐式<br>$d > 300 \sim 400$ mm | 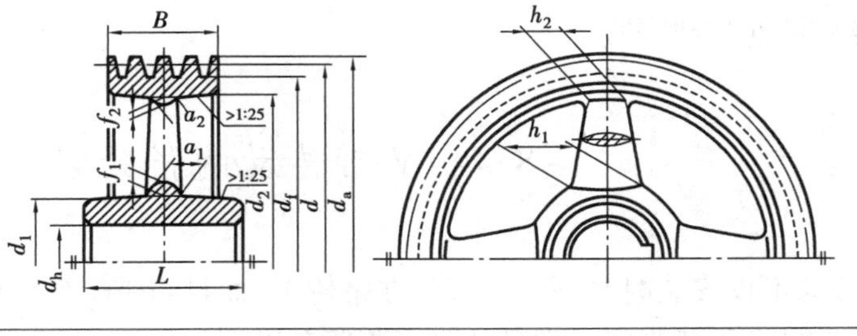 |
| 结构尺寸计算 | $d_1 = (1.8 \sim 2) d_h$　　$d_2 = d_a - 2(H + \delta)$　　$d_0 = (d_1 + d_2)/2$<br>$L = (1.5 \sim 2) d_h$　　$s = (0.2 \sim 0.3) B$　　$s_1 \geqslant 1.5s$<br>$h_1 = 290 \sqrt[3]{P/(nA)}$　（$P$——传递功率，kW；$n$——带轮转速，r/min；$A$——轮辐数）<br>$h_2 = 0.8h_1$　　$a_1 = 0.4h_1$　　$a_2 = 0.8a_1$<br>$f_1 = 0.2h_1$　　$f_2 = 0.2h_2$　　$b_1 \geqslant 1.5s$，$b_2 \geqslant 0.5s$ |

普通 V 带轮轮缘的截面图及其各部尺寸见表 8.4。

V 带两侧面的夹角均为 40°，但在带轮上弯曲时，由于截面变形将使其夹角变小。为了使胶带仍能紧贴轮槽两侧，将 V 带轮槽角规定为 32°、34°、36°、38°。

**表 8.4　V 带轮的轮槽尺寸**　　（mm）

| 槽型 | | | Y | Z | A | B | C |
|---|---|---|---|---|---|---|---|
| $b_d$ | | | 5.3 | 8.5 | 11 | 14 | 19 |
| $h_{amin}$ | | | 1.6 | 2 | 2.75 | 3.5 | 4.8 |
| $e$ | | | 8 ±0.3 | 12 ±0.3 | 15 ±0.3 | 19 ±0.4 | 25.5 ±0.5 |
| $f_{min}$ | | | 6 | 7 | 9 | 11.5 | 16 |
| $h_{fmin}$ | | | 4.7 | 7 | 8.7 | 10.8 | 12.3 |
| $\delta_{min}$ | | | 5 | 5.5 | 6 | 7.5 | 10 |
| $\varphi$° | 32° | 对应的 $d$ | ≤60 | | | | |
| | 34° | | | ≤80 | ≤118 | ≤190 | ≤315 |
| | 36° | | >60 | | | | |
| | 38° | | | >80 | >118 | >190 | >315 |

注：$\delta_{min}$是轮缘最小壁厚推荐值。

## 8.4　V 带传动的张紧装置

带传动不仅安装时必须把带张紧在带轮上，而且当带工作一段时间之后，因永久伸长而松弛时，还应将带重新张紧。常见的张紧装置有以下几种。

（1）定期张紧装置

采用定期改变中心距的方法来调节带的初拉力，使带重新张紧。在水平或倾斜不大的传动中，可用图 8.7(a)的方法，用调节螺钉 2 使装有带轮的电动机沿滑轨 1 移动。在垂直或接近垂直的传动中，可用图 8.7(b)的方法，将装有带轮的电动机安装在可调的摆架上。

（2）自动张紧装置

将装有带轮的电动机安装在浮动的摆架上[图 8.7(c)]，利用电动机和摆架的自重，使带轮随同电动机绕固定轴摆动，以达到自动张紧的目的。

(3)采用张紧轮的装置

当中心距不能调节时，可用张紧轮将带张紧[图8.7(d)]。张紧轮一般应放在松边的内侧，使带只受单向弯曲。同时张紧轮还应尽量靠近大轮，以免过分影响带在小轮上的包角。张紧轮的轮槽尺寸与带轮的相同，且直径小于小带轮的直径。

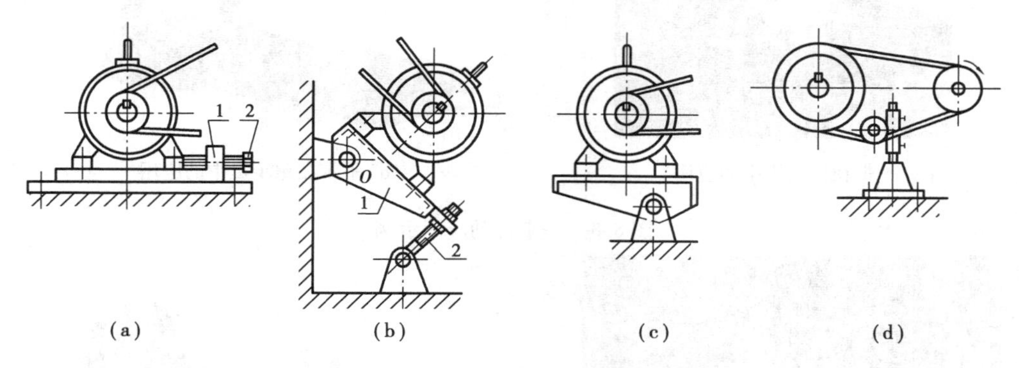


图8.7　带的定期张紧装置

## 8.5　实例分析

通常，带传动应用于对传动比无严格要求、中心距较大的中小功率传动中，如工业机械、农业机械、建筑机械、汽车、自动化设备等。目前V带传动应用最广，一般带速为$v=5\sim25$ m/s，传动比$i\leqslant7$。近年来平带传动的应用已大为减少，但在多轴传动或高速情况下，平带传动仍然是很有效的。

**例8.1**　平带传动应用示例。

如图8.8(a)所示为平带传动在铣床中的应用，如图8.8(b)所示为平带传动在动平衡机中的应用，如图8.8(c)所示为平带传动在饲料粉碎机中的应用，如图8.8(d)所示为平带传动在跑步机中的应用。

**例8.2**　V带传动应用示例。

如图8.9(a)所示为V带传动在饲料粉碎机中的应用，如图8.9(b)所示为V带传动在试验台中的应用。

(a)平带在铣床中的应用

(b)平带在动平衡机中的应用

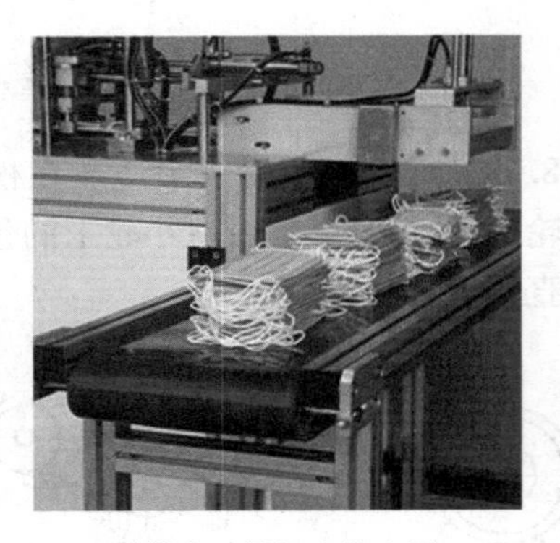

(c)平带在口罩机中的应用

(d)平带在跑步机中的应用

图 8.8　平带传动应用示例

(a)V带在饲料粉碎机中的应用

(b)V带在试验台中的应用

图 8.9　V 带传动应用示例

**例** 8.3　同步带传动应用示例。

如图 8.10(a)所示为同步带传动在轿车发动机中的应用,如图 8.10(b)所示为同步带传动在关节轴承中的应用。

(a)同步带在轿车发动机中的应用

(b)同步带在关节轴承中的应用

图 8.10　同步带传动应用示例

## 本章小结

本章主要介绍了带传动的类型、特点、应用和V带的基本常识。带传动应用于对传动比无严格要求、中心距较大的中小功率传动中，如工业机械、农业机械、建筑机械、汽车、自动化设备等。

## 思考题与习题

8.1　带传动的工作原理是什么？带传动的特点有哪些？

8.2　摩擦型带传动按带横截面形状分有哪几种？各有什么特点？为什么传递动力多采用V带传动？按国标规定，普通V带横截面尺寸有哪几种？

8.3　带轮一般采用什么材料？带轮的结构形式有哪些？根据什么来选定带轮的结构形式？

8.4　试分析洗衣机的机械传动系统。

# 第9章 链传动

**【案例导入】**

链传动是通过链条将具有特殊齿形的主动链轮的运动和动力传递到具有特殊齿形的从动链轮的一种传动方式。我国是使用链条最早的国家之一，远在夏商时期，链条在我国马匹的衔具上就已经有了应用，它是现代圆环链的雏形。1 000 多年以前，人们在翻车和水车上使用了最原始的输送链。北宋时期苏颂著的《新仪象法要》中提到的“天梯”，采用了传动链作为传送装置。近代链条的基本结构是由达·芬奇首先提出的。1832 年，法国的伽尔发明了销轴链。1864 年，英国杰姆斯·司莱泰发明了无套筒滚子链。但是这些链条结构都不够合理，使用寿命短。1880 年，英国汉斯·雷诺博采众长，设计出了现今广泛流行的滚子链。为了使链条具有更高的疲劳强度并能在更高的速度下工作，汉斯·雷诺于 1885 年发明了齿形链。直到 20 世纪 40 年代，美国摩斯链条公司将齿形链进行了改进，才使它的承载能力和工作速度提高到一个新的水平。

今天，现代化的大规模生产的链条工业正提供多种多样的链条产品以满足各方面的需要。新的链传动技术已使滚子链的工作能力和速度有了大幅度提高。此外，还出现了各种各样的链条机构，不断扩大了链条的使用范围。链条已经发展成为机械工业中一种十分重要的基础零件。

链传动属于挠性传动，挠性曳引元件为各种形式的链条，它实际上是由刚性零件构成的可动连接的串联组合，链传动通过链条的各个链节与链轮轮齿相互啮合来实现传动。本章介绍链传动的类型、特点、结构及应用。

## 9.1 链传动的类型及特点

### 9.1.1 链传动的类型

链传动由主动链轮 1、从动链轮 2 和绕在两链轮上的链条 3 所组成，如图 9.1 所示。它靠链节和链轮轮齿之间的啮合来传递运动和动力，是一种挠性传动。

按照用途不同,链可分为起重链、牵引链和传动链三大类。起重链主要用于起重机械中提起重物,牵引链主要用于链式输送机中移动重物,传动链用于一般机械中传递运动和动力。按结构的不同,传动链又可分为短节距精密滚子链(简称滚子链)、齿形链等类型。本章主要讨论滚子链。

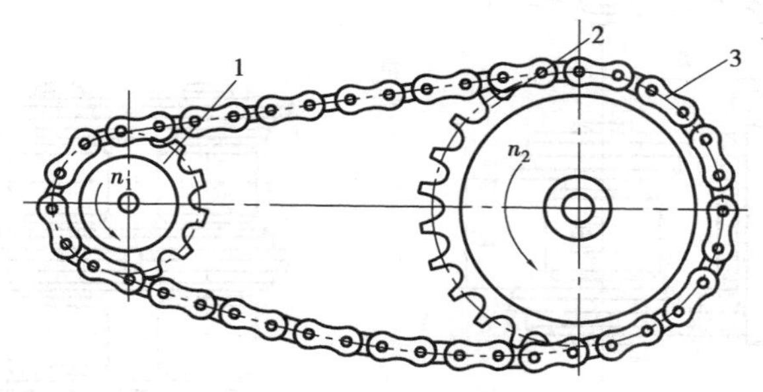


图9.1 链传动

### 9.1.2 链传动的特点

①和带传动相比。链传动能保持平均传动比不变;传动效率高;张紧力小,因此作用在轴上的压力较小;能在低速重载和高温条件下及尘土飞扬的不良环境中工作。

②和齿轮传动相比。链传动可用于中心距较大的场合且制造与安装精度要求较低。

③只能传递平行轴之间的同向转动;不能保持恒定的瞬时传动比;运动平稳性差,工作时有噪声;不宜用在载荷变化很大、高速和急速反向的传动中。

## 9.2 滚子链和链轮

### 9.2.1 滚子链的结构和基本参数

滚子链由内链板1、外链板2、销轴3、套筒4和滚子5组成,如图9.2所示。内链板和套筒、外链板和销轴用过盈配合固定,构成内链节和外链节。销轴和套筒之间为间隙配合,构成铰链,将若干内外链节依次铰接形成链条。滚子松套在套筒上可自由转动,链轮轮齿与滚子之间的摩擦主要是滚动摩擦。链条上相邻两销轴中心的距离称为节距,用$p$表示,节距是链传动的重要参数。节距$p$越大,链的各部分尺寸和质量也越大,承载能力越高,且在链轮齿数一定时,链轮尺寸和质量随之增大。因此,设计时在保证承载能力的前提下,应尽量采取较小的节距。载荷较大时可选用双排链(图9.3)或多排链,但排数一般不超过三排或四排,以免由于制造和安装误差的影响使各排链受载不均。

链条的长度用链节数表示,一般选用偶数链节,这样链的接头处可采用开口销或弹簧卡片来固定,如图9.4(a),(b)所示,前者用于大节距链,后者用于小节距链。当链节为奇数时,需采用过渡链节,如图9.4(c)所示。由于过渡链节的链板受附加弯矩的作用,一般应避免采用。

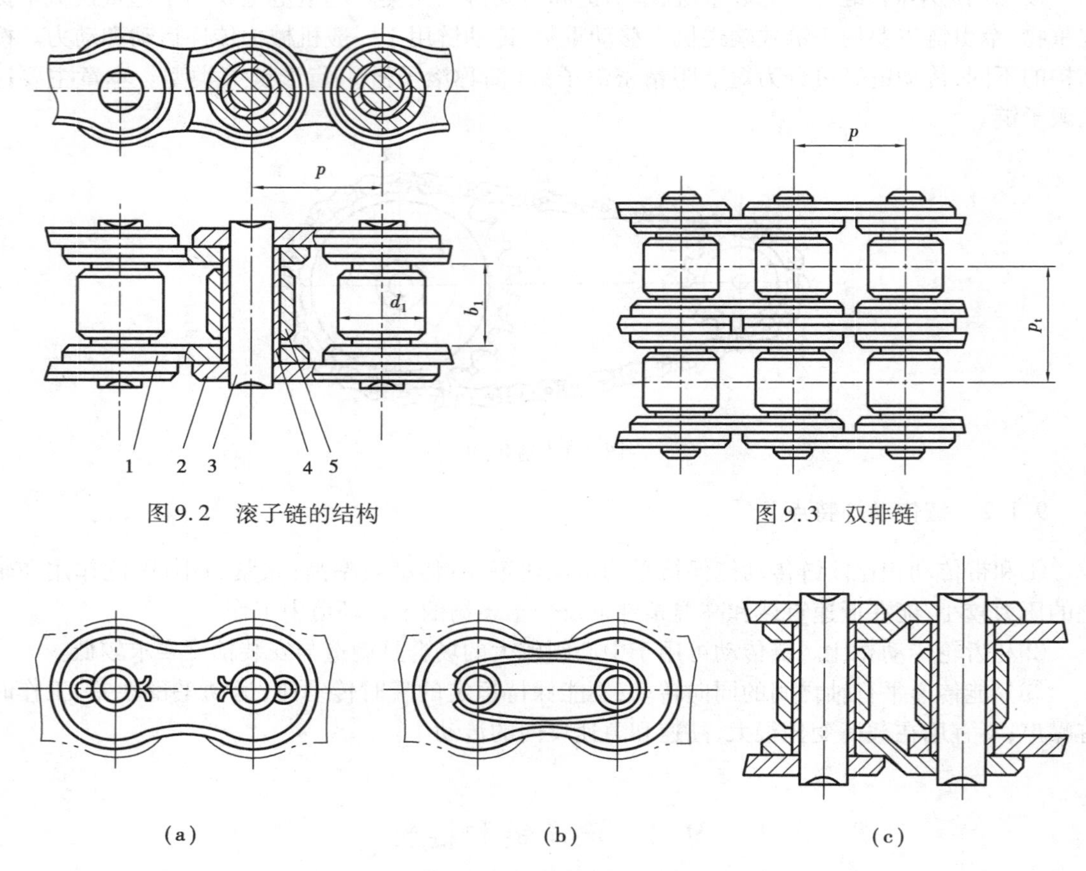


图 9.2　滚子链的结构

图 9.3　双排链

图 9.4　滚子链接头形式

考虑到我国链条的生产历史和现状，以及国际上许多国家的链节距均用英制单位，我国链条标准 GB/T 1243—2006 中规定节距用英制折算成米制的单位。表 9.1 列出了标准规定的滚子链主要尺寸和抗拉载荷。表中的链号和相应的标准链号一致，链号数乘以 25.4/16 mm 即为节距值。后缀 A 或 B 分别表示 A 或 B 系列，其中 A 系列适用于美国，B 系列适用于欧洲区域。

滚子链的标记为“链号-排数、链节数-标准号”。例如，16A-1-82 GB/T 1243—2006 表示：A 系列滚子链、节距为 25.4 mm、单排、链节数为 82、制造标准 GB/T 1243—2006。

**表 9.1　滚子链规格和主要参数**(GB/T 1243—2006)

| ISO 链号 | 节距 $p$ | 滚子直径 $d_{1\max}$ | 内链节内宽 $b_{1\min}$ | 销轴直径 $d_{2\max}$ | 内链板高度 $h_{2\max}$ | 排距 $p_1$ | 抗拉载荷 $Q$(单排) | 每米质量 $q$(单排) |
|---|---|---|---|---|---|---|---|---|
| | mm | | | | | | kN | kg/m |
| 08A | 12.7 | 7.92 | 7.85 | 3.98 | 12.07 | 12.38 | 13.8 | 0.60 |
| 12A | 19.05 | 11.91 | 12.57 | 5.96 | 18.08 | 22.78 | 31.1 | 1.50 |

续表

| ISO链号 | 节距 $p$ | 滚子直径 $d_{1max}$ | 内链节内宽 $b_{1min}$ | 销轴直径 $d_{2max}$ | 内链板高度 $h_{2max}$ | 排距 $p_1$ | 抗拉载荷 $Q$(单排) | 每米质量 $q$(单排) |
|---|---|---|---|---|---|---|---|---|
| | mm | | | | | | kN | kg/m |
| 16A | 25.40 | 14.88 | 14.75 | 7.94 | 24.13 | 29.29 | 55.6 | 2.60 |
| 20A | 31.75 | 19.05 | 18.90 | 9.54 | 30.18 | 35.76 | 86.7 | 3.80 |
| 24A | 38.10 | 22.23 | 25.22 | 11.11 | 36.20 | 45.44 | 124.6 | 5.60 |
| 32A | 50.80 | 28.58 | 31.55 | 12.29 | 48.26 | 58.55 | 222.4 | 10.10 |
| 40A | 63.50 | 39.68 | 37.85 | 19.85 | 60.33 | 71.55 | 347 | 16.10 |
| 48A | 76.20 | 47.63 | 47.35 | 23.81 | 72.39 | 87.83 | 500.4 | 22.60 |

### 9.2.2 滚子链链轮

(1)链轮的齿形

链轮的齿形应能保证链节平稳而自由地进入和退出啮合,不易脱链,且形状简单便于加工。GB/T 1243—2006 规定了滚子链链轮的端面齿槽形状(图 9.5)。链轮的轴面齿槽形状如图 9.6 所示。由于滚子表面齿廓与链轮齿廓为非共轭齿廓,故链轮齿形设计有较大的灵活性。若链轮采用标准齿形,在链轮工作图上可不绘制出端面齿形,只需注明按 GB/T 1243—2006 制造即可。但为了车削毛坯,需将轴面齿形画出,如图 9.6 所示。

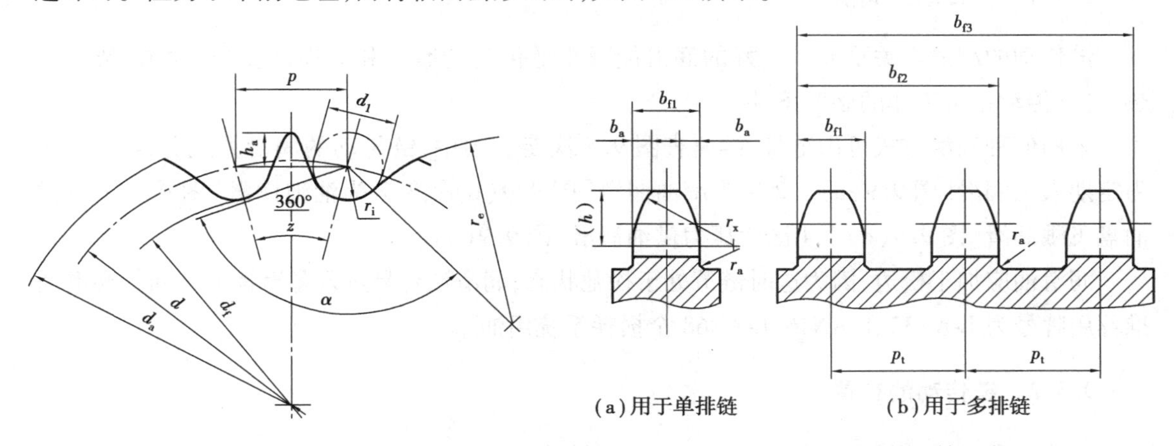


图 9.5 滚子链链轮的端面齿形　　图 9.6 滚子链链轮的轴面齿形

(2)链轮的结构

链轮的结构如图 9.7 所示。直径小的链轮常制成实心式[图 9.7(a)],中等直径的链轮常制成孔板式[图 9.7(b)],大直径($d>200$ mm)的链轮常制成组合式,可将齿圈焊接在轮毂上或采用螺栓连接[图 9.7(c)]。

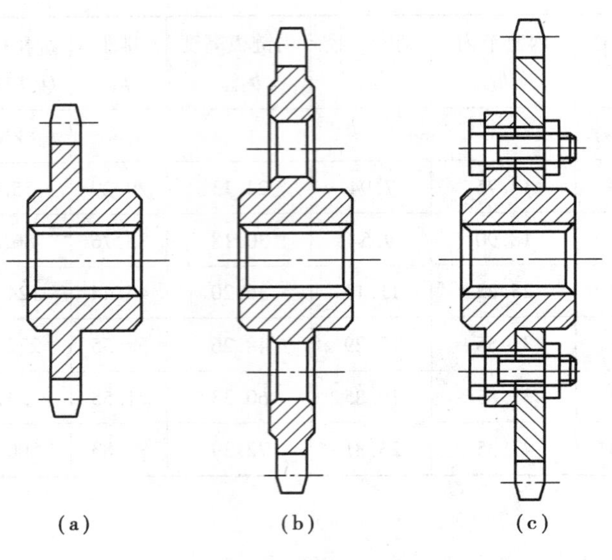


图9.7　链轮的结构

## 9.3　链传动的润滑、布置和张紧

### 9.3.1　链传动的润滑

链传动的润滑至关重要。良好的润滑能减小链传动的摩擦和磨损,能缓和冲击,帮助散热,是链传动正常工作的必要条件。

采用何种润滑方式可由链号、链速查图9.8决定。图中,链传动的润滑方式分四种:1区为定期人工润滑[图9.9(a)],2区为滴油润滑[图9.9(b)],3区为油池润滑[图9.9(c)]或油盘飞溅润滑[图9.9(d)],4区为压力供油润滑[图9.9(e)]。

润滑油应加于松边,因为这时链节处于松弛状态,润滑油容易进入各摩擦面之间。润滑油推荐用牌号为L-AN32、L-AN46、L-AN68全损耗系统用油。

### 9.3.2　链传动的布置

链传动布置时,链轮必须位于铅垂面内,两链轮共面。中心线可以水平,也可以倾斜,但尽量不要处于铅垂位置。一般紧边在上,松边在下,以免在上的松边下垂量过大而阻碍链轮的顺利运转。

具体布置时,可参考表9.2。

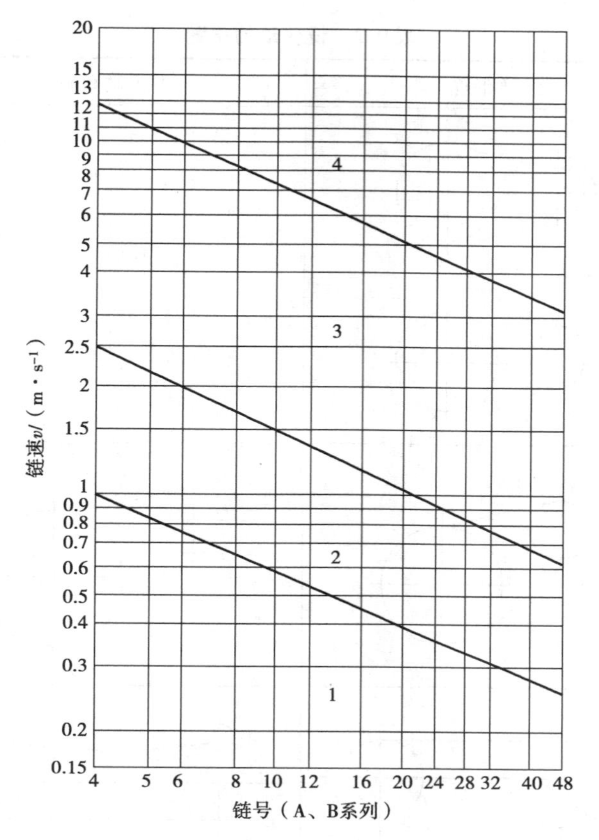


图9.8　推荐使用的润滑方式

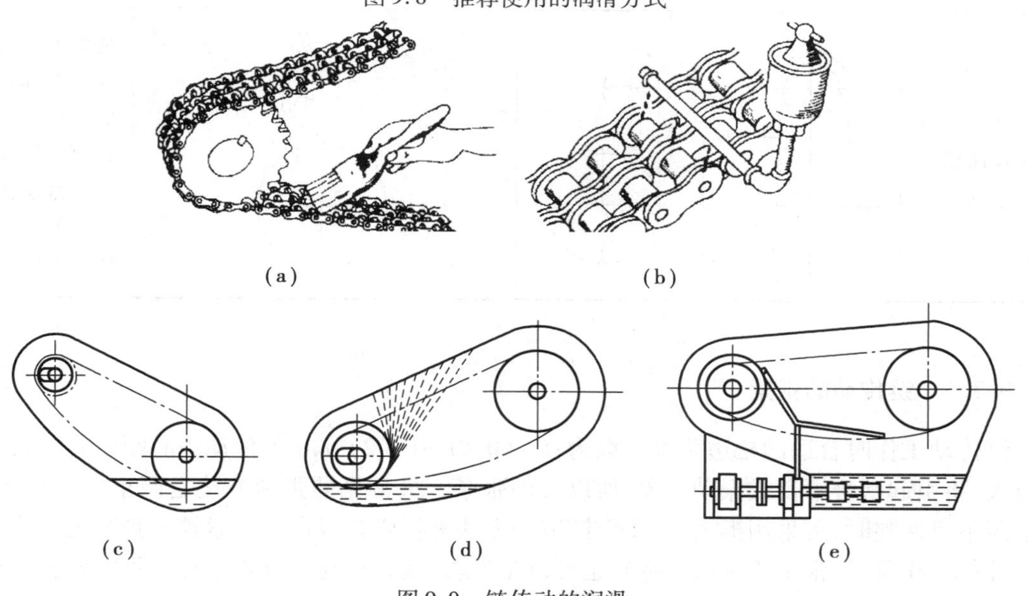


图9.9　链传动的润滑

表 9.2　链传动的布置

| 传动条件 | 正确布置 | 不正确布置 | 说　明 |
| --- | --- | --- | --- |
| $i=2\sim3$<br>$a=(30\sim50)p$ | 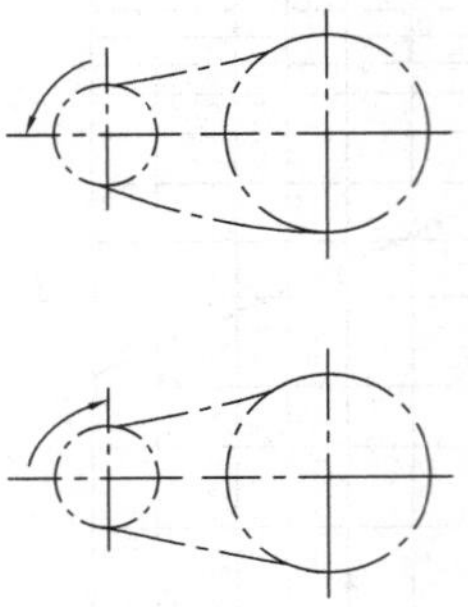 | | 中心线水平，紧边在上或在下，最好在上 |
| $i>2$<br>$a<30p$ | 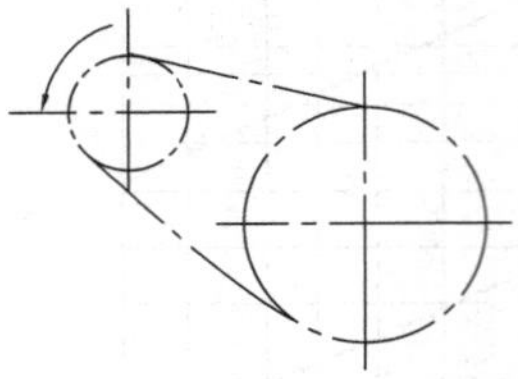 | 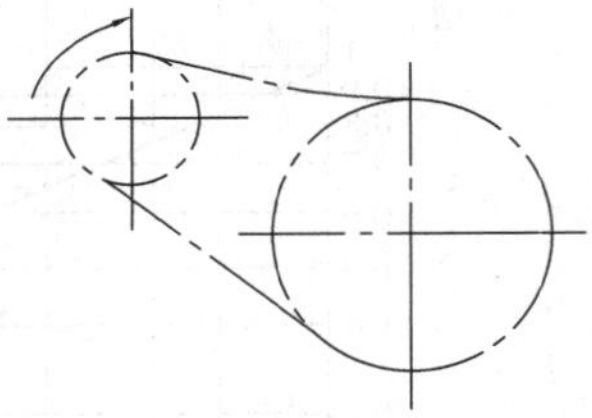 | 中心线与水平面有夹角，松边在下 |
| $i<1.5$<br>$a>60p$ | 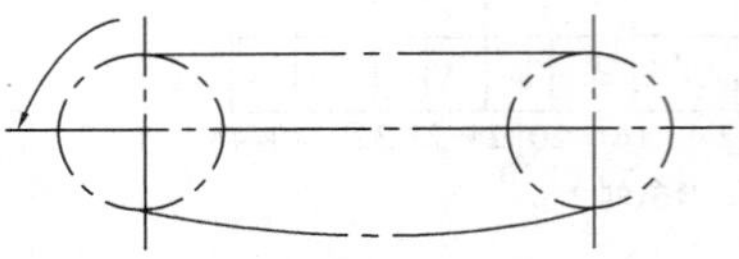 | 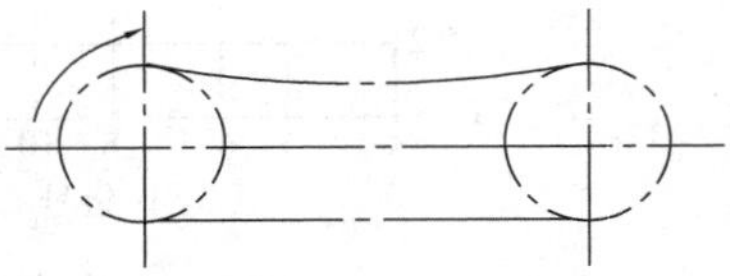 | 中心线水平，松边在下 |
| $i$、$a$ 任意 | 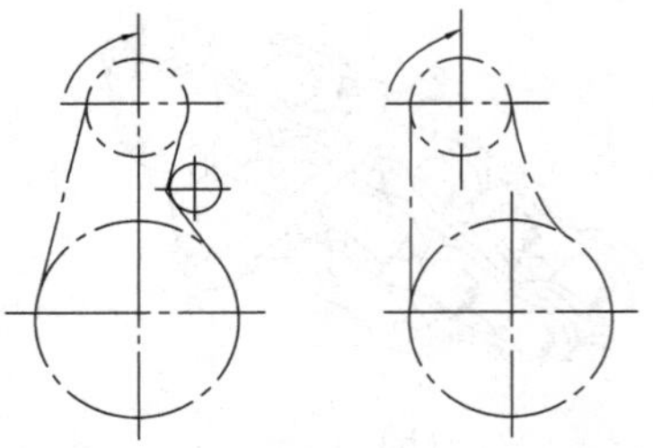 | 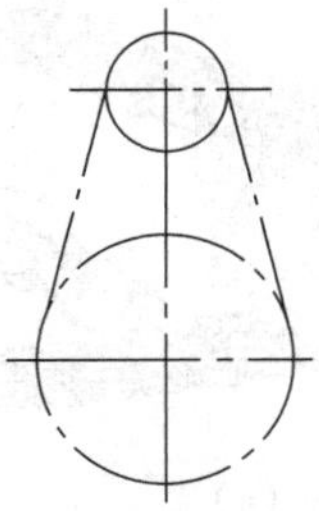 | 避免中心线铅垂，同时应采用：<br>a)中心距可调<br>b)有张紧装置<br>c)上下两轮错开 |

### 9.3.3　链传动的张紧

链传动工作时合适的松边垂度一般为：$f=(0.01\sim0.02)a$，$a$ 为传动中心距。若链条的垂度过大，将引起啮合不良或振动现象，所以必须张紧。最常见的张紧方法是调整中心距法，当中心距不可调整时，可采用拆去 1～2 个链节的方法进行张紧或设置张紧轮。张紧轮常位于松边，如图 9.10 所示，张紧轮可以是链轮也可以是滚轮，其直径与小链轮相近。张紧轮有自动张紧[图 9.10(a)、(b)]和定期张紧[图 9.10(c)、(d)]，前者多用弹簧、吊重等自动张紧装置，后者可用螺旋、偏心等调整装置，另外还可用压板和托板张紧[图 9.10(e)]。

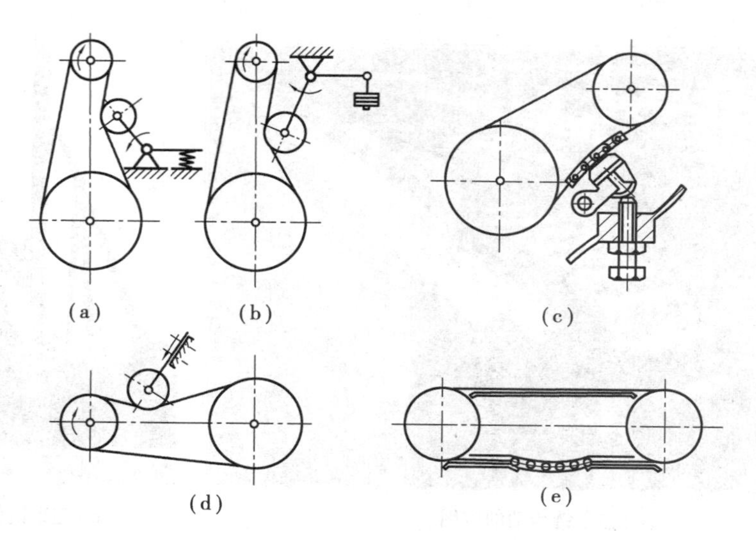


图9.10　链传动的张紧装置

## 9.4　实例分析

链传动兼具带传动与齿轮传动的特点，即它既属于挠性传动，也属于啮合传动。链传动在农业机械、建筑工程机械、轻工机械、石油机械、机车及摩托车等各种机械传动中有广泛的应用。通常，链传动所传递的功率 $P \leqslant 100$ kW，中心距不大于 6 m，传动比 $i \leqslant 8$，线速度 $v \leqslant 15$ m/s。

**例 9.1**　链传动应用示例。

图9.11(a)所示为套筒滚子链传动在自行车中的应用，图9.11(b)所示为套筒滚子链传动在摩托车中的应用，图9.11(c)所示为输送链传动的应用，图9.11(d)所示为起重链传动的应用。

(a)套筒滚子链传动在自行车中的应用

(b)套筒滚子链传动在摩托车中的应用

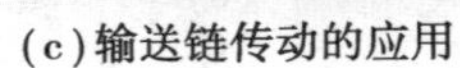

(c)输送链传动的应用

(d)起重链传动的应用

图9.11　链传动应用示例

## 本章小结

本章主要介绍了链传动的类型、特点、应用和链轮链条的基本常识。

## 思考题与习题

9.1　链传动和带传动相比有哪些优缺点?

9.2　滚子链由哪几部分组成? 标记方法是什么?

9.3　链传动布置时应注意哪些问题?

9.4　链传动为什么要张紧?

# 第 10 章 连接

【案例导入】

各种产品和机械结构都是由多个零件组装而成的。例如:体育运动器材双杠,它的底座、立柱、横杠等零件都是分别制作,然后采用各种连接件连接而成的,这样才便于制造、运输和维修;计算机主机的外壳和盖子采用螺钉连接;随身听的电池盒盖子采用弹性嵌卡方式与机壳连接等。机械制造中,连接是指被连接件与连接件的组合,就机械零件而言,被连接件有轴与轴上零件(如齿轮、飞轮)、轮圈与轮心、箱体与箱盖、焊接零件中的钢板与型钢等。连接件又称紧固件,如螺栓、螺母、销、铆钉等。有些连接则没有专门的紧固件,如靠被连接本身变形组成的过盈连接、利用分子结合力组成的焊接和粘接等。连接根据其可拆性分为可拆连接和不可拆连接,可拆连接是指允许多次装拆而无损使用性能的连接,如螺纹连接、键连接和销连接等;不可拆连接是指若不损坏组成零件就不能拆开的连接,如焊接、粘铆接等。

如图 10.1 所示,减速器中各零件之间需要通过某种形式相互连接,例如为了实现轴传递转矩的作用,轴与轴上零件——齿轮、带轮等必须同步运转,不允许相互之间产生相对转动,则

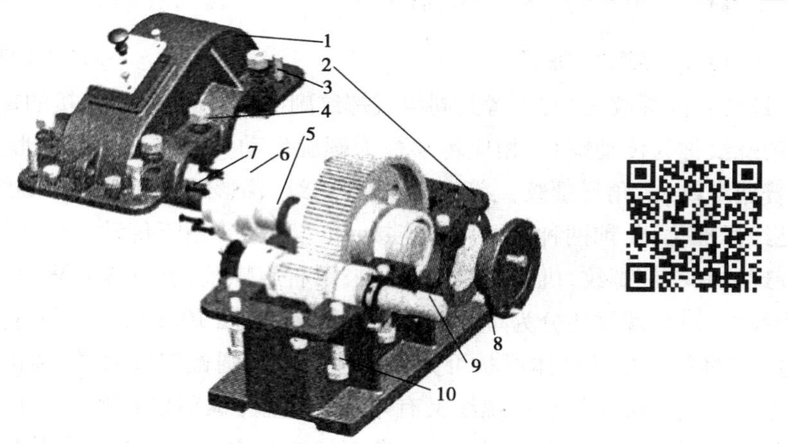


图 10.1　减速器零件之间的连接

1—箱盖;2—箱体;3—销;4—螺母;5—输出轴;6—联轴器;

7—卷筒轴;8—轴承端盖;9—键;10—螺栓

轴与轴上零件需要用键 9 连接；为了减少轴与轴承之间的摩擦和磨损，轴与轴承之间采用过盈连接防止相对转动；为了将减速器的运动和动力传递给工作装置输送带，减速器的输出轴 5 与工作装置的输入轴——卷筒轴 7 必须相连，在该装置中通过联轴器 6 实现连接；减速器箱体内零件安装后，需将箱盖 1 与箱体 2 扣合，先用销 3 连接确定箱盖与箱体的相互位置，然后用螺栓进行连接；为了对轴承密封，轴承端部需安装轴承端盖 8，通过螺钉与箱体连接。

上述的键、联轴器、销、螺栓、螺钉等均为连接件。在机械中，为了便于机器的制造、安装、运输、维修以及提高劳动生产率等，广泛地使用各种连接。

## 10.1 螺　纹

### 10.1.1 螺纹类型与应用

将一倾斜角为 $\psi$ 的直线绕在圆柱体上便形成一条螺旋线[图 10.2(a)]。取一平面图形[图 10.2(b)]，使它沿着螺旋线运动，运动时保持此图形通过圆柱体的轴线，就得到螺纹。

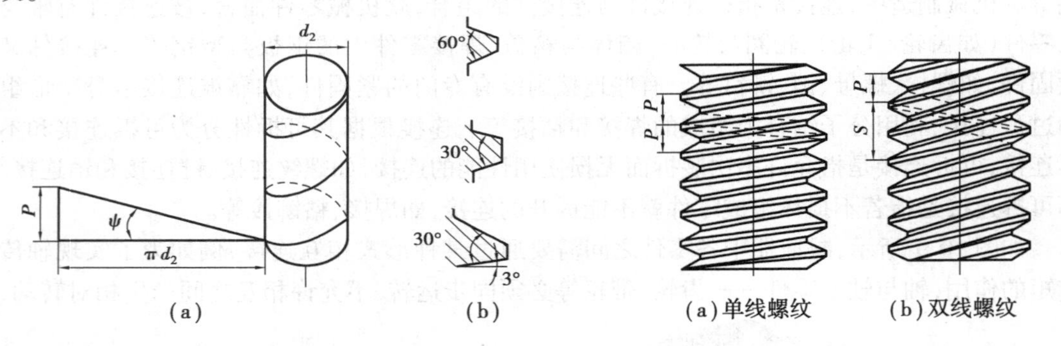


图 10.2 螺旋线的形成

图 10.3 不同线数的右旋螺纹

螺纹有外螺纹和内螺纹之分，二者共同组成螺纹副或螺旋副，用于连接的螺纹称为连接螺纹，用于传动的螺纹称为传动螺纹，相应传动称为螺旋传动。按照平面图形形状(牙型)的不同，螺纹分为普通螺纹(三角形螺纹)、管螺纹、矩形螺纹、梯形螺纹和锯齿形螺纹等(其中除矩形螺纹外都已经标准化)。前两种主要用于连接，后三种主要用于传动。按照螺旋线的旋向，螺纹分为左旋螺纹和右旋螺纹，机械制造中一般采用右旋螺纹，有特殊要求时，才采用左旋螺纹。按照螺旋线的数目，螺纹还分为单线螺纹和多线螺纹(图 10.3)，为了制造方便，螺纹的线数一般不超过 4。螺纹根据其母体形状可分为圆柱螺纹和圆锥螺纹两类，圆锥螺纹用于管连接，圆柱螺纹用于一般连接和传动。螺纹又有米制和英制(螺距以每英寸牙数表示)之分，我国除管螺纹保留英制外，都采用米制螺纹。标准螺纹的基本尺寸可查阅有关标准。常用螺纹的类型、特点和应用见表 10.1。

表10.1 常用螺纹的类型、特点和应用

| 类型 | 图示 | 特点和应用 |
| --- | --- | --- |
| 普通螺纹 | 内螺纹 60° P 外螺纹 $d$ $d_2$ $d_1$ | 牙型为等边三角形,牙型角为60°,内外螺纹旋合后留有径向间隙。外螺纹牙根允许有较大的圆角,以减小应力集中。同一公称直径按螺距大小,分为粗牙和细牙。细牙螺纹的螺距小,升角小,自锁性好,连接强度高,因牙细不耐磨,容易滑扣。一般连接多用粗牙螺纹,细牙螺纹常用于细小零件,薄壁管件或受冲击、振动和变载荷的连接中。细牙螺纹也可作为微调机构的调整螺纹用 |
| 管螺纹 | 接头 55° P 管子 $d$ $d_2$ $d_1$ | 管螺纹是用于管子连接的螺纹,其螺纹牙分布在圆锥体上。常用的管螺纹根据牙型角的不同可分为55°和60°的管螺纹。管螺纹根据其密封的性能,可将其分为密封管螺纹和非密封管螺纹。密封管螺纹的螺旋副本身具有密封和机械连接两种功能;非密封管螺纹的螺旋副本身仅具有机械连接一种功能,但它可以锁紧螺纹以外的密封结构(如锥面对锥面、端面对端面)。管螺纹的尺寸规格直接采用相应管子的尺寸规格,选用时只能使用与管子尺寸规格相同的管螺纹 |
| 矩形螺纹 | 内螺纹 P 外螺纹 $d$ $d_2$ $d_1$ | 牙型为正方形,牙型角 $\alpha=0°$,其传动效率较其他螺纹高,但牙根强度低,螺旋副磨损后,间隙难以修复和补偿,传动精度降低。为了便于铣、磨削加工,可制成10°的牙型角。矩形螺纹尚未标准化,推荐尺寸:$d=1.25d_1$,$P=0.25d_1$ |
| 梯形螺纹 | 内螺纹 30° P 外螺纹 $d$ $d_2$ $d_1$ | 牙型为等腰梯形,牙型角为 $\alpha=30°$,内外螺纹以锥面贴紧不易松动。与矩形螺纹相比,传动效率略低,但工艺性好,牙根强度高,对中性好。如用剖分螺母,还可以调整间隙。梯形螺纹是最常用的传动螺纹 |
| 锯齿形螺纹 | 内螺纹 3° P 30° 外螺纹 $d$ $d_2$ $d_1$ | 牙型为不等腰梯形,工作面的牙侧角为3°,非工作面的牙侧角为30°,外螺纹牙根有较大的圆角,以减小应力集中。内、外螺纹旋合后,大径处无间隙,便于对中。这种螺纹兼有矩形螺纹传动效率高、梯形螺纹牙根强度高的特点,但只能用于单向受力的螺纹连接或螺旋传动中,如螺旋压力机 |

### 10.1.2 螺纹的主要参数

以圆柱普通螺纹为例说明螺纹的主要几何参数(图10.4)。

①大径 $d(D)$:螺纹的最大直径,与外螺纹牙顶(或内螺纹牙底)相重合的假想圆柱体的直径,在标准中称作公称直径。

②小径 $d_1(D_1)$:螺纹的最小直径,与外螺纹牙底(或内螺纹牙顶)相重合的假想圆柱体的直径,在强度计算中常作为危险剖面的计算直径。

③中径 $d_2(D_2)$:通过螺纹轴向剖面内牙型上的沟槽和凸起宽度相等处的假想圆柱面的直径,近似等于螺纹的平均直径,是确定螺纹几何参数的直径。

④螺距 $P$：螺纹相邻两牙在中径线上对应两点间的轴向距离。

⑤导程 $S$：同一条螺旋线上的相邻两牙在中径线上对应两点间的轴向距离。设螺旋线数为 $n$，则 $S=nP$。

⑥螺纹升角 $\psi$：在中径 $d_2$ 圆柱上，螺旋线的切线与垂直于螺纹轴线的平面的夹角。

$$\tan\psi = \frac{nP}{\pi d_2} \tag{10.1}$$

⑦牙型角 $\alpha$：轴向截面内螺纹牙相邻两侧边的夹角称为牙型角。牙型侧边与螺纹轴线的垂线间的夹角称为牙侧角 $\beta$。对于对称牙型 $\beta=\frac{\alpha}{2}$。

⑧接触高度 $h$：内外螺纹旋合后的接触面径向高度。

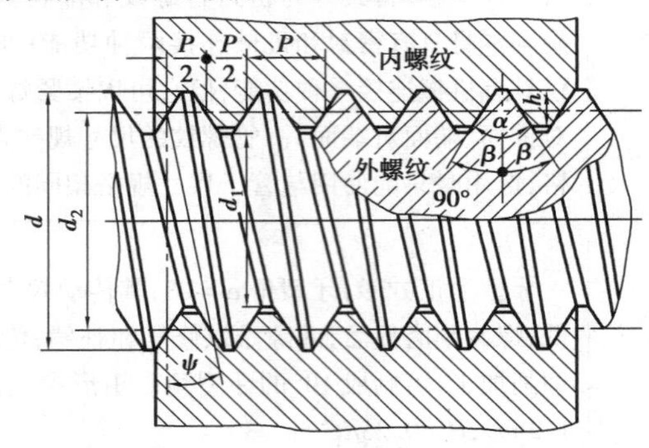


图 10.4　圆柱螺纹的主要几何参数

## 10.2　螺纹连接的基本类型及螺纹紧固件

### 10.2.1　螺纹连接的基本类型

(1)螺栓连接

螺栓连接的被连接件上开有通孔，螺栓贯穿通孔，被连接件不可太厚。插入螺栓后在螺栓的另一端放上垫圈、拧上螺母。

1)普通螺栓连接

普通螺栓连接如图 10.5(a)所示，螺栓与孔之间留有间隙，孔的直径大约是螺栓公称直径的 1.1 倍，孔壁上不制作螺纹，通孔的加工精度要求较低，结构简单，装拆方便，应用十分广泛。

2)铰制孔用螺栓连接

如图 10.5(b)所示，铰制孔用螺栓连接(也称配合螺栓连接)的被连接件通孔与螺栓的杆部之间采用基孔制过渡配合(H7/m6，H7/n6)，螺栓能精确固定被连接件的相对位置，并能承受横向载荷。这种连接对孔的加工精度要求较高，应精确铰制，连接也因此得名。铰制孔用螺栓用于需要被连接件精确定位的场合。工作时靠螺栓光杆部分传递载荷。该类螺栓在连接的同时还可起销轴的作用，如作为铰链轴、滑轮轴等。

(2)双头螺柱连接

如图 10.6(a)所示，双头螺柱连接用于结构上不能采用螺栓连接的场合，例如被连接件之一太厚不宜制成通孔，材料又比较软（如铝镁合金壳体），且需要经常拆卸的场合。显然，拆卸这种连接时，不用拆下螺柱。

(3)螺钉连接

如图10.6(b)所示，螺钉连接的特点是螺钉直接拧入被连接件的螺纹孔中，不必用螺母，结构简单紧凑，与双头螺柱连接相比外观整齐美观，其用途和双头螺柱连接相似。但当要经常拆卸时，易使螺纹孔磨损，导致被连接件报废，故多用于受力不大，不需经常拆卸的场合。

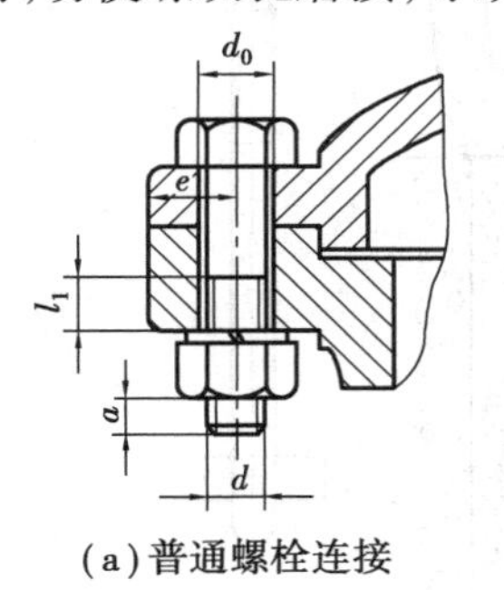

(a)普通螺栓连接

①螺纹余留长度 $l_1$

普通螺栓；

静荷载 $l_1 \geqslant (0.3 \sim 0.5)d$；

变荷载 $l_1 \geqslant 0.75d$；

冲击载荷或弯曲载荷 $l_1 \geqslant d$；

铰制孔用螺栓：$l_1 \approx d$；

②螺纹伸出长度 $a = (0.2 \sim 0.3)d$；

③螺栓轴线到被连接件边缘的距离

$e = d + (3 \sim 6)$ mm；

④通孔直径 $d_0 \approx 1.1d$

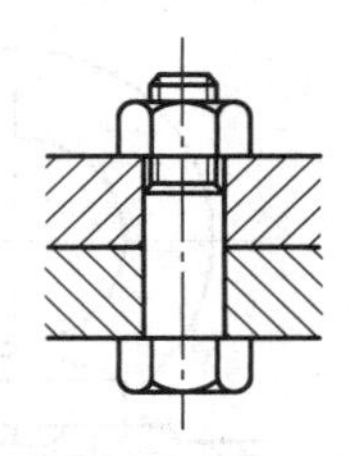
(b)铰制孔用螺栓连接

图10.5　螺栓连接

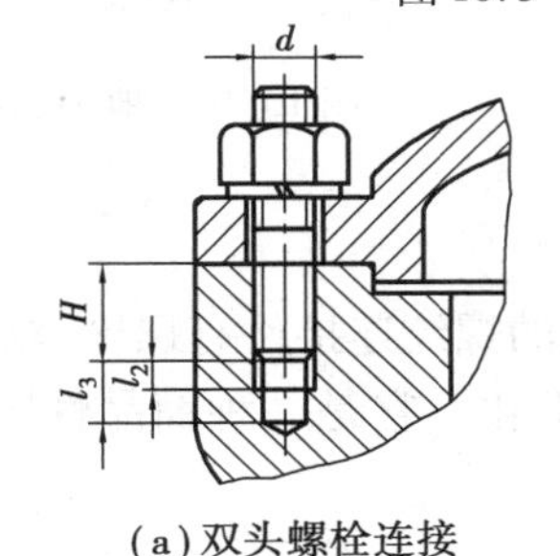

(a)双头螺栓连接

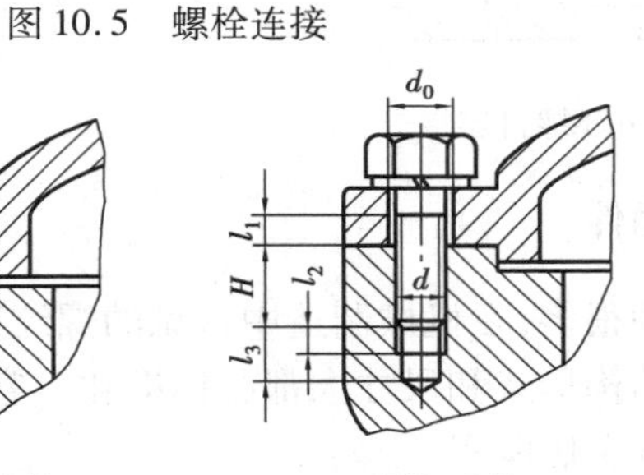

(b)螺钉连接

$H$ 为拧入深度，当带有螺纹孔件的材料为

钢或青铜：$H \approx d$

铸铁：$H = (1.25 \sim 1.5)d$

铝合金：$H = (1.5 \sim 2.5)d$

图10.6　双头螺柱连接和螺钉连接

(4)紧定螺钉连接

紧定螺钉连接是利用拧入零件螺纹孔中的螺钉末端顶住另一零件的表面[图10.7(a)]或顶入相应的凹坑中[图10.7(b)]，以固定两个零件的相对位置，并可同时传递不太大的力或力矩。

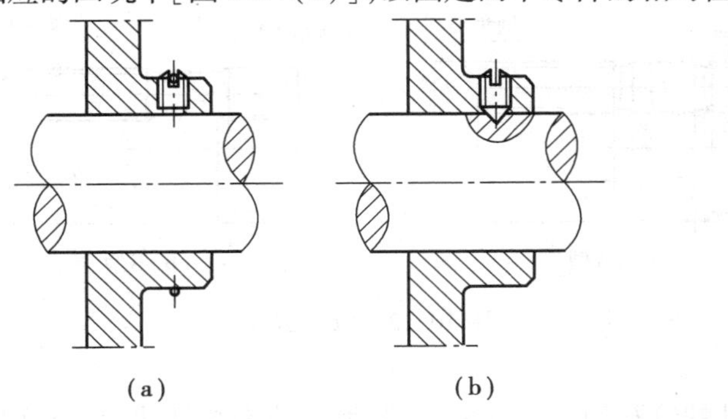

图10.7　紧定螺钉连接

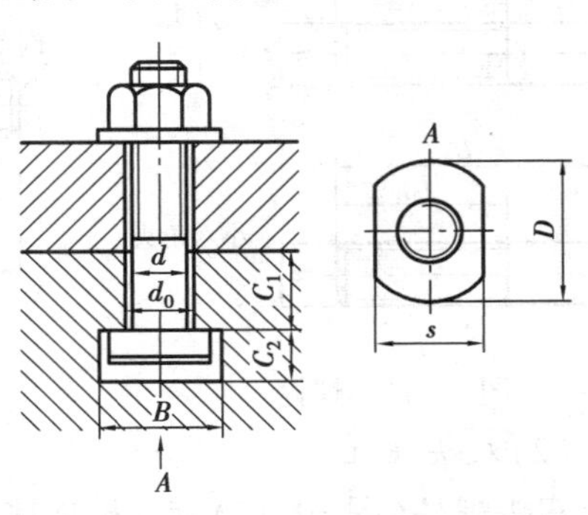

图10.8　T形槽螺栓连接

螺钉除作为连接和紧定用外，还可用于调整零件位置，如机器、仪器的调节螺钉。

工程中除了上述4种基本螺纹连接形式以外，还有一些特殊结构的连接。例如T形槽螺栓主要用于工装设备中的工装零件与工装机座的连接(图10.8)；吊环螺钉主要装在机器或大型零部件的顶盖或外壳上，以便于对设备实施起吊(图10.9)；地脚螺栓主要应用于将机座或机架固定在地基上的连接。使用前，应将地脚螺栓预埋在地基内(图10.10)。

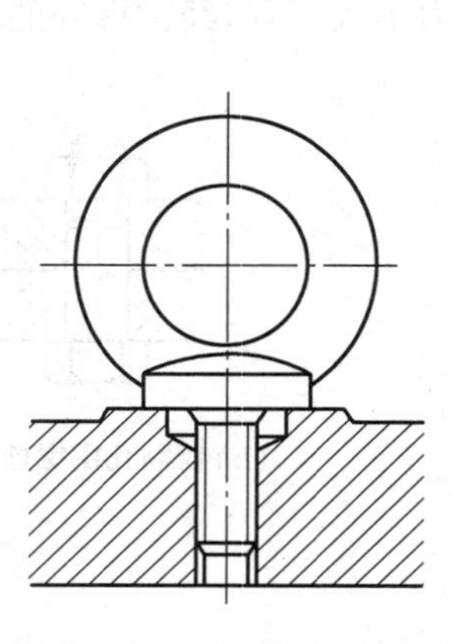

图10.9　吊环螺钉连接

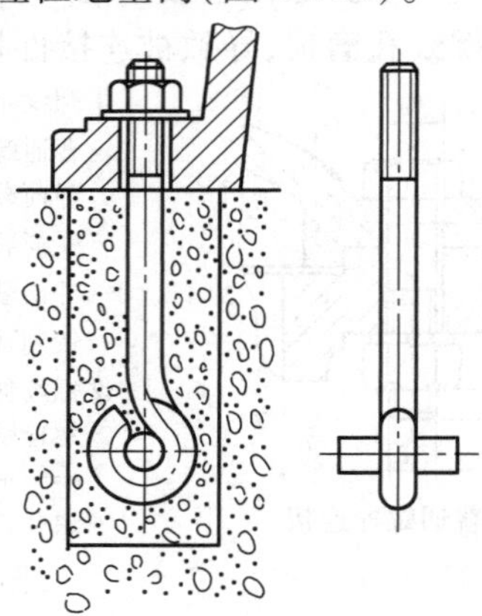

图10.10　地脚螺栓连接

### 10.2.2　螺纹紧固件

螺纹紧固件的品种很多，在机械制造中常见的螺纹连接件有螺栓、双头螺柱、螺钉、螺母和垫圈等。这类零件的结构形式和尺寸大都已标准化。它是一种商品性零件，经合理选择其规格、型号后，可直接到五金店购买。

(1)螺栓

普通六角头螺栓的种类很多，应用最广，最常用的有六角头和小六角头两种(图10.11)。螺杆可制出一段螺纹或全螺纹，螺纹有粗牙和细牙之分。螺栓的头部形状很多，冷镦工艺生产的小六角头螺栓具有材料利用率高、生产率高、力学性能高和成本低等优点，但由于头部尺寸较小，不宜用于装拆频繁、被连接件强度低和易锈蚀的地方。螺栓也应用于螺钉连接中[图10.6(b)]，不需要用螺母而直接作螺钉使用。

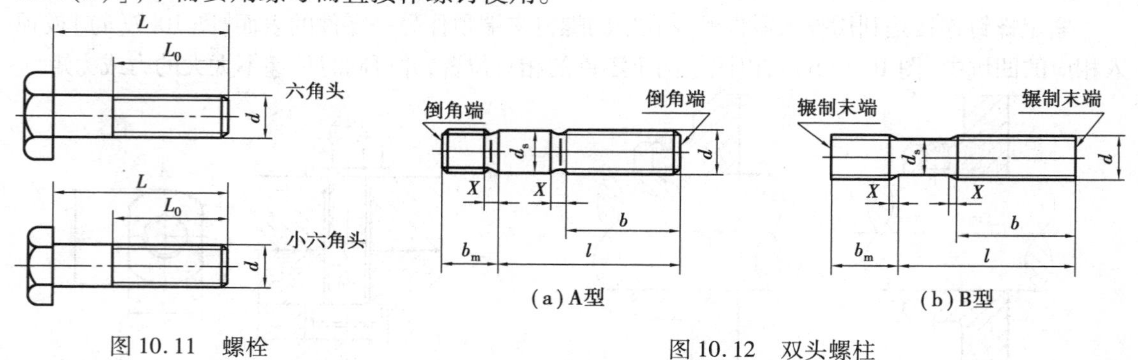


图10.11　螺栓

图10.12　双头螺柱

(2)双头螺柱

双头螺柱(图10.12)旋入被连接件螺纹孔的一端称为座端，另一端为螺母端，其公称长度为$l$。双头螺柱的两端都制有螺纹，两端螺纹可相同或不同，螺柱可带退刀槽(A型)或制成腰杆(B 型)。螺柱的一端常用于旋入铸铁或有色金属的螺纹孔中,旋入后即不经常拆卸,以保护螺纹孔的螺纹,另一端则用于安装螺母以固定其他零件。螺柱也有制成全螺纹的。

(3)螺钉、紧定螺钉

螺钉、紧定螺钉的头部有内六角头、十字槽头等多种形式(图 10.13),以适应不同的拧紧程度。紧定螺钉末端要顶住被连接件之一的表面或相应的凹坑,其末端具有平端、锥端、圆柱端等各种形状(图 10.14)。

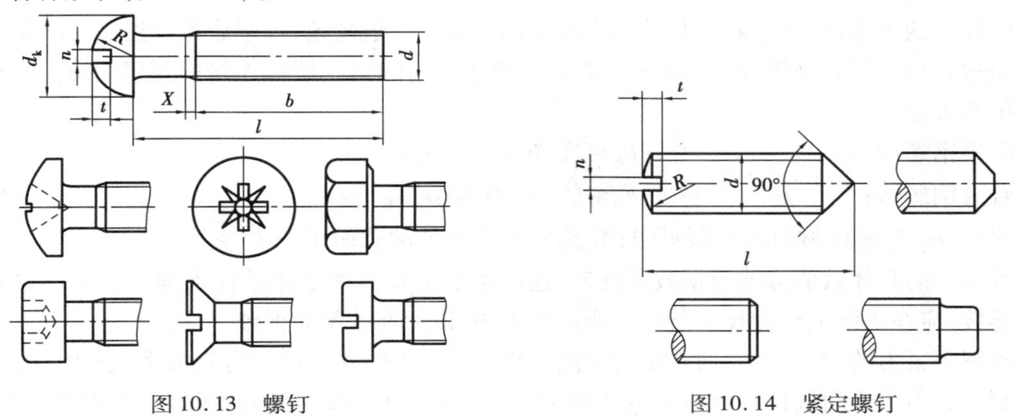


图 10.13　螺钉　　　　图 10.14　紧定螺钉

(4)螺母

螺母的形状有六角形、圆形(图 10.15)等。根据螺母厚度的不同,螺母分为标准螺母、薄型螺母和厚螺母。薄型螺母常用于受剪力的螺栓上或空间尺寸受限制的场合;厚螺母用于经常装拆的易于磨损之处;圆螺母常用于轴上零件的轴向固定。螺母的制造精度与螺栓相同,分别与相同级别的螺栓配用。

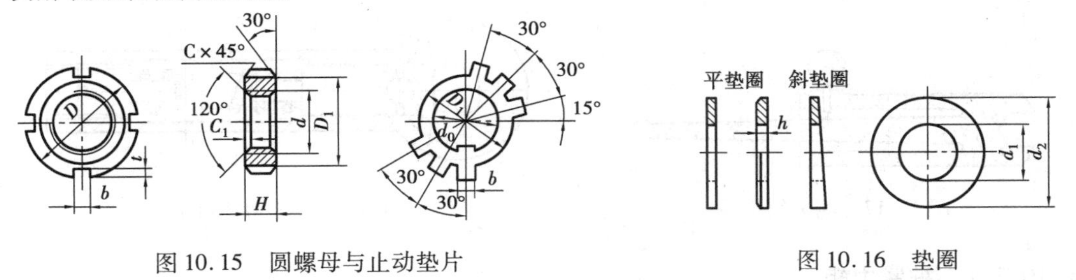


图 10.15　圆螺母与止动垫片　　　　图 10.16　垫圈

(5)垫圈

垫圈的作用是增加被连接件的支承面积以减少接触处的挤压应力(尤其当被连接件材料强度较差时)和避免拧紧螺母时擦伤被连接件的表面。如图 10.16 所示的垫圈有平垫圈和斜垫圈,常用的垫圈呈环状。用于同一螺纹直径的垫圈又分为特大、大、普通和小四种规格,特大垫圈主要在铁木结构上使用。

螺纹紧固件按制造精度分为 A、B、C 三级(不一定每个类别都备齐 A、B、C 三级,详见有关手册),A 级精度最高。A 级螺栓、螺母、垫圈组合可用于重要的、要求装备精度高的、受冲击或变载荷的连接;B 级用于较大尺寸的紧固件;C 级用于一般螺栓连接。

## 10.3 螺纹连接的预紧与防松

绝大多数螺纹连接在装配时都必须拧紧,使连接在承受工作载荷之前,预先受到力的作用,这个预加作用力称为预紧力。对于重要的螺纹连接,应控制其预紧力,因为预紧力的大小对螺纹连接的可靠性、强度和密封性均有很大的影响。一般规定,拧紧后螺纹连接件的预紧力不应超过其材料屈服极限 $\sigma_S$ 的 80%。对于一般连接用的钢制螺栓连接的预紧力 $F_0$,推荐按下列关系确定:

碳素钢螺栓: $F_0 \leqslant (0.6 \sim 0.7)\sigma_S A_1$

合金钢螺栓: $F_0 \leqslant (0.5 \sim 0.6)\sigma_S A_1$ (10.2)

式中,$\sigma_S$ 为螺栓材料的屈服极限;$A_1$ 为螺栓小径处的截面积,$\pi d_1^2/4$。

预紧力的具体数值应该根据载荷性质、连接刚度等具体的工作条件来确定。对于重要的螺栓连接,应在图纸上作为技术条件注明预紧力矩,以便在装配时保证。

控制预紧力的方法很多,通常是借助测力矩扳手(图 10.17)或定力矩扳手(图 10.18),通过控制拧紧力矩来间接控制预紧力的。测力矩扳手的工作原理是根据扳手上的弹性元件 1,在拧紧力的作用下所产生的弹性变形来指示拧紧力矩的大小。为方便计量,可通过标定将指示刻度 2 直接以力矩值标出。

定力矩扳手的工作原理是当拧紧力矩超过规定值时,弹簧 3 被压缩,扳手卡盘 1 与圆柱销 2 之间打滑,如果继续转动手柄,卡盘将不再转动。拧紧力矩的大小可利用螺钉 4 调整弹簧压紧力来加以控制。

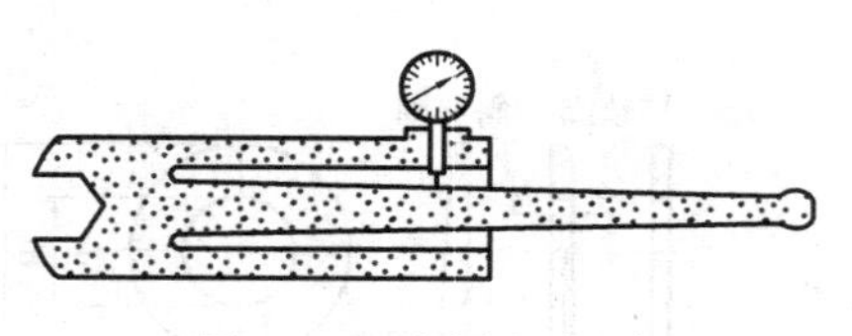

图 10.17 测力矩扳手

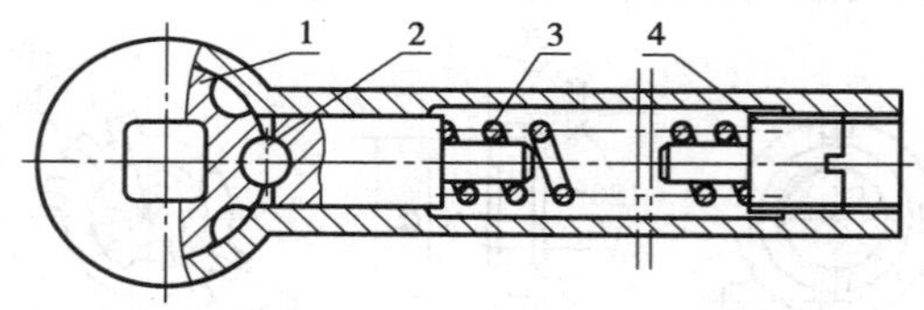


图 10.18 定力矩扳手

### 10.3.1 拧紧力矩

如上所述,装配时预紧力的大小是通过拧紧力矩来控制的。因此,应从理论上找出预紧力和拧紧力矩之间的关系。螺纹连接的拧紧力矩 $T$ 等于克服螺纹副相对转动的阻力矩 $T_1$ 和螺母支承面上的摩擦阻力矩 $T_2$(图 10.19)之和,经推导简化后得

$$T \approx 0.2F_0 d(\mathrm{N \cdot mm}) \tag{10.3}$$

式中,$d$ 为螺纹公称直径,mm;$F_0$ 为预紧力,N。

对于一定公称直径 $d$ 的螺栓,当所要求的预紧力 $F_0$ 已知时,可按公式 $T \approx 0.2F_0 d$ 估计扳手的拧紧力矩 $T$。一般普通的标准扳手的长度 $L \approx 15d$,若拧紧力为 $F$,则 $T = FL$,因此有 $F_0 \approx 75F$。若假设 $F = 200$ N,则 $F_0 \approx 15\ 000$ N。如果用这个预紧力拧紧 M12 以下的钢制螺栓,就有可能被过载拧断。因此,对于重要的连接,应尽量不采用直径过小(例如小于 M12)的螺栓。必须使用时,应采用力矩扳手严格控制其拧紧力矩。对于预紧力控制精度要求高,或大型螺栓

连接，也采用测定螺栓伸长量的方法来控制预紧力。

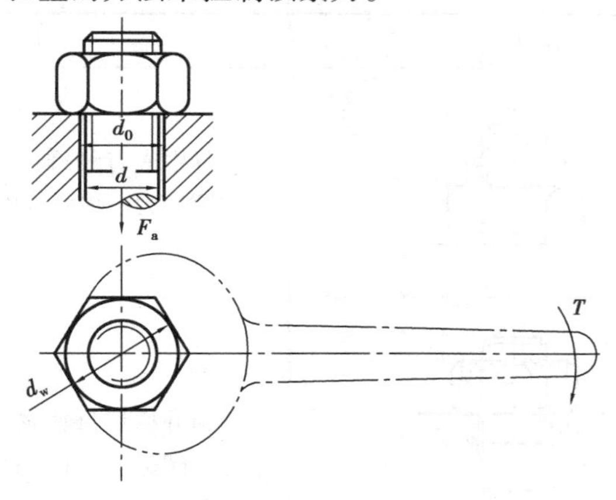


图 10.19　支承面摩擦阻力矩

### 10.3.2　螺纹连接的防松

用于连接的螺纹副本身具有自锁性能，拧紧后螺母和螺栓头部等支承面上也有防松作用，所以在静载荷和工作温度变化不大时，螺纹连接不会自动松脱。但在冲击、振动或变载荷作用下，或在高温或温度变化较大的情况下，螺纹连接中的预紧力和摩擦力会逐渐减小或可能瞬时消失，导致连接松脱失效。螺纹连接一旦失效，将严重影响机器正常工作，甚至造成事故。因此为防止连接松脱，保证连接安全可靠，设计时必须采用有效的防松措施。

防松的根本问题在于防止螺旋副相对转动。按工作原理的不同，防松方法分为摩擦防松、机械防松和破坏螺旋副运动关系防松等，一般来说，摩擦防松简单、方便，但没有机械防松可靠。对于重要的连接，特别是在机器内部不易检查的连接，应采用比较可靠的机械防松。常用的防松方法见表 10.2。

**表 10.2　螺纹连接常用的防松方法**

| 防松方法 | | 结构形式 | 特点和应用 |
|---|---|---|---|
| 摩擦防松 | 对顶螺母 | | 两螺母对顶拧紧后，旋合螺纹间始终受到附加的压力和摩擦力的作用。这种方法结构简单，适用于平稳、低速和重载的固定装置的连接 |
| | 弹簧垫圈 | | 螺母拧紧后，靠垫圈压平而产生的弹性反力使旋合螺纹间压紧。同时垫圈斜口的尖端抵住螺母与被连接件的支承面也有防松作用。这种方法结构简单、使用方便，但在振动冲击载荷作用下，防松效果较差，一般用于不甚重要的连接 |

续表

| 防松方法 | | 结构形式 | 特点和应用 |
|---|---|---|---|
| 摩擦防松 | 弹性圈锁紧螺母 | 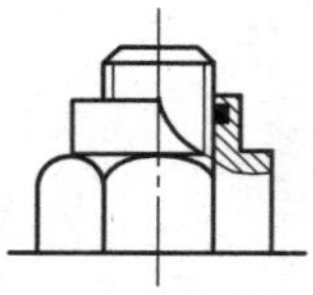 | 螺母中嵌有纤维或尼龙圈，拧紧后箍紧螺栓来增加摩擦力。该弹性圈还起防止液体泄漏的作用 |
| 机械防松 | 开口销与六角开槽螺母 | 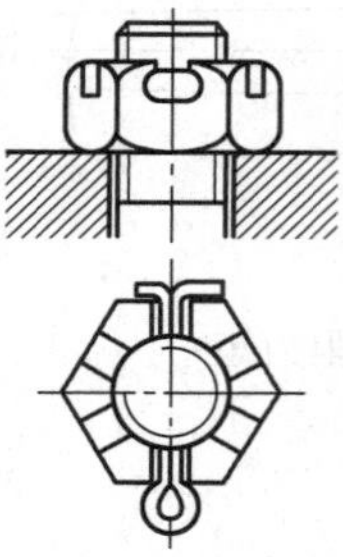 | 六角开槽螺母拧紧后，将开口销穿入螺栓尾部小孔和螺母的槽内，并将开口销尾部掰开与螺母侧面贴紧。这种方法适用于有较大冲击、振动的高速机械中运动部件的连接 |
| | 止动垫圈 | 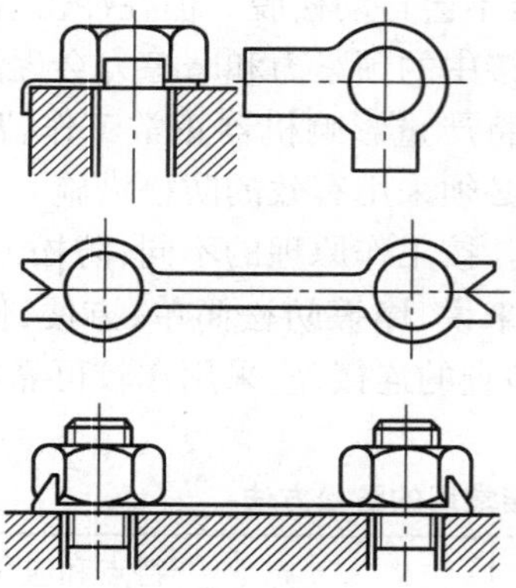 | 螺母拧紧后，将单耳或双耳止动垫圈分别向螺母和被连接件的侧面折弯贴紧，即可将螺母锁住。若两个螺栓需要双联锁紧时，可采用双联止动垫圈，使两个螺母相互制动。这种方法结构简单，使用方便，防松可靠 |
| | 圆螺母和止动垫片 | 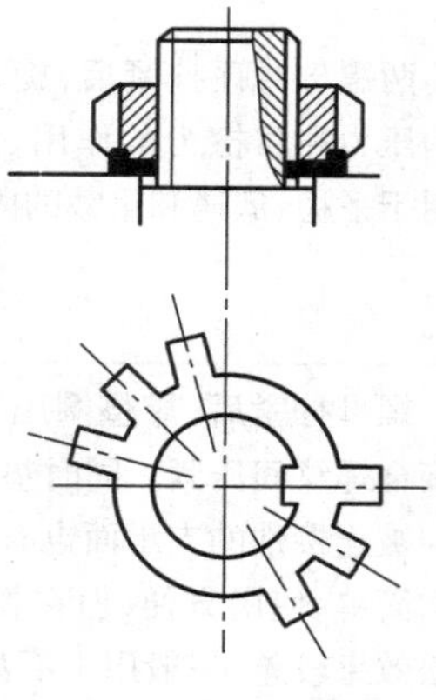 | 使垫片内翅嵌入螺栓(轴)的槽内，拧紧螺母后将垫片外翅之一折嵌于螺母的一个槽内 |

续表

| 防松方法 | | 结构形式 | 特点和应用 |
| --- | --- | --- | --- |
| 破坏螺旋副运动关系防松 | 铆合 | 铆粗 | 螺栓杆末端外露长度为 1 ~ 1.5P(螺距),当螺母拧紧后把螺栓末端伸出部分铆死。这种防松方法可靠,但拆卸后连接件不能重复使用 |
| | 冲点 | 1~1.5P | 用冲头在螺栓杆末端与螺母的旋合缝处打冲,利用冲点防松。冲点中心一般在螺纹的小径处。这种防松方法可靠,但拆卸后连接件不能重复使用 |
| | 涂胶黏剂 | 涂胶黏剂 | 通常采用胶黏结剂涂抹螺纹旋合表面,拧紧螺母后黏结剂能够自行固化,防松效果良好 |

## 10.4　键连接

键是标准件,一般主要用来实现轴和轴上零件之间的周向固定以传递扭矩。有些类型的键还可实现轴上零件的轴向固定或轴向移动。

键连接的主要类型有平键连接、半圆键连接和楔键连接等。设计时应根据各类键的结构和应用特点进行选择。

(1)平键连接

平键的两侧面是工作面,上表面与轮毂槽底之间留有间隙[图10.20(a)]。这种键定心性较好、装拆方便。常用的平键有普通平键、薄型平键、导向平键和滑键四种。其中普通平键和薄型平键用于静连接,导向平键和滑键用于动连接。

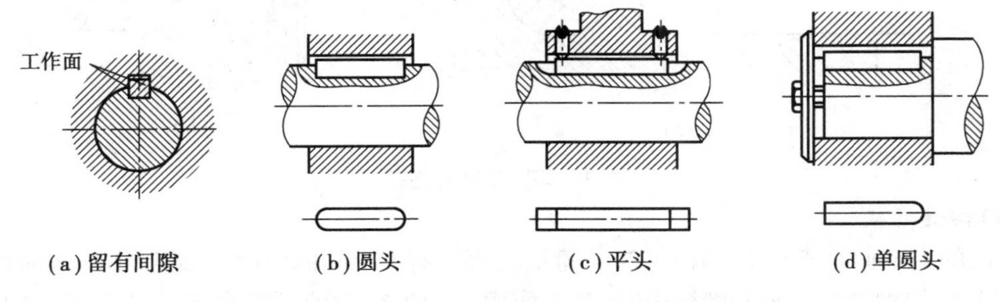


(a)留有间隙　(b)圆头　(c)平头　(d)单圆头

图10.20　普通平键连接[图(b)(c)(d)下方为键及键槽示意图]

普通平键的端部形状可制成圆头(A 型)、方头(B 型)或单圆头(C 型),如图 10.20 所示。圆头键的轴槽用指形铣刀加工,键在槽中固定良好,但轴上键槽端部的应力集中较大;方头键用盘形铣刀加工,轴的应力集中较小;单圆头键常用于轴端;普通平键应用最广。

薄型平键与普通平键的主要区别在于,薄型平键的高度约为普通平键的 60% ~70%,结构形式相同,但传递转矩的能力较小。薄型平键主要用于薄壁结构、空心轴以及一些径向尺寸受限制的场合。

导向平键较长,常用螺钉固定在轴槽中,为了便于装拆,在键上制出起键螺纹孔(图 10.21)。这种键能实现轴上零件的轴向移动,构成动连接,如变速箱的滑移齿轮即可采用导向平键。

当零件需滑移的距离较大时,因所需导向平键的长度过大,制造困难,故宜采用滑键(图 10.22)。滑键固定在轮毂上,轴上零件带动键在轴上的键槽中做轴向移动。这样需在轴上铣出较长键槽,键可做得短些。

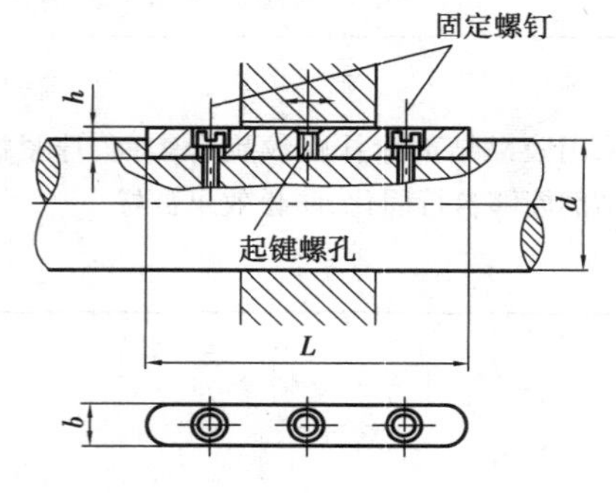


图 10.21 导向平键连接

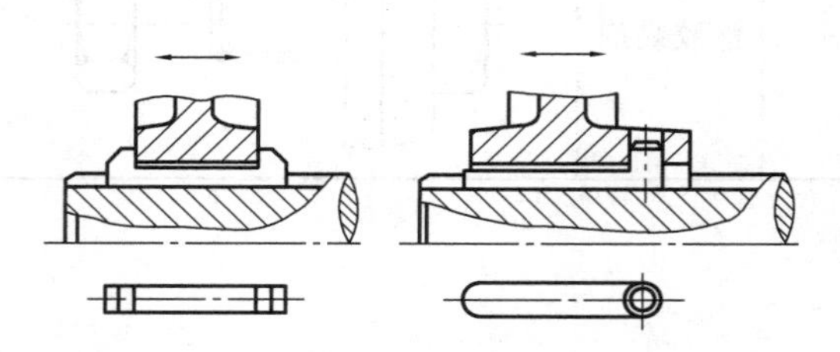

图 10.22 滑键连接(键槽已截短)

(2)半圆键连接

半圆键也是以两侧面为工作面[图 10.23(a)],它与平键一样具有定心较好的优点。半圆键能在轴槽中摆动以适应毂槽底面,装配方便。它的缺点是键槽对轴的削弱较大,只适用于轻载连接。

在工艺上锥形轴端采用半圆键连接较为方便[图 10.23(b)]

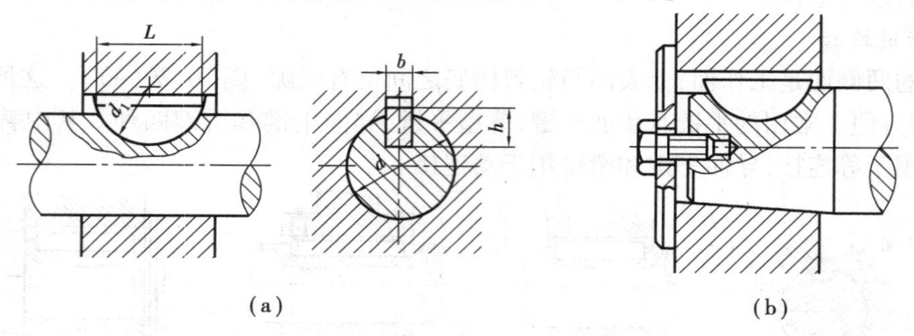


图 10.23 半圆键连接

(3)楔键连接

楔键的上下面是工作面(图 10.24),键的上表面有 1∶100 的斜度,轮毂键槽的底面也有 1∶100 的斜度,把楔键打入轴和毂槽内时,其工作面上产生很大的预紧力 $F_n$。工作时,主要靠摩擦力 $fF_n$($f$ 为接触面间的摩擦系数)传递转矩 $T$,并能承受单方向的轴向力。由于楔键打入时,迫使轴和轮毂产生偏心 $e$[图 10.24(a)],因此楔键仅适用于定心精度要求不高、载荷平稳和低速的连接。

楔键分为普通楔键和钩头楔键两种[图 10.24(b)],普通楔键有 A 型、B 型、C 型三种。钩头楔键的钩头是为了拆键用的,应注意加保护罩。

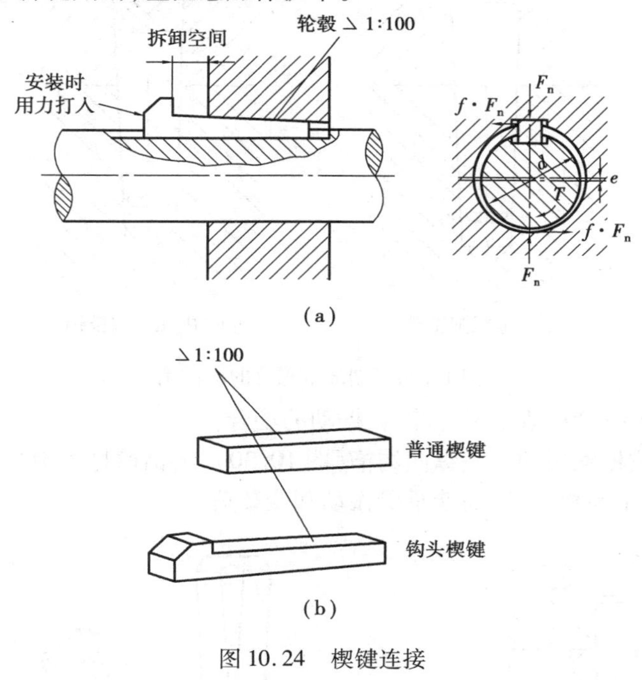


图 10.24　楔键连接

## 10.5　销连接

销主要用来固定零件之间的相对位置,称为定位销(图 10.25),是组合加工和装配时的重要辅助零件;也可用于连接,称为连接销(图 10.26),可传递不大的载荷;还可作为安全装置中的过载剪断元件,称为安全销(图 10.27)。

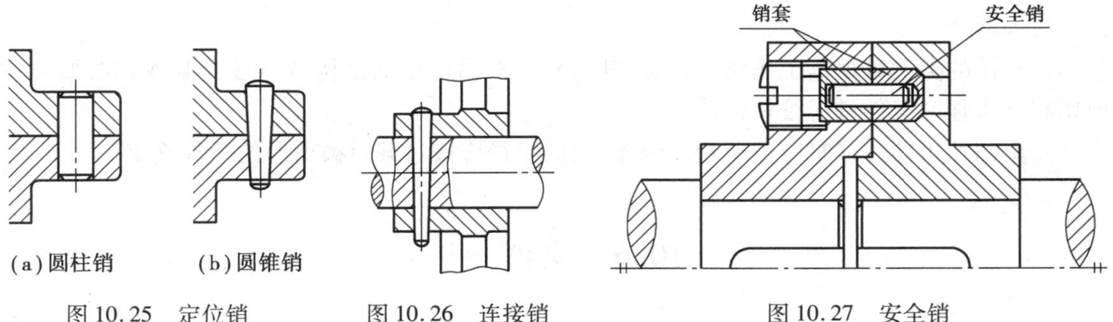


图 10.25　定位销　　图 10.26　连接销　　图 10.27　安全销

销有多种类型,如圆柱销、圆锥销、槽销和开口销等,这些销均已标准化。

圆柱销靠过盈配合固定在销孔中,经多次装拆会降低其定位精度和可靠性。

圆锥销具有 1∶50 的锥度,在受横向力时可以自锁。它安装方便,定位精度高,可多次装拆而不影响定位精度。端部带螺纹的圆锥销(图10.28)可用于盲孔或拆卸困难的场合。

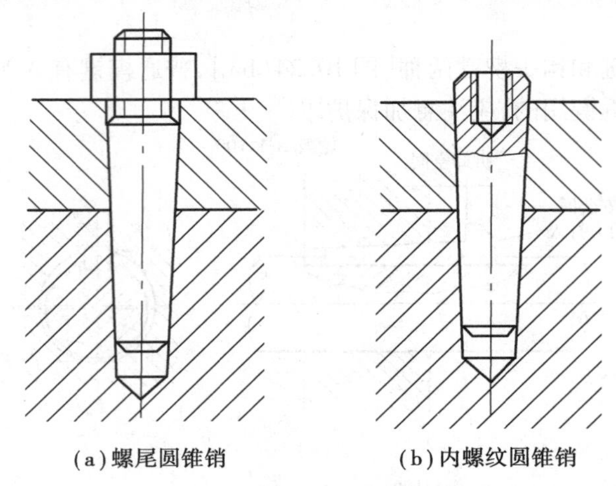


图10.28　端部带螺纹的圆锥销

开尾圆锥销(图10.29)适用于有冲击、振动的场合。

槽销上有碾压或模锻出的三条纵向沟槽(图10.30),将销槽打入销孔后,由于材料的弹性使销挤紧在销孔中,不易松脱,因而能承受振动和变载荷。

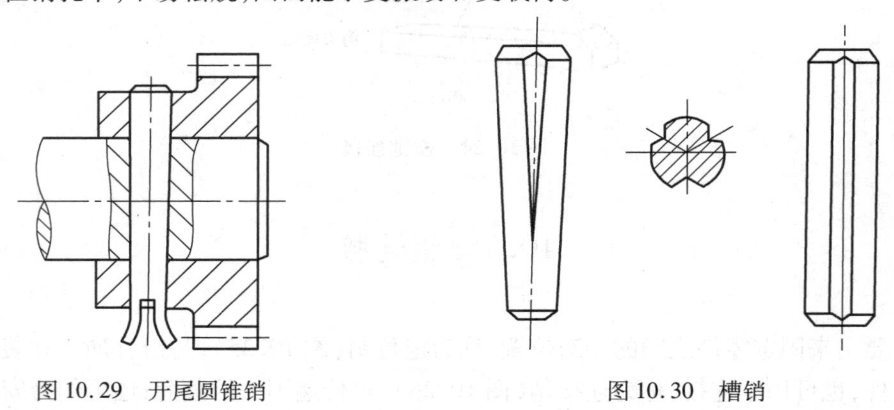

图10.29　开尾圆锥销　　　　图10.30　槽销

定位销通常不受载荷或只受很小的载荷,故不作强度校核计算,其直径可按结构确定,数目一般为两个。

连接销的类型可根据工作要求选定,其尺寸可根据连接的结构特点按经验或在必要时按剪切和挤压强度条件进行校核计算。

安全销在机器过载时应被剪断。因此,销的直径应按过载时被剪断的条件确定。

## 10.6　实例分析

**例10.1**　请分析图10.31螺钉连接中的结构错误,说出理由,并画出正确的结构图。

**解:**较薄的连接件需先加工通孔,通孔直径为螺栓公称直径的1.1倍;两个连接件的螺纹孔不易对齐,对安装不利;下连接件螺纹孔螺纹长度应比螺钉拧入的长度要长。正确的结构图如图 10.32 所示。

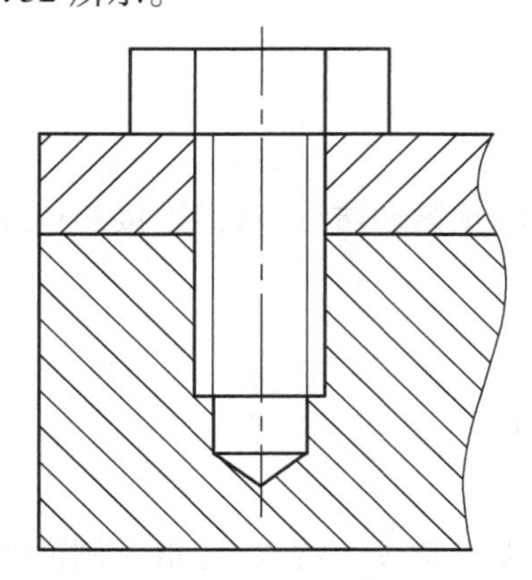

图 10.31 螺钉连接(有错误)

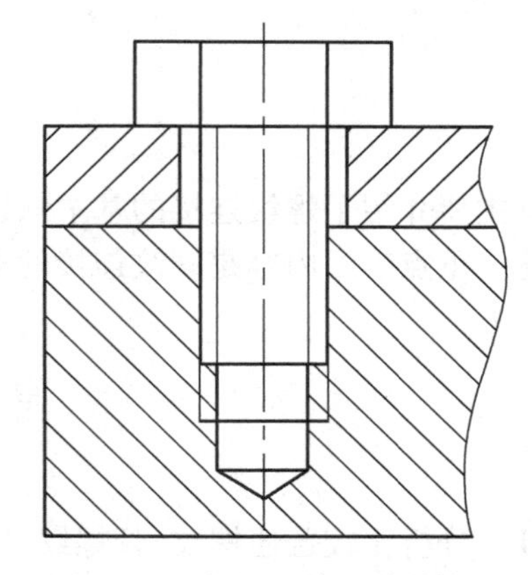

图 10.32 螺钉连接正确结构图

**例** 10.2 请分析图 10.33 普通平键连接中的结构错误,说出理由,并画出正确的结构图。

**解:**键无法装入;键的上表面与轮毂应有一定的间隙。正确的结构图如图 10.34 所示。

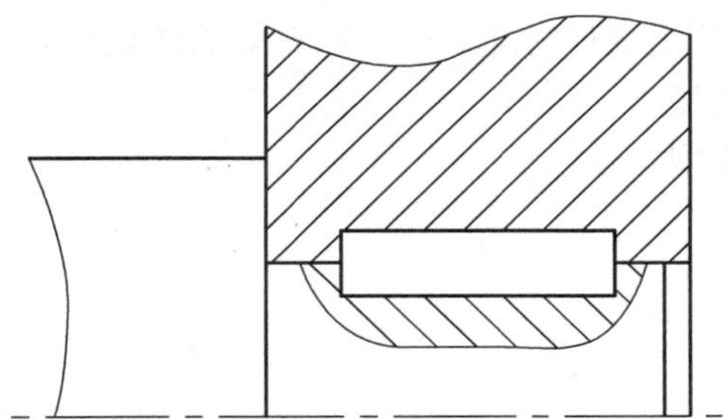

图 10.33 普通平键连接(有错误)

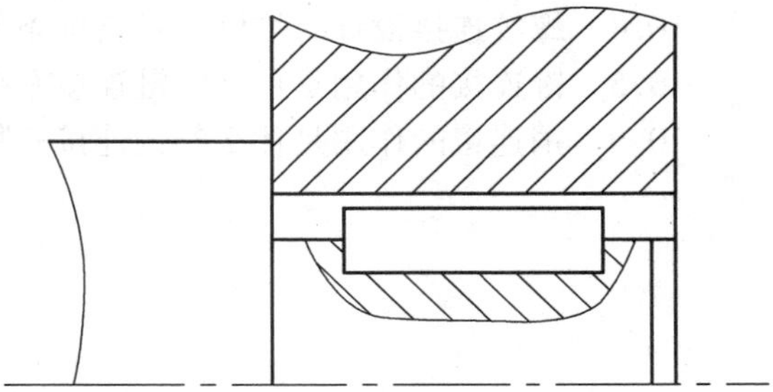

图 10.34 普通平键连接正确结构图

**例** 10.3 请分析图 10.35 螺栓连接中的结构错误,说出理由,并画出正确的结构图。

**解:**下方空间不够,螺栓无法装拆。正确的结构图如图 10.36 所示。

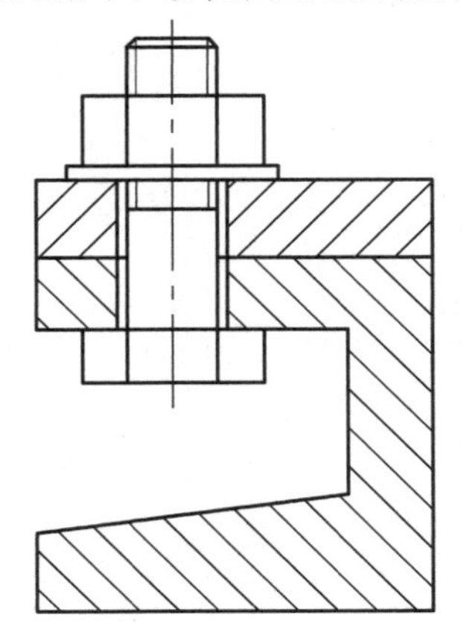

图 10.35 螺栓连接(有错误)

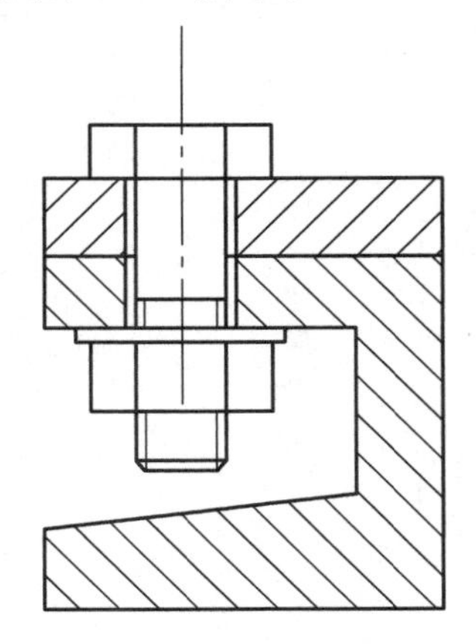

图 10.36 螺栓连接正确结构图

## 本章小结

本章主要介绍了螺纹连接的基本知识和螺纹连接的预紧和防松,对键连接和销连接做了扼要阐述。重点学习内容是螺纹连接的类型和应用。

## 思考题与习题

10.1　分析比较普通螺纹、管螺纹、梯形螺纹和锯齿形螺纹的特点,各举一例说明它们的应用。

10.2　试计算 M20、M20×1.5 螺纹的升角,并指出哪种螺纹的自锁性较好。

10.3　螺纹连接预紧的目的是什么?

10.4　螺纹连接设计时均已满足自锁条件,为什么设计时还必须采取有效的防松措施?

10.5　键连接的作用是什么?键连接有哪些类型?

10.6　销连接的作用是什么?销连接有哪些类型?

# 第11章 轴

**【案例导入】**

轴是机器中的重要组成零件之一。它主要用于支承回转零部件，如齿轮、蜗轮、凸轮、带轮和链轮等，以实现运动和动力的传递。常见的自行车、火车、汽车、打印机、电风扇中都包含了轴。

轴和轴承均为机械中的主要支承件，主要用来支承旋转运动的零件。如图 11.1 所示为带式输送机传动装置中的减速器，由一对圆柱齿轮减速传动机构来实现运动和动力的传递。大齿轮做回转运动必须用轴支承，同时轴还将齿轮的转矩及转动传递给工作装置；而轴需要用滚动轴承支承，滚动轴承同时也支承轴上的大齿轮，由于滚动轴承支承在箱体上，保证了轴的旋转精度，避免了轴的磨损，增加了轴的使用寿命。

图 11.1　一级圆柱齿轮减速器

本章将介绍轴的类型及其常用材料，讨论轴的结构设计，包括周向定位和轴向定位所涉及的一些问题。

## 11.1　轴的类型和材料

### 11.1.1　轴的类型

根据承受载荷情况的不同，轴可分为转轴、传动轴和心轴三类。

①转轴。工作中既承受弯矩又承受扭矩的轴称为转轴，如图 11.2 所示齿轮减速器中的轴，这类轴在各种机器中最常见。

②传动轴。只承受扭矩而不承受弯矩（或弯矩很小）的轴称为传动轴，如图 11.3 所示的

汽车传动轴。

③心轴。只承受弯矩而不承受扭矩的轴称为心轴。心轴又可分为转动心轴和固定心轴(图 11.4)。随轴上回转零件一起转动的心轴称为转动心轴,如图 11.4(a)所示铁路车辆的轮轴;而固定不转动的心轴称为固定心轴,如图 11.4(b)所示支承滑轮的固定心轴。

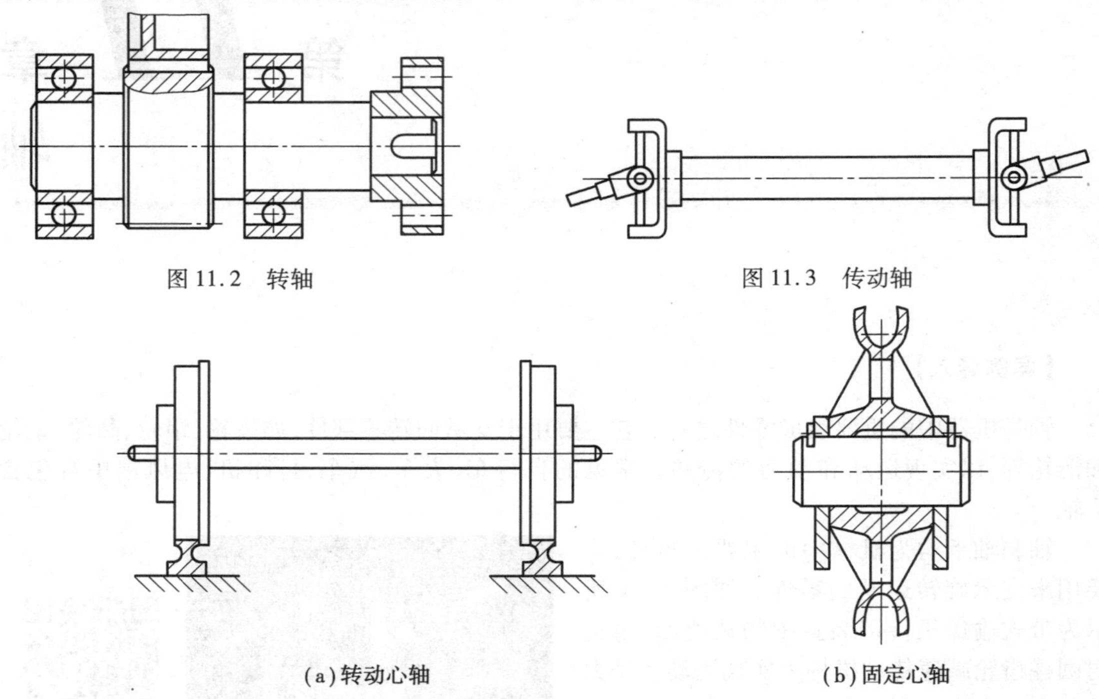

图 11.2　转轴

图 11.3　传动轴

(a)转动心轴

(b)固定心轴

图 11.4　心轴

按照轴线形状的不同,轴还可以分为直轴、曲轴和挠性钢丝轴三类,本章只研究直轴。

①直轴。根据外形的不同,可分为光轴和阶梯轴两种。光轴形状简单,加工容易,应力集中源少,但轴上的零件不易装配及定位,如图 11.4(b)所示支承滑轮的固定心轴;阶梯轴则正好与光轴相反。因此光轴主要用于心轴和传动轴,阶梯轴则常用于转轴(如图 11.2 所示齿轮减速器中的轴)。直轴在一般情况下是实心的,但在某些机器结构中,需要在轴中装设其他零件或者减小轴的质量,则将轴做成空心的,如图 11.5 所示。空心轴内径与外径的比值通常为 0.5 ~0.6,以保证轴的刚度及扭转稳定性。

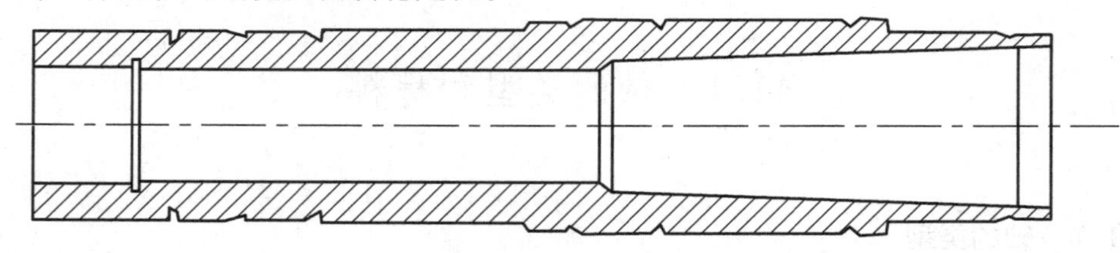

图 11.5　空心轴

②曲轴。通过连杆可以将旋转运动改变为往复直线运动,或做相反的运动变换,常用于往复式机械中,例如多缸内燃机中的曲轴,如图 11.6 所示。

③挠性钢丝轴。又称钢丝软轴,见图 11.7。由多层紧贴在一起的卷绕钢丝层组成的,具

有良好的挠性,可以把转矩和旋转运动灵活地传到任何空间位置,常用于手提式喷砂器和研磨机、汽车转速表,以及启动某些装置的阀门和开关等。

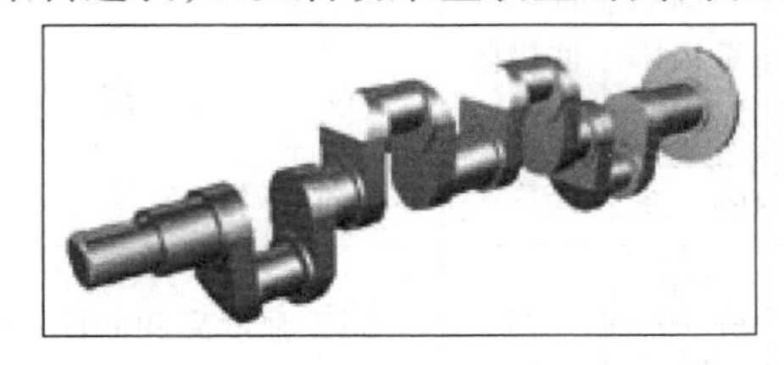

图 11.6　曲轴

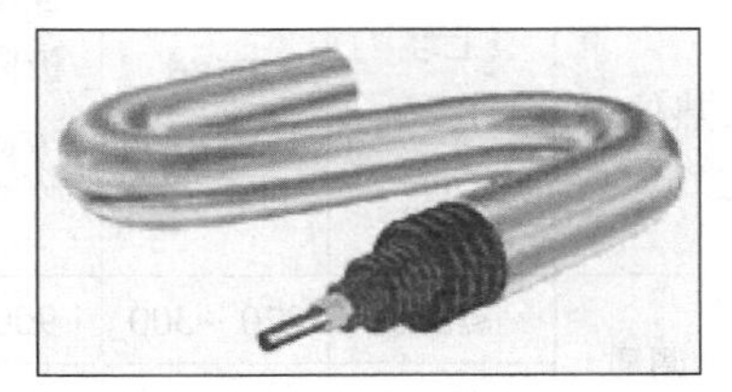

图 11.7　挠性钢丝轴

### 11.1.2　轴的材料和热处理

轴在工作时经常要承受多种变应力作用,因此要求轴应具有较高的静强度和疲劳强度,足够的韧性,即具有良好的综合力学性能,此外还应具有良好的工艺性特点。

轴的材料一般选用碳素钢和合金钢。对于载荷不大、转速不高的一些不重要的轴可采用 Q235、Q275 等碳素结构钢来制造,以降低成本;对于一般用途和较重要的轴,多采用 35、45 号钢等中碳的优质碳素结构钢制造,这类钢对应力集中的敏感性低,经济性好,经过调质(或正火)处理后可获得良好的综合力学性能,轴颈处可进行表面淬火处理。对于传递较大转矩,要求强度高、尺寸小、质量轻、要求耐磨性高或要求在高低温条件下工作的轴,可采用合金钢制造,如 40Cr、35SiMn、40CrNi、38CrMoAlA 等,并经调质处理。但合金钢价格较贵,对应力集中的敏感性较高,设计合金钢轴时,应从结构上避免或减小应力集中,减小其表面粗糙度。值得注意的是:钢材的种类和热处理对其弹性模量的影响很小,采用合金钢或通过热处理并不能提高轴的刚度。表 11.1 中列出了轴的常用材料及其主要力学性能。

表 11.1　轴的常用材料及其主要力学性能

| 材料 | 热处理 | 毛坯直径/mm | 硬度/HBS | 强度极限 $\sigma_B$ | 屈服极限 $\sigma_S$ | 弯曲疲劳极限 $\sigma_{-1}$ | 许用弯曲极限 $[\sigma_{-1}]$ | 应用 |
|---|---|---|---|---|---|---|---|---|
| | | | | MPa | | | | |
| Q235 | | | | 400 | 240 | 170 | 40 | 用于不重要或载荷不大的轴 |
| 35 钢 | 正火 | ≤100 | 149~187 | 520 | 270 | 250 | 45 | 有好的塑形和适当的强度,可做一般曲轴、转轴等 |
| | 调质 | ≤100 | 156~207 | 560 | 300 | 270 | 50 | |
| 45 钢 | 正火 | ≤100 | 170~217 | 590 | 295 | 255 | 55 | 用于较重要的轴,应用最广泛 |
| | 调质 | ≤200 | 217~255 | 640 | 355 | 275 | 60 | |
| 40Cr | 调质 | ≤100 | 241~286 | 735 | 540 | 355 | 70 | 用于承受交变负载、中等速度、中等负载、强烈磨损而无很大冲击的轴 |
| | | >100~300 | | 685 | 490 | 335 | | |
| 40MnB | 调质 | ≤200 | 241~286 | 750 | 500 | 335 | 70 | 性能接近 40Cr,用于重要的轴 |
| 35CrMo | 调质 | ≤100 | 207~269 | 750 | 550 | 390 | 70 | 用于承受载荷大的轴 |

续表

| 材料 | 热处理 | 毛坯直径/mm | 硬度/HBS | 强度极限 $\sigma_B$ | 屈服极限 $\sigma_S$ | 弯曲疲劳极限 $\sigma_{-1}$ | 许用弯曲极限 $[\sigma_{-1}]$ | 应　用 |
|---|---|---|---|---|---|---|---|---|
| | | | | MPa | | | | |
| 40CrNi | 调质 | ≤100 | 270～300 | 900 | 735 | 430 | 75 | 用于强度高和韧性高的轴 |
| | | >100～300 | 240～270 | 785 | 570 | 370 | | |
| 35SiMn | 调质 | ≤100 | 229～286 | 800 | 520 | 365 | 70 | 用于承受交变负载、要求高强度、高韧性和高耐磨性的轴 |
| | | >100～300 | 217～269 | 750 | 450 | 340 | | |
| 38CrMoAlA | 调质 | ≤100 | 229～286 | 750 | 600 | 270 | 75 | 用于要求高耐磨性、高疲劳强度和相当高的强度且热处理变形最小的轴 |
| | | >100～300 | 217～269 | 700 | 550 | 220 | | |

注：表中所列疲劳极限 $\sigma_{-1}$ 值是按下列关系式计算的，供设计时参考。

碳钢：$\sigma_{-1}=0.43\sigma_B$；合金钢：$\sigma_{-1}=0.2(\sigma_B+\sigma_S)+100$；不锈钢：$\sigma_{-1}\approx 0.27(\sigma_B+\sigma_S)$。

## 11.2　轴的结构设计

轴的结构设计是在强度计算(已算出轴端直径)的基础上，合理确定出轴的各部分形状和尺寸。轴的结构主要取决于：在机器中的安装位置及形式；轴上安装零件的类型、尺寸、数量以及与轴连接的方法；载荷的性质、大小、方向及分布情况；轴的加工工艺等。因此，轴的设计要求主要为：①轴应有良好的制造加工工艺性，轴上零件要易于装拆和调整；②轴和轴上零件要有准确的工作位置，包括轴向定位和周向定位，使得各零件可靠地相对固定；③改善受力状况，减小应力集中和提高疲劳强度。下面将讨论轴的结构设计中要解决的几个主要问题。

### 11.2.1　轴上零件的装配方案

所谓轴上零件的装配方案，就是确定轴上主要零件的装配方向、顺序和相互关系。如图11.8所示的装配方案：齿轮、套筒、右端轴承、轴承端盖、半联轴器依次从轴的右端向左安装，左端只装轴承和轴承端盖。为便于轴上零件的装拆，常设计成阶梯轴。对于剖分式箱体中的轴，轴径一般从轴端逐渐向中间增大。确定装配方案时，一般考虑几个方案进行分析比较与选择。

### 11.2.2　轴上零件的定位

为了防止轴上零件受力时沿轴向或周向的相对运动，除了允许游动或空转的要求外，轴上零件都必须进行轴向定位和周向定位，以确保其准确的工作位置。

(1)轴上零件的轴向定位

轴上零件的轴向定位方法很多，常用的有轴肩、轴环、套筒、轴承端盖、圆螺母、挡圈、圆锥面等。

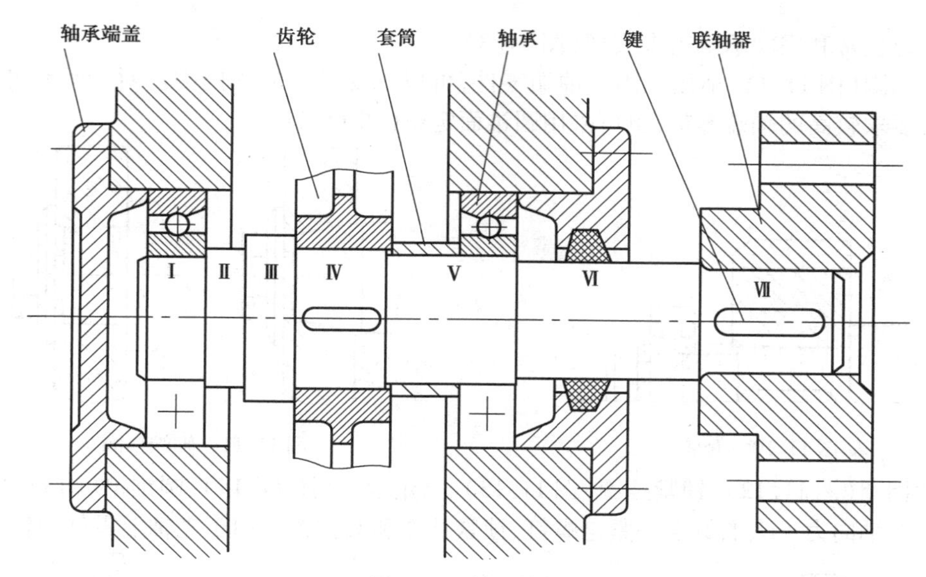


图 11.8 轴的结构

轴肩定位是最实用可靠的轴向定位方法。轴肩可分为定位轴肩和非定位轴肩，在图 11.8 中有三处定位轴肩：Ⅰ、Ⅱ轴段间的轴肩是左轴承的定位轴肩（其高度可查手册中轴承的安装尺寸）；Ⅲ、Ⅳ轴段间的轴肩是轴上传动件的定位轴肩；Ⅵ、Ⅶ轴段间的轴肩是轴伸端上传动件的定位轴肩，其他轴肩均为非定位轴肩。

为了减小轴肩处因截面突变而引起应力集中，保证零件端面能与轴肩或轴环较为可靠的定位，轴肩或轴环应有足够的高度 $h$，定位轴肩的高度 $h$ 一般取为 $h=(0.07\sim0.1)d$，其中 $d$ 为与零件配合处的轴的直径，单位为 mm。滚动轴承的定位轴肩（如图 11.8 中Ⅰ、Ⅱ轴段间的轴肩）高度必须低于轴承内圈端面的高度，便于轴承的拆卸，轴肩的高度可查手册中轴承的安装尺寸。非定位轴肩高度没有严格的规定，一般取为 1 ~2 mm，以便于加工和装配。轴肩或轴环处应有过渡圆角，为了使零件能靠紧轴肩而得到准确可靠的定位，轴肩处的过渡圆角半径 $r$ 必须小于与之相接触的零件轮毂端部的圆角半径 $R$ 或倒角尺寸 $C$，如图 11.9(b) 所示。但圆角半径 $r$ 也不宜太小，否则会增加轴肩处的应力集中。

轴环[如图 11.9(a)]的功用与轴肩相同，轴环宽度 $b\geq1.4h$。

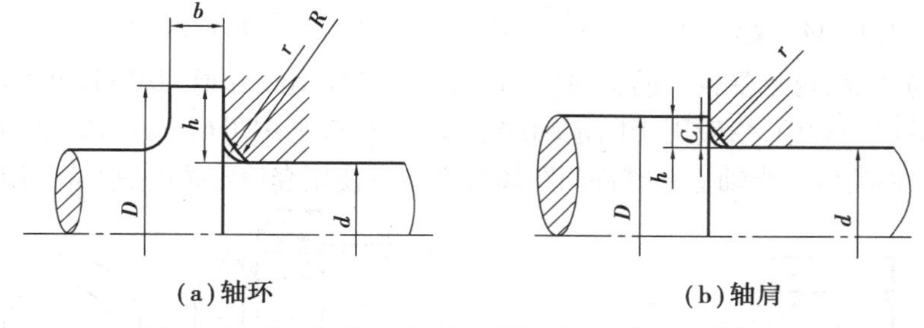


图 11.9 轴环、轴肩圆角与相配零件的倒角（或圆角）

套筒定位（图 11.10）结构简单，定位可靠，轴上不需开槽、钻孔和切制螺纹，一般用于轴上相距不大的两个零件之间的定位。套筒定位既能避免因轴肩引起的轴径增大，又能简化轴的结构，减少应力集中源。但套筒与轴的配合较松，如果轴的转速很高时，不宜采用套筒定位。

轴承端盖用螺钉与箱体连接而使滚动轴承的外圈得到轴向定位。在一般情况下，整个轴的轴向定位也常利用轴承端盖来实现(图 11.8)。

轴端挡圈(图 11.11)适用于固定轴端零件,可以承受较大的轴向力。对于承受冲击载荷和同心度要求较高的轴端零件,也可采用圆锥面定位(图 11.11)。

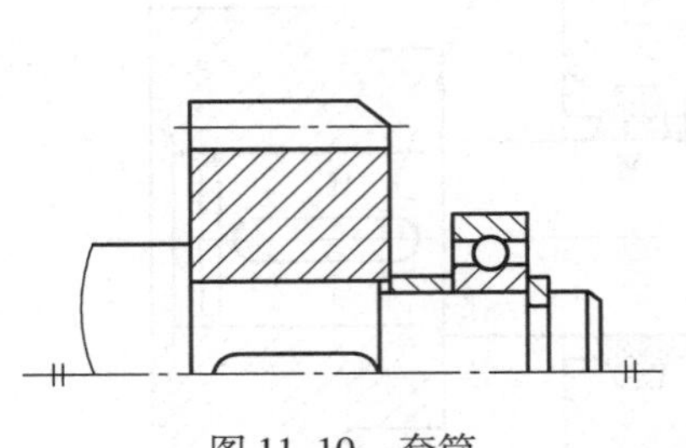

图 11.10　套筒

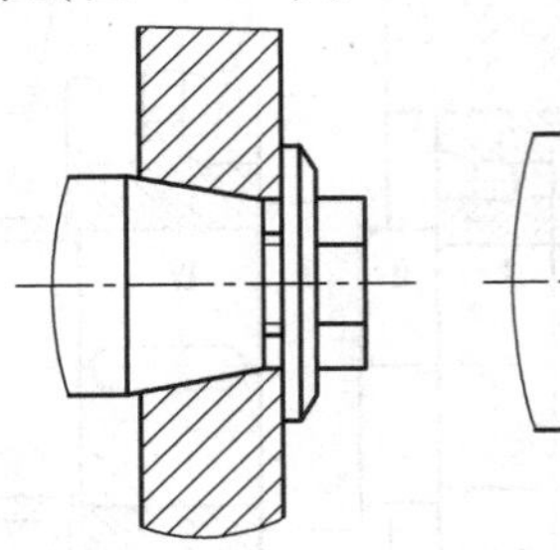

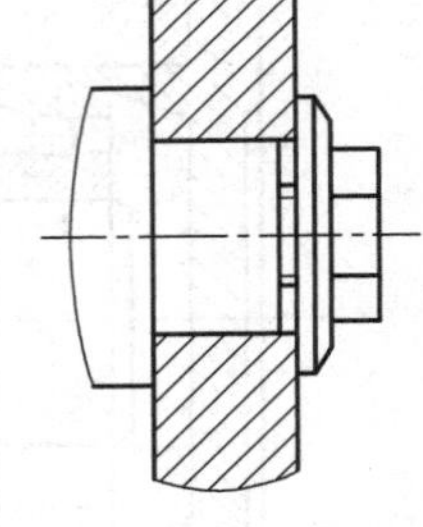

图 11.11　轴端挡圈

弹性挡圈(图 11.12)、锁紧挡圈(图 11.13)、紧定螺钉(图 11.14)、圆锥销(图 11.15)等适用于零件上轴向力不大的场合。紧定螺钉、锁紧挡圈和圆锥销常用于光轴上零件的定位。

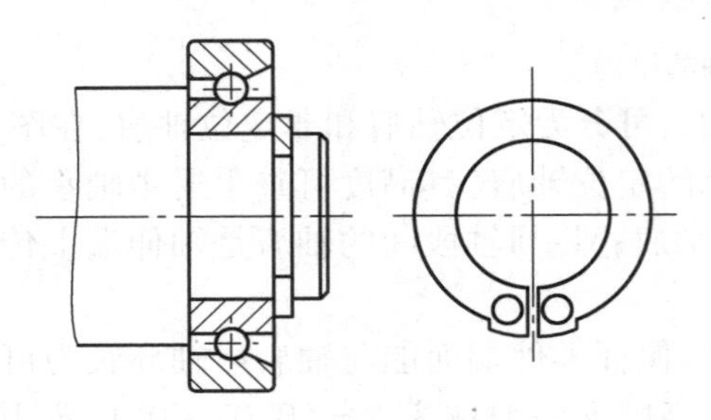

图 11.12　弹性挡圈

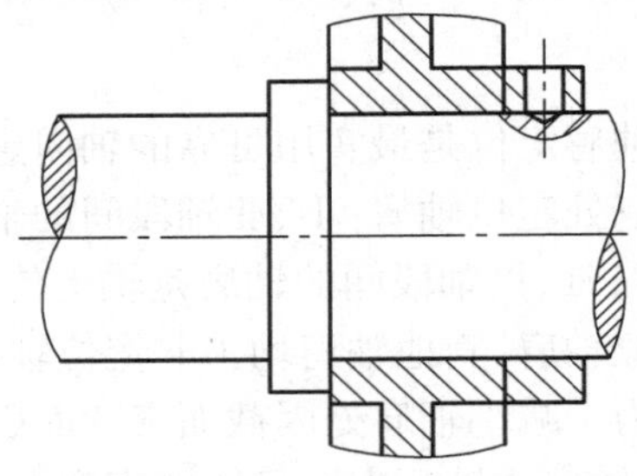

图 11.13　锁紧挡圈

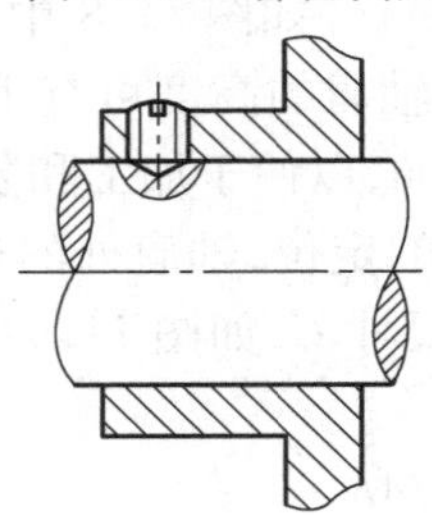

图 11.14　紧定螺钉

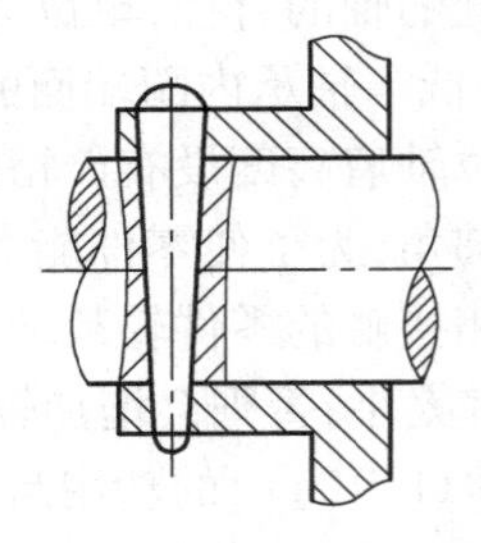

图 11.15　圆锥销

圆螺母定位可靠,可承受较大的轴向力,但轴上的细牙螺纹和退刀槽对轴的强度削弱较大,螺纹处有较大的应力集中,一般用于固定轴端的零件,有双圆螺母(图 11.16)、圆螺母与止动垫圈(图 11.17)两种类型。当轴上两零件间距离较大不宜使用套筒定位时,也常采用圆螺母定位。

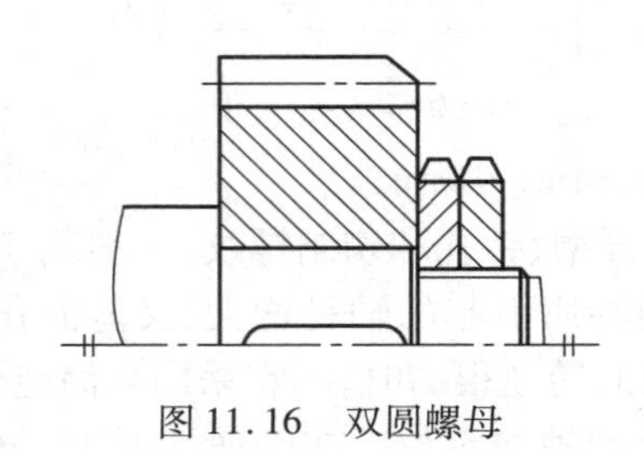

图 11.16　双圆螺母

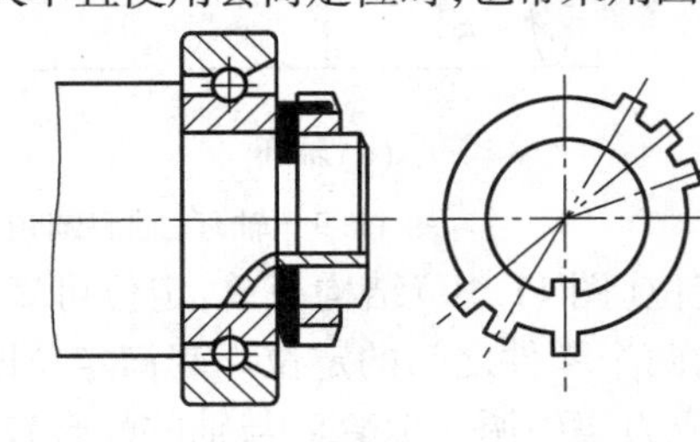

图 11.17　圆螺母和止动垫圈

(2)轴上零件的周向定位

周向定位的目的是限制轴上零件与轴发生相对转动,从而促使两者之间的运动和动力(转矩)的传递。常用的周向定位零件有键、花键、销、紧定螺钉以及过盈配合等。采用键连接时,为加工方便,各轴段的键槽宜设计在同一加工直线上,并应尽可能采用同一规格的键槽截面尺寸(图11.18)。

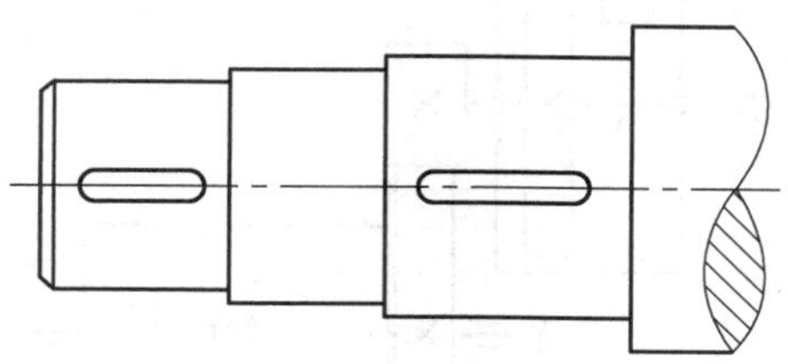

图11.18 键槽在同一加工直线上

### 11.2.3 确定轴的各段直径和长度

确定零件在轴上的定位和装拆方案后,轴的形状就基本上确定。各轴段所需的直径与轴上的载荷大小有关,可按轴所受的扭矩初步估算轴所需的最小直径 $d_{min}$,将最小轴径作为轴端直径,再按轴上零件的装配方案和定位要求,从 $d_{min}$ 处起逐一确定各轴段的直径。安装滚动轴承、联轴器、密封圈等标准件的轴径,如图11.8所示的Ⅰ、Ⅴ和Ⅵ轴段,应取相应的标准值及所选配合的公差。套筒的内径应与相配的轴径相同并采用过渡配合。

确定各轴段长度时,应尽可能使机器结构紧凑,同时保证零件所需的装配或调整空间。各轴段长度主要根据各零件与相配合轴段的轴向尺寸和相邻零件间的空隙来确定。对于装有传动件、轴承、联轴器等的轴段,其长度主要取决于轴上零件的轮毂长度。如图11.8中轴段Ⅰ的长度应与左轴承的宽度相同或稍长1~2 mm;而轴段Ⅳ和Ⅵ的长度则略小于各自轴上零件的轮毂长度(短2~3 mm),从而使套筒和轴端挡圈的端面能贴着各自轴上零件的轮毂端面,以保证轴上零件的轴向定位和固定;轴段Ⅱ、Ⅲ的长度主要取决于传动件与箱体内壁之间的空隙,还要考虑左轴承与箱体内壁之间的距离;轴段Ⅴ长度的确定,需考虑右轴承、轴承旁螺栓的安装尺寸以及箱体的结构尺寸,轴段Ⅴ的外伸长度应考虑拆卸右轴承端盖而不拆卸轴端零件时添加或更换轴承润滑脂,拧出轴承盖螺钉所需的空间长度。

## 11.3 实例分析

**例**11.1 如图11.19所示为一台起重机的起重机构。试分析轴Ⅰ—轴Ⅴ的工作情况并将其按载荷性质进行分类(轴的自重可忽略不计)。

**解:**Ⅰ轴为联轴器中的浮动轴,工作时主要受转矩作用,由于安装误差产生的弯扭很小,故Ⅰ轴为传动轴。Ⅱ轴、Ⅲ轴、Ⅳ轴皆为齿轮箱中的齿轮轴,工作时既要传递扭矩,还要承受弯矩作用,故为转轴。Ⅴ轴为支承卷筒的卷筒轴,它用键与卷筒周向联结与卷筒一齐转动,承受弯矩作用,为转动心轴。

**例**11.2 指出图11.20中结构的错误之处,并说明理由,提出改进意见。

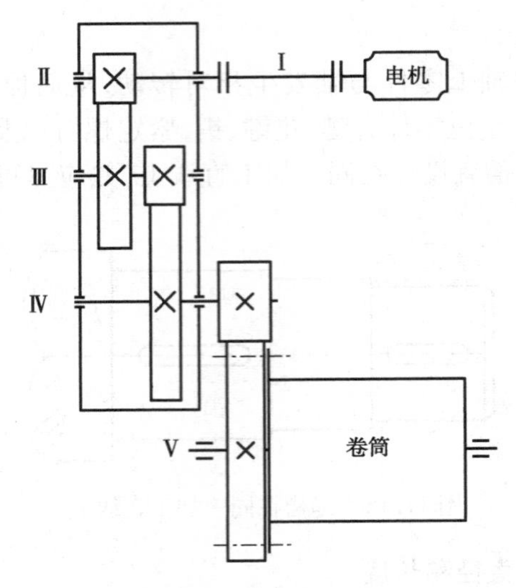


图 11.19　起重机的起重机构

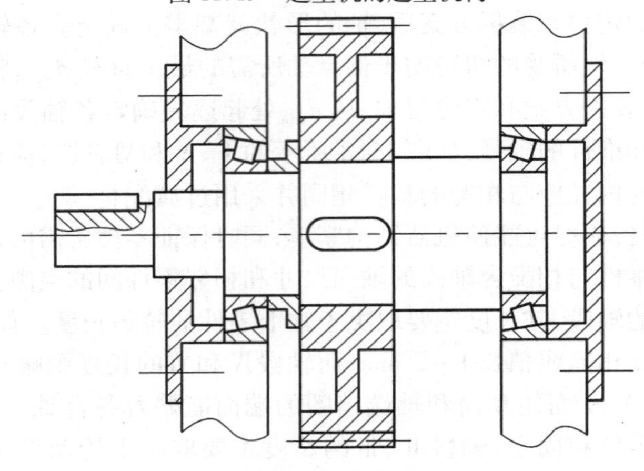

图 11.20　轴系结构错误图

**解:**两个键槽不在同一母线上,不利于键槽的加工。应将两个键槽置于同一母线上。

端盖与轴直接接触,容易产生摩擦和卡死。端盖上的孔径应稍微大一些。

齿轮轮毂与轴的长度相等,齿轮在轴向上无法准确定位。应将此段轴的长度缩短 2 ~ 3 mm。

左边角接触轴承装错了,轴承无法承担轴向力。应将左边轴承反向安装。

端盖没有调整垫片,不能调节轴承间隙,容易损坏轴承或其他零件。应增加调整垫片。

端盖没有沉孔,未区分加工面和非加工面。应加工出沉孔。

左端盖没有密封圈,外界灰尘容易进入,里面的润滑油或润滑脂容易流出。应增加毛毡圈密封。

轴的端部应加工出倒角,以便零件装配。

箱体零件未绘制剖面线,应增加剖面线。

齿轮下部剖面线超出范围了,剖面线只能画到齿根圆处。

## 本章小结

本章知识点：

①根据承受载荷情况的不同，轴可分为转轴、传动轴和心轴三类；轴的材料一般选用碳素钢和合金钢。

②轴的结构设计是合理确定出轴的各部分形状和尺寸。轴结构设计要求：轴上零件要易于装拆和调整；要有准确的工作位置，包括轴向定位和周向定位，使得各零件可靠地相对固定。

本章重点：轴的结构设计。

本章难点：轴的结构设计中定位、加工、安装工艺等要求。

## 思考题与习题

11.1　什么是转轴、心轴、传动轴？试从实际机器中举例说明其特点。

11.2　轴的常用材料有哪些？它们各适用于什么场合？

11.3　进行轴的结构设计时，应考虑哪些问题？

11.4　轴上零件为什么需要轴向定位和周向定位？试说明其定位的方法和特点。

11.5　指出图11.21中轴的结构有哪些不合理和不完善的地方，并提出改进意见和画出改进后的结构图。

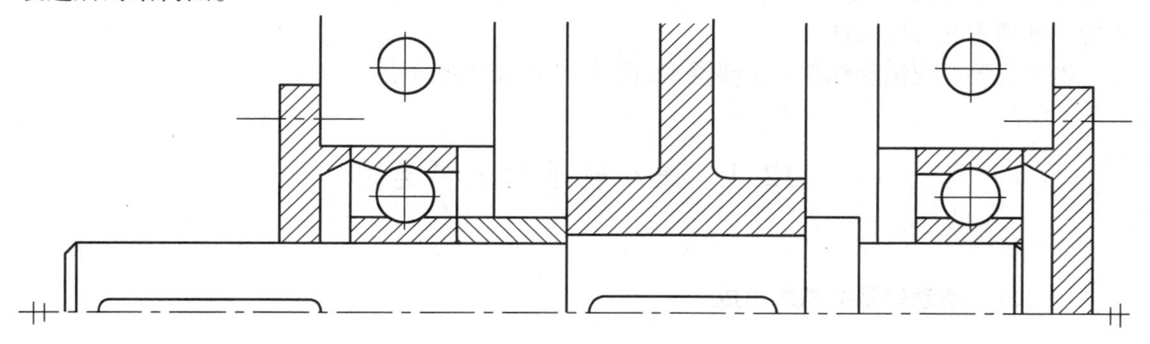

图11.21

# 第12章
# 轴 承

**【案例导入】**

滚动轴承的发明历史非常久远,早在公元前221—207年(秦朝),已有了青铜制滚动轴承。现代轴承工业的诞生,是以1883年德国发明了世界上第一台球磨机,从此进入工业化生产钢球时代为标志。滚动轴承伴随着第二次工业革命时期的自行车、汽车等工业而蓬勃发展,在世界范围内,逐步成为一个专业性很强的工业产业,在现代工业中具有十分重要的地位。

轴承是用于确定旋转轴与其他零件相对运动的位置,起支承或导向作用的零部件。轴承可分为滚动轴承和滑动轴承两大类。滚动轴承是在承受载荷和彼此相对运动的零件间有滚动体做滚动运动的轴承,是将运转的轴与轴承座之间的滑动摩擦变为滚动摩擦,从而减少摩擦损失的一种精密的机械元件。

本章主要介绍滚动轴承的主要类型、代号、选择及其组合设计。

## 12.1 滚动轴承的主要类型

### 12.1.1 滚动轴承的基本组成

滚动轴承一般由内圈、外圈、滚动体和保持架四部分组成(图12.1)。内圈的作用是与轴相配合并与轴一起旋转;外圈作用是与轴承座相配合,起支撑作用;滚动体是借助于保持架均匀地将滚动体分布在内圈和外圈之间,其形状大小和数量直接影响着滚动轴承的使用性能和寿命;保持架能使滚动体均匀分布,防止滚动体脱落,引导滚动体旋转起润滑作用。

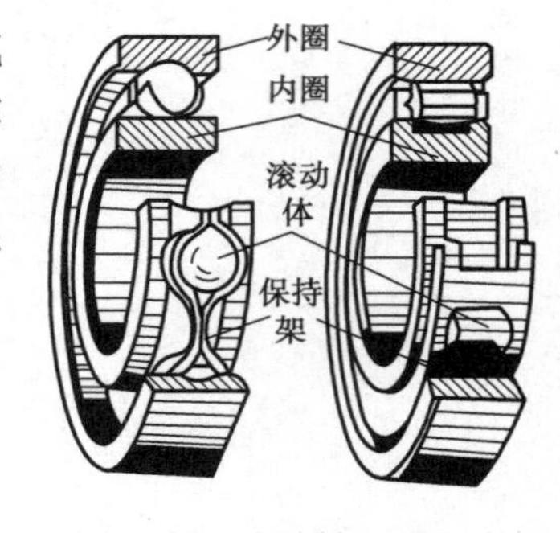

图12.1 滚动轴承的组成

### 12.1.2 滚动轴承的主要类型

滚动轴承通常按照承受载荷的方向(或接触角)、滚动体的状态以及轴承的尺寸进行分类(表12.1)。

表12.1 常用滚动轴承的类型和特点

| 类型及代号 | 结构简图及承载方向 | 极限转速 | 主要性能及应用 |
| --- | --- | --- | --- |
| 调心球轴承<br>(1) | | 中 | 主要承受径向载荷,也可同时承受少量的双向轴向载荷,允许2°~3°偏移角。外圈滚道为球面,具有自动调心性能,适用于弯曲刚度小的轴 |
| 调心滚子轴承<br>(2) | | 中 | 用于承受径向载荷,其承载能力比调心球轴承大,也能承受少量的双向轴向载荷,允许1°~2.5°偏移角。具有调心性能,适用于弯曲刚度小的轴 |
| 圆锥滚子轴承<br>(3) | | 中 | 能承受较大的径向载荷和轴向载荷,允许2′偏移角。内外圈可分离,故轴承游隙可在安装时调整,通常成对使用,对称安装 |
| 推力球轴承<br>(5) | 单向 | 低 | 只能承受单向轴向载荷,适用于轴向力大而转速较低的场合,不允许偏移 |
| | 双向 | 低 | 可承受双向轴向载荷,常用于轴向载荷大、转速不高的场合,不允许偏移 |
| 深沟球轴承<br>(6) | | 高 | 主要承受径向载荷,也可同时承受少量双向轴向载荷,允许2′~10′偏移。摩擦阻力小,极限转速高,结构简单,价格便宜,应用最广泛 |
| 角接触球轴承<br>(7) | α | 较高 | 能同时承受径向载荷与轴向载荷,接触角α有15°、25°、40°三种。适用于转速较高、同时承受径向和轴向载荷的场合,允许2′~10′偏移角 |
| 圆柱滚子轴承<br>(N) | | 高 | 只能承受径向载荷,不能承受轴向载荷。承受载荷能力比同尺寸的球轴承大,尤其是承受冲击载荷能力大,允许2′~4′偏移角 |

(1)按承受的载荷方向或公称接触角分类

滚动体和外圈接触处的法线与轴承径向平面(垂直于轴承轴线的平面)之间的夹角称为公称接触角,简称接触角。接触角越大,可承受的轴向力越大。

按照载荷的方向接触角的不同,滚动轴承可以分为向心轴承和推力轴承。向心轴承主要用于承受径向载荷的滚动轴承,其公称接触角为0°~45°;推力轴承主要用于承受轴向载荷的滚动轴承,其公称接触角为45°~90°。

(2)按照滚动体形状分类

按照滚动体形状轴承可以分为:①球轴承,滚动体为球形[图12.2(a)];②滚子轴承,滚动体为滚子,按照滚动体形状又分为圆柱滚子[图12.2(b)]、圆锥滚子[图12.2(c)]、球面滚子[图12.2(d)]和滚针[图12.2(e)]等。

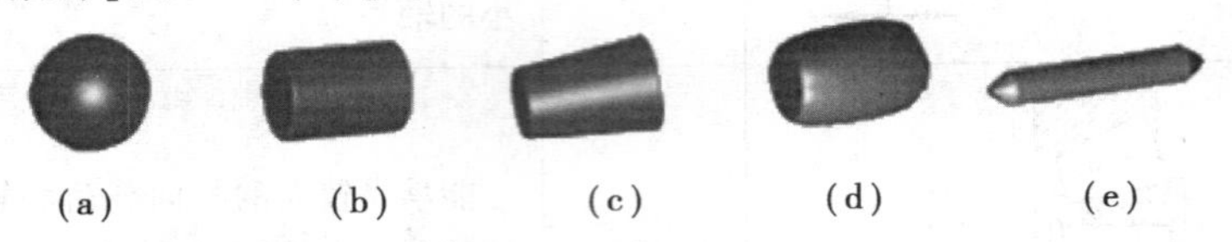


图12.2　滚动体的类型

(3)按照工作时能否调心分类

轴承按照工作时能否调心可分为:①调心轴承,外圈的滚道是球面形的,能适应两滚道轴心线间的角偏差及角运动的轴承;② 非调心轴承(刚性轴承),能阻抗滚道间轴心线角偏移的轴承。

(4)按照滚动体的列数分类

轴承按滚动体的列数可分为:①单列轴承,具有一列滚动体的轴承;②双列轴承,具有两列滚动体的轴承;③多列轴承,具有多于两列滚动体的轴承,如三列、四列轴承。

(5)按照组成部件能否分离分类

轴承按其部件能否分离可分为:①可分离轴承,具有可分离部件的轴承;②不可分离轴承,轴承在最终配套后,套圈均不能任意自由分离的轴承。

(6)按照滚动轴承尺寸大小分类

轴承按其外径尺寸大小可分为:①微型轴承;②小型轴承;③中小型轴承;④中大型轴承;⑤大型轴承;⑥特大型轴承;⑦重大型轴承。

## 12.2　滚动轴承的代号

滚动轴承是标准件,国家规定使用字母加数字来描述滚动轴承的类型、尺寸、公差等级和结构特点,即滚动轴承的代号。

国家标准GB/T 272—2017规定:滚动轴承代号由基本代号、前置代号和后置代号三部分组成,其意义见表12.2。基本代号是轴承代号的基础,前置代号和后置代号都是轴承代号的补充,只有在遇到对轴承结构、形状、材料、公差等级、技术要求等有特殊要求时才使用,一般情况可部分或全部省略。

表 12.2 滚动轴承代号组成

| 前置代号 | 基本代号 | | | 后置代号 |
|---|---|---|---|---|
| 字 母 | 类型代号 | 尺寸系列代号 | 内径代号 | 字母或加数字 |
| | 字母或数字<br>×(或××) | 数 字<br>代号×× | 数 字<br>×× | |

### 12.2.1 基本代号

基本代号是核心部分,由类型代号、内径代号、尺寸系列代号组成。

轴承类型代号:由一位或几位数字或字母组成(表12.1)。

尺寸系列代号由两位数字组成,前一位数字代表宽度系列(向心轴承)或高度系列(推力轴承),后一位数字代表直径系列(表12.3)。尺寸系列表示内径相同的轴承可具有不同的外径,而同样的外径又有不同的宽度(或高度),由此用以满足各种不同要求的承载能力。

表 12.3 尺寸系列代号

| 代 号 | 7 | 8 | 9 | 0 | 1 | 2 | 3 | 4 | 5 | 6 |
|---|---|---|---|---|---|---|---|---|---|---|
| 宽度系列 | | 特窄 | | 窄 | 正常 | 宽 | 特宽 | | | |
| 直径系列 | 超特轻 | 超轻 | | 特轻 | | 轻 | 中 | 重 | | |

内径代号表示轴承公称内径的大小,用数字表示(表12.4)。

表 12.4 内径代号

| 内径尺寸代号 | 00 | 01 | 02 | 03 | 04~99 |
|---|---|---|---|---|---|
| 内径尺寸/mm | 10 | 12 | 15 | 17 | 数字×5 |

### 12.2.2 前置代号与后置代号

前置代号和后置代号是轴承在结构形状、尺寸、公差、技术要求等改变时,在基本代号左右添加的补充代号。

前置代号:前置代号在基本代号的左面,表示可分离轴承的可分部件,用字母表示,有L、K、R、WS、GS等。

后置代号:后置代号在基本代号的右面,包括:

①内部结构代号:C、AC、B。如果是角接触球轴承,分别代表接触角 $\alpha=15°$、25°、40°。

②密封、防尘与外部形状变化代号。

③保持架代号。

④轴承材料改变代号。

⑤轴承的公差等级。

公差等级:2、4、5、6、6X、0,普通级可省略。

代号:/P2、/P4、/P5、/P6、/P6X、/P0。

⑥轴承的径向游隙代号。

⑦常用配置、预紧及轴向游隙代号。

⑧其他。

## 12.3 滚动轴承类型的选择

各类滚动轴承有不同的特性，因此选用轴承时，必须根据轴承实际工作情况合理选择，一般应考虑如下因素：

(1)承受载荷的大小、方向和性质

①以承受径向载荷为主、轴向载荷较小、转速高、运转平稳且又无其他特殊要求时，应选用深沟球轴承。

②只承受纯径向载荷、转速低、载荷较大或有冲击时，应选用圆柱滚子轴承。

③只承受纯轴向载荷时，应选用推力球轴承或推力圆柱滚子轴承。

④同时承受较大的径向和轴向载荷时，应选用角接触球轴承或圆锥滚子轴承。

⑤同时承受较大的径向和轴向载荷，但承受的轴向载荷比径向载荷大很多时，应选用推力轴承和深沟球轴承的组合。

(2)转速条件

选择轴承类型时，应注意其允许的极限转速。

①球轴承和滚子轴承相比较，有较高的极限转速，因此转速高时应优先选用球轴承。

②在内径相同的条件下，外径越小，则滚动体就越轻，运转时滚动体加在滚道上的离心惯性力就越小，因而更适用于在更高的转速下工作。故在高速时，应选用超轻、特轻及轻系列的轴承。重及特重系列的轴承，只适用于低速重载的场合。

③可以通过提高轴承的精度等级、选用循环润滑、加强对循环油的冷却等措施来改善轴承的高速性能。

(3)装调性能

圆锥滚子轴承和圆柱滚子轴承的内外圈可分离，便于装拆。

(4)调心性能

①两轴承座孔存在较大的同轴度误差或轴的刚度小、工作中弯曲变形较大时，应选用调心球轴承或调心滚子轴承。

②跨距较大或难以保证两轴承孔的同轴度的轴及多支点轴，可使用调心轴承。

③调心轴承需成对使用，否则将失去调心作用。

(5)经济性

在满足使用要求的情况下，优先选用价格低廉的轴承。一般来说，球轴承的价格低于滚子轴承，径向接触轴承的价格低于角接触轴承，0 级精度轴承的价格低于其他公差等级的轴承。

## 12.4 滚动轴承的润滑和密封

### 12.4.1 滚动轴承的润滑

滚动轴承润滑的作用是降低摩擦阻力、减少磨损、防止锈蚀，同时还起着散热、减小接触应力、吸收振动等作用。

考虑轴承润滑时，设计者的任务是了解润滑剂的性能特点，了解润滑剂的供给方式，根据滚动轴承的工况和使用要求等，正确选用合适的润滑剂和润滑剂供给方式。

轴承常用的润滑方式有油润滑及脂润滑两类。此外，也有使用固体润滑剂润滑的。选用哪一类润滑方式，这与轴承的速度有关，一般用滚动轴承的 $dn$ 值（$d$ 为滚动轴承内径，mm；$n$ 为轴承转速，r/min）表示轴承的速度大小。当 $dn < (1.5 \sim 2) \times 10^5$ mm · r/min 时，适用于脂润滑，超过这一范围，宜采用油润滑。

（1）脂润滑

脂润滑的优点是润滑膜强度高，能承受较大的载荷，不易流失，容易密封且对密封要求不高，能防止灰尘等杂物侵入轴承内部，一次加脂可以维持相当长的一段时间。其缺点是摩擦损失大，散热效果差。

对于那些不便经常添加润滑剂的地方，或那些不允许润滑油流失而污染产品的工业机械来说，这种润滑方式十分适宜。但它只适用于较低的 $dn$ 值。使用时，润滑脂的填充量要适中，一般为轴承内部空间容积的 1/3 ~ 2/3。

（2）油润滑

在高速高温的条件下，脂润滑不能满足要求时可采用油润滑。润滑油的主要特性是黏度，转速越高，应选用黏度越低的润滑油；载荷越大，应选用黏度越高的润滑油。根据工作温度及 $dn$ 值，可确定润滑油应具有的黏度值，然后根据黏度从润滑油产品目录中选出相应的润滑油牌号。

### 12.4.2 滚动轴承的密封

滚动轴承密封的目的是防止灰尘、水分和杂质等进入轴承，同时也阻止润滑剂的流失。良好的密封可保证机器正常工作，降低噪声，延长有关零件的寿命。滚动轴承的密封可分为接触式密封和非接触式密封。具体型式、适用范围和使用说明见表 12.5。

**表 12.5 常用轴承的密封型式、适用范围和使用说明**

| 密封类型 | 图 例 | 适用范围 | 说 明 |
| --- | --- | --- | --- |
| 接触式密封 | 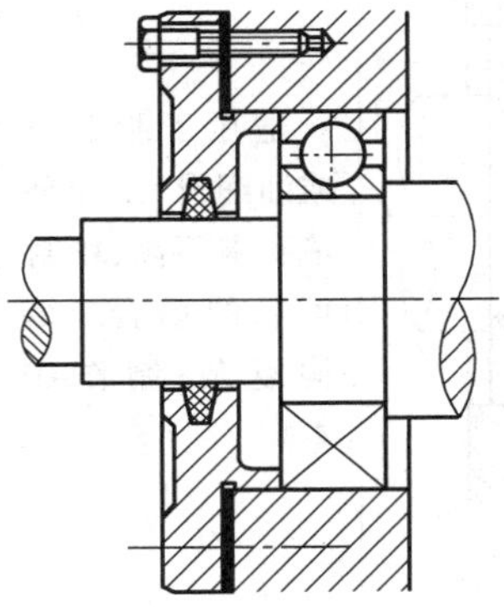 毡圈油封 | 这种密封结构简单，但摩擦较大，只用于滑动速度小于4 m/s 的地方。与毡圈油封相接触的轴表面如经过抛光且毛毡质量高时，可用于滑动速度达 7 ~ 8 m/s 之处 | 在轴承盖上开出梯形槽，将细毛毡制成环形（尺寸不大时）或带形（尺寸较大时），放置在梯形槽中与轴密合接触；或者在轴承盖上开缺口，放置毡圈油封，以调整毛毡与轴的密合程度，从而提高密封效果 |

续表

| 密封类型 | 图例 | 适用范围 | 说明 |
| --- | --- | --- | --- |
| 接触式密封 | 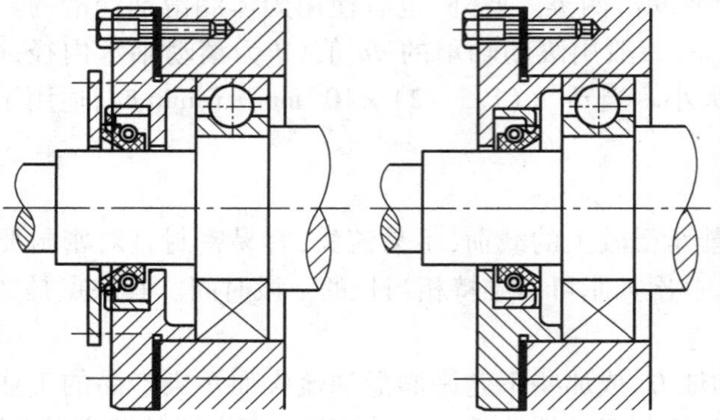 (a) (b)<br>唇形密封圈密封 | 可用到接触面滑动速度小于 10 m/s 处。轴与唇形密封圈接触处最好经过表面硬化处理,以增强耐磨性 | 在轮承盖中,放置一个用耐油橡胶制的唇形密封圈。如果主要是为了封油,密封唇应对着轴承[图(a)];如果主要是为了防止外物浸入,则密封唇应背着轴承[图(b)] |
| 非接触式密封 | 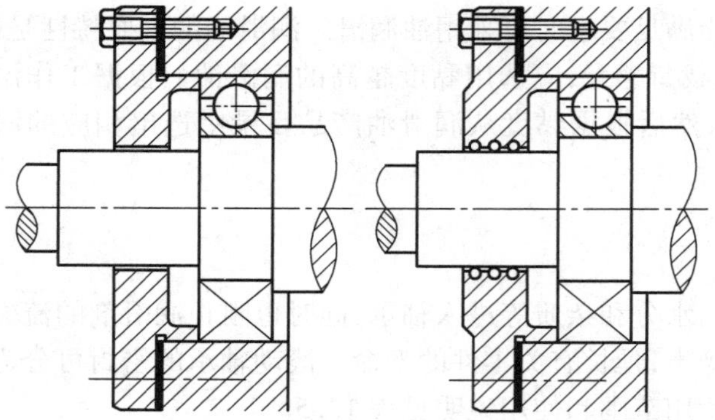 (a) (b)<br>间隙密封 | 对使用脂润滑的轴承来说,具有一定的密封效果 | 在轴和轴承盖的通孔壁之间留一个极窄的隙缝,半径间隙通常为 0.1 ~ 0.3 mm[图(a)]。如果在轴承盖上车出环槽[图(b)],在槽中填以润滑脂,可以增强密封效果 |
| | 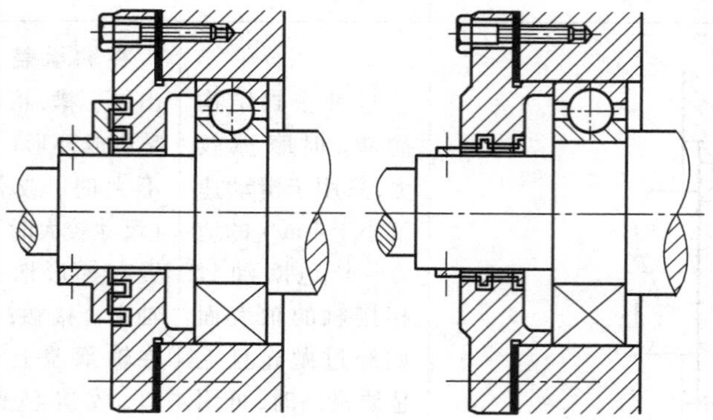 (a) (b)<br>迷宫密封 | 适用于脂润滑或油润滑,工作环境要求不高,密封可靠的场合。结构复杂,制作成本高 | 迷宫密封是由旋转的和固定的密封零件之间曲折的隙缝所形成的,纵向间隙要求 1.5 ~ 2 mm。隙缝中填入润滑脂,可增加密封效果。根据部件的结构,曲路的布置可以是径向的[图(a)]或轴向的[图(b)] |

续表

| 密封类型 | 图　例 | 适用范围 | 说　明 |
| --- | --- | --- | --- |
| 混合密封 | 毛毡加迷宫 | 适合脂润滑或油润滑 | 混合密封是将两种密封方式组合使用，经济且密封效果可靠 |

## 12.5　滚动轴承的组合设计

在确定了轴承的类型和型号以后，还必须正确进行滚动轴承的组合结构设计，才能保证轴承的正常工作。

### 12.5.1　轴承的轴向紧固

轴承的轴向紧固包括轴向定位和轴向固定。为了防止轴承在轴上和在轴承座孔内移动，轴承内套圈必须紧固在轴上，外套圈必须紧固在轴承座孔内（或套杯内）。轴承的紧固方式有两种。

*(1) 两端固定（两端单向固定）*

普通工作温度下的短轴（跨距 $L<400$ mm），支点常采用两端单向固定方式，每个轴承分别承受一个方向的轴向力，如图 12.3(a) 所示，为允许轴工作时有少量热膨胀，轴承安装时应留有轴向间隙 $c=0.2\sim0.3$ mm，见图 12.3(b)，间隙量常用垫片或调整螺钉调节。

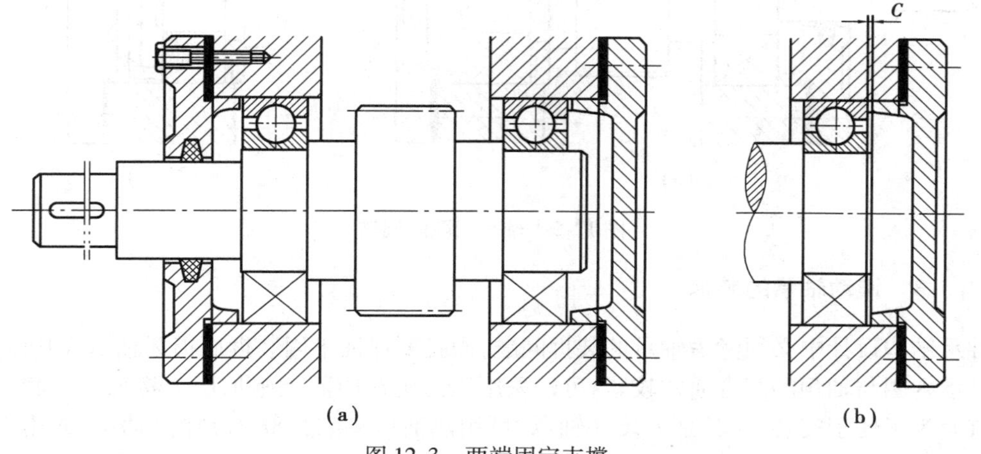


图 12.3　两端固定支撑

(2)一端双向固定、一端游动

当轴较长或工作温度较高时,轴的热膨胀收缩量较大,宜采用一端双向固定、一端游动的支点结构,见图 12.4。固定端由单个轴承或轴承组承受双向轴向力,而游动端则保证轴伸缩时能自由游动。为避免松脱,游动轴承内圈应与轴作轴向固定(常采用弹性挡圈)。用圆柱滚子轴承作游动支点时,轴承外圈要与机座作轴向固定,靠滚子与套圈间的游动来保证轴的自由伸缩。

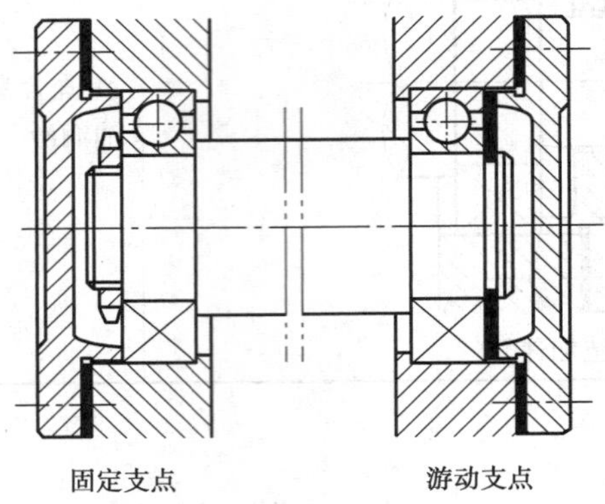


图 12.4　一端固定、一端游动支承

### 12.5.2　轴承间隙的调整

轴承在装配时,一般要留有适当间隙,以利轴承正常运转。常用的调整方法有:①调整垫片,如图 12.5(a)所示,靠加减轴承盖与机座之间的垫片厚度来调整轴承间隙;②调节螺钉,如图 12.5(b)所示,用螺钉通过轴承外圈压盖移动外圈的位置来进行调整。调整后,用螺母锁紧防松。

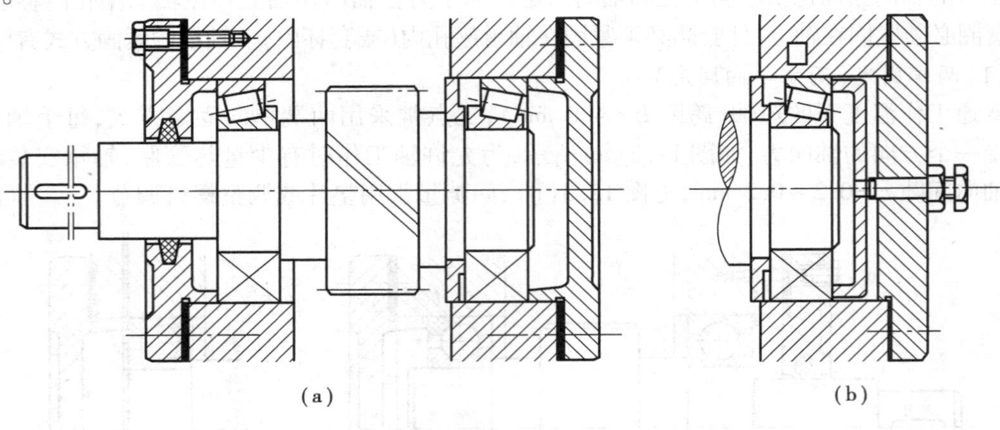


图 12.5　轴承间隙的调整

### 12.5.3　滚动轴承的装拆

轴承结构设计中必须考虑轴承的装拆问题,而且要保证不因装拆而损坏轴承或其他零件。

轴承内圈与轴颈的配合通常较紧,可以采用压力机在内圈上施加压力将轴承压套在轴颈上。有时为了便于安装,尤其是大尺寸轴承,可用热油(不超过 90 ℃)加热轴承,或用干冰冷卸轴颈。中小型轴承可以使用软锤直接敲入或用另一段管子压住内圈敲入。

在拆卸时要使用专用的拆卸工具,以免在拆装的过程中损坏轴承和其他零件。如图12.6所示为用钩爪器拆卸轴承,为了便于拆卸轴承,内圈在轴肩上应露出足够的高度。

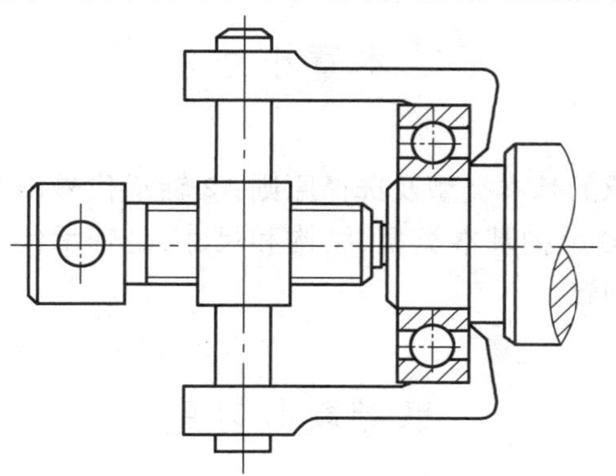

图12.6 用钩爪器拆卸轴承

## 12.6 实例分析

**例12.1** 试说明滚动轴承代号23224和6208-2Z/P6的含义。

**解:**①23224:2——类型代号(表12.1),调心滚子轴承;32——尺寸系列代号,特宽轻系列;24——内径代号(表12.4),$d=120$ mm。

②6208-2Z/P6:6——类型代号(表12.1),深沟球轴承;2——尺寸系列代号,其中宽度系列为0,省略未写(表13.3),轻系列;08——内径代号(表12.4),$d=40$ mm;2Z——轴承两面带防尘盖;P6——公差等级符合标准规定6级。

**例12.2** 试选择如图12.7所示两种机械设备中滚动轴承的类型。

①Y系列三相异步电动机转子轴[图12.7(a)],$n=1\ 450$ r/min;

②5 t吊车滑轮轴及吊钩[图12.7(b)],$Q=5\times10^4$ N。

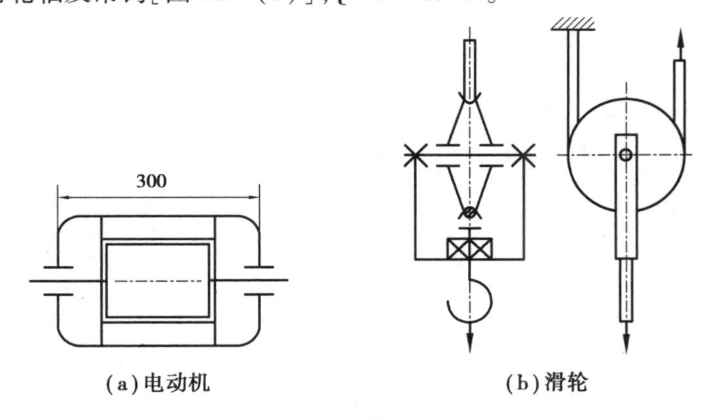


图12.7 两种机械设备

**解:**根据滚动轴承类型的选择方法,选择类型如下:

①电动机转子轴 $n = 1\ 450$ r/min,用深沟球轴承。

②吊架装置中,滑轮轴用深沟球轴承;吊钩用单列推力球轴承。

## 本章小结

本章主要介绍:①轴承的基本类型及选择原则;②轴承代号由基本代号、前置代号和后置代号构成,基本代号表示轴承的基本类型、结构和尺寸,是轴承代号的基础;③滚动轴承的润滑、密封及其组合设计等问题。

## 思考题与习题

12.1 滚动轴承的基本元件有哪些?

12.2 滚动轴承有哪几类?哪几类可以承受轴向力?哪几类既可以承受径向力又可以承受轴向力?

12.3 试说明下列型号滚动轴承的类型、内径、公差等级、直径系列和结构特点。
6305、5316、N316/P6、30207、6306/P5。

12.4 圆锥滚子轴承和推力轴承为什么极限转速较低,不适用于高速运转?

12.5 哪类轴承常成对使用,反向安装?为什么?

# 第13章 机械创新设计

## 13.1 机械创新设计简介

### 13.1.1 机械创新设计的概念

机械创新设计是指充分发挥设计者的创造力，利用人类已有的相关科学技术成果（包含理论、方法、技术原理等）进行创新构思，设计出具有新颖性、创造性及实用性的机构或机械产品（装置）的一种实践活动。它包含两个部分：一是改进完善生产或生活中现有机械产品的技术性能、可靠性、经济性、适用性等；二是创造设计出新机器、新产品，以满足新的生产或生活的需要。

机械创新设计是建立在现有机械设计学理论基础上，吸收哲学、认识科学、思维科学、设计方法学、发明学、创造学等相关学科的有益知识，经过综合交叉而成的一种设计技术和方法。由于机械创新设计过程凝结了人们的创造性智慧，因而其产品无疑应是科学技术与艺术结晶的产物，除了应该具有产品的技术性能、可靠性、经济性和适用性外，还应该反映出和谐的技术美。

开展机械创新设计研究的目的不仅是提高自身学术水平，更主要是获取较大的经济效益和社会效益。其意义在于：

①机械创新设计的深入研究将为人们发明创造新机器、新机械提供有效的理论和方法。

②机械创新设计研究能加速机械智能化，实现真正的专家系统，有利于加速机械设计向自动化、智能化、最优化、集成化实现。

③创新设计的机械产品提高了产品在同类中的竞争力，特别是当专利产品技术形成产业化的时候，可以创造出较高的经济效益及社会效益。

④在机械创新设计的实践中培养了设计人员的创造性思维，增强了其创新能力，提高了人们进行创新设计的自觉性及技术上的可操作性，使机械创新设计成为一种工具或手段，这样就促进了新产品的繁荣与更新，为社会创造了财富。

### 13.1.2 机械创新设计与常规机械设计的关系

常规设计是以应用公式、图表为先导,以成熟的技术为基础,借助理论计算、设计经验等常规方法进行设计。常规机械设计的步骤一般为:机械总体方案设计—机械的运动设计—机械的动力设计—机械的结构设计。

机械创新设计相对常规设计,充分发挥设计者的创造力,利用人类现有相关科学技术知识,实现创新构思,获得新颖性、创造性、实用性成果,特点是强调发挥创造性,提出新方案,提供新颖、独特的设计方法,获得具有创新性、新颖性、实用性的成果。

## 13.2 常用创新技法

如果把创新活动比喻成过河的话,那么方法和技法就是过河的途径或者工具,方法和技巧可以说比内容和事实更重要。创造技法就是人们通过长期研究与总结得出创造发明活动的规律,经过提炼而成的程序化的创造技巧和科学方法。目前全世界已经研究出的创造设计技法有上百种以上,成为创造学中不可缺少的重要内容之一。创新方法的基本出发点是打破传统思维的习惯,克服思维定式和阻碍创造性设想产生的各种消极心理,应用创新设计方法以帮助人们在设计和开发产品时得到创造性的成果。创新设计方法有很多种,下面介绍智力激励技法、要素组合技法、类比技法、反向探求法等。

### 13.2.1 智力激励技法

智力激励技法又称集智法、头脑风暴法,就是通过一定的会议形式,创造能够相互启发、引起联想、发生“共振”的条件和机会,以激励人们智力,产生大量的新设想的方法。大多是通过集会让设计人员用口头或书面交流的方法畅所欲言、互相启发进行集智或激智,从而引起创造性思维的连锁反应。要求与会者要仔细倾听他人的发言,注意在他人启发下及时修正自己不完善的设想,或将自己的想法与他人的想法加以综合,再提出更完善的创意或方案。在智力激励会上,任何一个人提出的新设想都构成对其他人的信息刺激,具有知识互补和互相诱发激励的作用。

下面用一个有趣的案例说明如何运用智力激励法。

有一年,美国北方格外严寒,大雪纷飞,电线上积满冰雪,大跨度的电线常被积雪压断,严重影响通信。许多人试图解决这一问题,但都未能如愿以偿。后来,电信公司经理应用奥斯本发明的头脑风暴法,尝试解决这一难题。他召开了一种能让头脑卷起风暴的座谈会,参加会议的是不同专业的技术人员,要求他们必须遵守以下原则:第一,自由思考。即要求与会者尽可能解放思想,无拘无束地思考问题并畅所欲言,不必顾虑自己的想法或说法是否“离经叛道”或“荒唐可笑”;第二,延迟评判。即要求与会者在会上不要对他人的设想评头论足,不要发表“这主意好极了!”“这种想法太离谱了!”之类的“捧杀句”或“扼杀句”。至于对设想的评判,留在会后组织专人考虑;第三,以量求质。即鼓励与会者尽可能多而广地提出设想,以大量的设想来保证质量较高的设想的存在;第四,结合改善。即鼓励与会者积极进行智力互补,在增加自己提出设想的同时,注意思考如何把两个或更多的设想结合成另一个更完善的设想。

按照这种会议规则，大家七嘴八舌地议论开来。有人提出设计一种专用的电线清雪机；有人想到用电热来化解冰雪；也有人建议用振荡技术来清除积雪；还有人提出能否带上几把大扫帚，乘坐直升机去扫电线上的积雪。对于这种"坐飞机扫雪"的设想，大家心里尽管觉得滑稽可笑，但在会上也无人提出批评。相反，有一工程师在百思不得其解时，听到用飞机扫雪的想法后，大脑突然受到冲击，一种简单可行且高效率的清雪方法冒了出来。他想，每当大雪过后，出动直升机沿积雪严重的电线飞行，依靠高速旋转的螺旋桨即可将电线上的积雪迅速扇落。他马上提出"用直升机扇雪"的新设想，顿时又引起其他与会者的联想，有关用飞机除雪的主意一下子又多了七八条。不到一小时，与会的 10 名技术人员共提出 90 多条新设想。

会后，公司组织专家对设想进行分类论证。专家们认为设计专用清雪机，采用电热或电磁振荡等方法清除电线上的积雪，在技术上虽然可行，但研制费用大，周期长，一时难以见效。那种因"坐飞机扫雪"激发出来的几种设想，倒是一种大胆的新方案，如果可行，将是一种既简单又高效的好办法。经过现场试验，发现用直升机扇雪真能奏效，一个久悬未决的难题，终于在头脑风暴会中得到了巧妙的解决。

### 13.2.2　要素组合技法

指按照一定的技术原理，通过将两个或多个功能元素合并，从而形成的一种具有新功能的新产品、新工艺、新材料的创新方法。

组合是任意的，各种各样的事物要素都可以进行组合。从组合的内容区分有功能组合、原理组合、结构组合、材料组合等；从组合的方法区分有同类组合、异类组合等；从组合的手段区分有技术组合、信息组合等。现将部分常用组合方法简介如下。

(1)功能组合

有些商品的功能已被用户普遍接受，通过组合可以为其增加一些新的附加功能，适应更多用户的需求。例如：人们使用铅笔时难免写错字，一旦写了错字就需要使用橡皮进行修改。为了适应人们的这种需要，有人设计出了带有橡皮的铅笔，它的主要功能仍是书写，由于添加了橡皮使它除书写之外还具有了一种附加功能；自行车的主要功能是代步，通过在自行车上添加货架、车筐、里程表、车灯、后视镜等附件使它同时具有了载货、测速、照明、辅助观察等功能；现在的汽车设计中，人们不断地为汽车添加雨刷器、遮阳板、转向灯、打火机、车载电话、收音机、空调机等附加装置，使汽车的功能更加完善；家用空调器的主要功能是制冷，现在空调器生产厂在原有空调器制冷功能的基础上增加了暖风、换气、空气净化等功能，实现一机多用。

(2)材料组合

有些应用场合要求材料具有多种特征，而实际上很难找到一种同时具备这些特征的材料，通过某些特殊工艺将多种不同材料加以适当组合，可以制造出满足特殊需要的材料。例如：V 带传动要求带材料具有抗拉、耐磨、易弯、价廉的特征，使用单一材料很难同时满足这些要求，通过将化学纤维、橡胶和帆布进行适当组合，人们设计出现在被普遍采用的 V 带材料；建筑施工中需要一种抗拉、抗压、抗弯、易施工且价格便宜的材料，钢筋、水泥和砂石的组合很好地满足了这种要求。

通过不同材料的适当组合，人们还设计出满足各种特殊要求的特种材料。例如具有特殊磁转变温度的铁磁材料，具有极高磁感应强度的永磁材料，具有高温超导特性的超导材料，耐腐蚀的不锈钢材料，具有多种优秀品质的轴承合金材料。

(3)同类组合

将同一种功能或结构在一种产品上重复组合,满足人们更高的要求,这也是一种常用的创新方法。例如:双色或多色圆珠笔上可以安装多个不同颜色的笔芯,使有特殊需要的人减少了必须携带多支笔的麻烦;机械传动中使用的万向联轴器可以在两个不平行的轴之间传递运动和动力,但是万向联轴器的瞬时传动比不恒定,会产生附加动载荷,将两个同样的单万向联轴器按一定方式连接,组成双万向联轴器(图13.1),既可实现在两个不平行轴之间的传动,又可实现瞬时传动比恒定;V带传动中可以通过增加带的根数提高承载能力(图13.2),但是随着带的根数增加,由于多根带的带长不一致,带与带之间的载荷分布不均加剧,使多根带不能充分发挥作用。如图13.2(b)所示的多楔带将多根带集成在一起,保证了带长的一致,提高了承载能力。

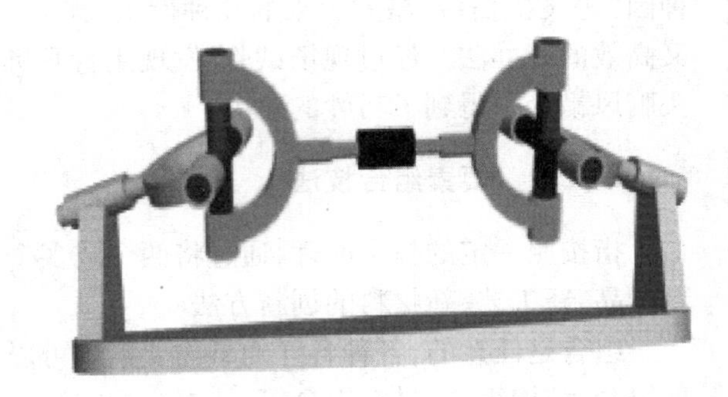

图13.1　联轴器组合创新

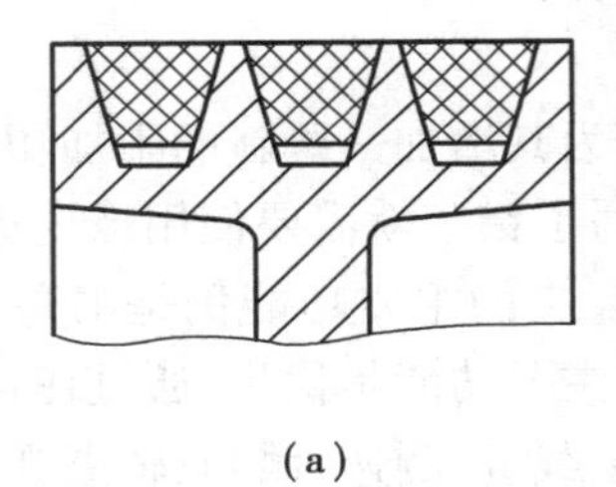

(a)

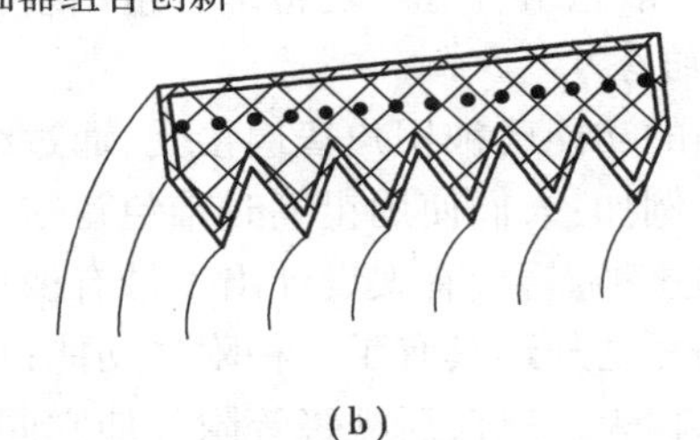

(b)

图13.2　V带组合创新

(4)异类组合

在商品生产领域中进行创新活动的目的是用新的商品满足用户的需求,从而获得最大的商业利益。人们在从事某些活动时经常同时有多种需要,如果将能够满足这些需求的功能组合在一起,形成一种新的商品,使得人们在从事活动时不会因为缺少其中某一种功能而影响活动的进行,这将会使人们工作、学习、生活更加方便,同时商品生产者也将获得相应的利益。例如:人们在使用螺丝刀时因被拧的螺钉头部形状、尺寸的不同,常需要同时准备多种不同形状、尺寸的螺丝刀。根据这种需求,有人发明了多头螺丝刀,即为一把螺丝刀配备多个可方便更换的头部,使用者可根据所需要的形状和尺寸很方便地随时更换合适的螺丝刀头(图13.3)。

### 13.2.3　类比技法

类比技法的一个显著特点是以大量的联想为基础,以不同事物之间的相同或类似点为纽带,充分调动想象、直觉、灵感诸功能,巧妙地借助其他事物找出创意的突破口。

图13.3 多头螺丝刀组合创新

类比的方法很多,除了有直接类比法、间接类比法、幻想类比法外,还有拟人类比法、仿生类比法、因果类比法等。

(1)直接类比

采用直接类比法的例子古今中外比比皆是。例如:鲁班设计的锯子就是直接类比法的实现。听诊器的发明,也是典型的直接类比法的思维的产物,拉哀纳克医生很想发明一种能够诊断胸腔里健康状况的听诊设备,一天他到公园散步,看到两个小孩在玩跷跷板,一个小孩在一头轻轻地敲跷跷板,还有一个小孩在另一头贴耳听,虽然敲者用力轻,可是听者却听得非常清晰。他把要创造的听诊器与这一现象类比,终于获得创意设计听诊器的方案,世界上的听诊器就这样诞生了。

(2)间接类比

间接类比法是用非同一类产品类比,产生创造。在现实生活中,有些创造缺乏可以比较的同类对象,这就可以运用间接类比法。例如:空气中存在的负离子,可以使人延年益寿、消除疲劳,还可辅助治疗哮喘、高血压、心血管病等,但负离子只有在高山、森林、海滩、湖畔较多。人们通过间接类比法,创造了水冲击法产生负离子,后吸取冲击原理,又成功创造了电子冲击法,这就是现在市场上销售的空气负离子发生器。

(3)幻想类比

幻想类比是在创意思维中用超现实的理想、梦幻或完美的事物类比创意对象的创新思维法。戈登指出:“当问题在头脑中出现时,有效的做法是,想象最好的可能事物,即一个有帮助的世界,让最能满意的可能见解来引导最漂亮的可能解法。”

在科技迅猛发展的时代,人们利用幻想解决问题已成为现实。100多年前还没有收音机,著名科幻小说之父贝尔纳创作小说中的人物却看上了电视;在莱特兄弟进行首次飞机试飞前55年,贝尔纳塑造的人物已乘上直升机翱翔蓝天了;在他的小说中有霓虹灯、可移动的人行道、空调、摩天大楼、坦克、电子操纵潜艇、导弹,在20世纪,这些东西都化为现实。

(4)拟人类比

拟人类比就是使创意对象“拟人化”,也称亲身类比、自身类比或人格类比。这种类比就是创意者使自己与创意对象的某种要素认同、一致,进入“角色”,体现问题,产生共鸣,以获得创意。

设计机械装置时,常把机械看作人体的某一部分,进行拟人类比,从而获得意外的成效。

如挖土机的设计,就是模仿人的手臂动作:它向前伸出的主杆,如人的胳臂可以上下左右自由转动;它的挖斗好比人的手掌,可以张开合起;装土斗边缘的齿形,好似人的手指,可以插入土中。挖土时,手指插入土中,再合拢、举起,移至卸土处,松开手让泥土落下。

这种拟人类比还常用于科学管理中,比如把某工厂的厂办比作人脑,把各车间比为人的四肢,把广播室比作嘴巴,把仓库比作内脏等,从而按人体的正常活动管理全厂。这样就能及早发现问题,实现协调有序的管理。

(5)仿生类比法

设计者在创意、创造活动中,常将生物的某些特性运用到创意、创造上,并模仿生物的结构和功能,发明出新的项目,这种创新技法叫作仿生类比法。例如:人在创意、创造活动中,仿照鸟类展翅飞翔,造出了具有机翼的飞机;同样,发现了鸟类可直接腾空起飞,不需要跑道,又发明了直升机;当发现蜻蜓的翅膀能承受超过其自重许多倍的重量时,就采用仿生类比,试制出超轻的高强度材料,用于航空、航海、车辆以及房屋建筑。

(6)因果类比

因果类比是指两个事物的各个元素之间可能存在着同一种因果关系。因此,可根据一个事物的因果关系,推测出另一事物的因果关系。例如:在合成树脂中加入发泡剂,得到质轻、隔热和隔音性能良好的泡沫塑料,于是有人就用这种因果关系,在水泥中加入一种发泡剂,发明了既质轻又隔热、隔音的气泡混凝土。

(7)对称类比

自然界和人造物中有许多事物都有对称的特点,对称类比就是根据其特点进行类比的。对称类比可以通过对称的关系进行创意,获得人工造物。例如:物理学家狄拉克从描述自由电子运动的方程中,得出正负对称的两个能量解。一个能量解对应着电子,那么另一个能量解对应着的是什么呢?人们都知道电荷正负的对称性,狄拉克从对称类比中,提出了存在正电子的对称解,最终被实践证实了。

(8)综合类比

综合类比是对综合事物属性之间的相似特征进行类比。例如:设计一架飞机,先做一个模型放在风洞中进行模拟飞行试验,就是综合了飞机飞行中的许多特征进行类比;同样,各领域的模拟试验,如船舶模型试验、大型机械设备的模拟试验等,都是综合类比;现在盛行的各种考试前的模拟考试也是这样,其中综合了将来考试中可能会出现的题型、覆盖面、题量和难度,以及考生可能出现的竞技心态,使考生对正式考试各种情景有所了解,并能对自己准备的程度做出评价,然后有针对性地做好应考准备。

在八种类比中,直接类比是基础,它是比较常见的类比,在这一基础上,向仿生、拟人、象征化方向发展,就是仿生类比、拟人类比;向对称、因果、综合方向发展,即是对称类比、因果类比、综合类比;最后向理想、幻想、完善方向发展,就是幻想类比。这八种类比各有特点和侧重,在创意、创造活动中常常相互依存、补充、渗透和转化。

### 13.2.4 反向探求法

圆珠笔发明后曾风靡一时,但不久就暴露出笔油泄漏的毛病,虽几经改进,但这个问题始终没有得到解决。漏油的原因很简单,就是由于使用中笔芯中的笔珠磨损造成间隙过大引起,人们试验用各种不同材料组合以提高耐磨性,甚至使用宝石等贵重材料制作笔珠,但是容纳笔珠的笔珠槽的磨损仍会引起泄漏。日本人中田藤三郎运用反向探求法成功地解决了这个问题。他发现圆珠笔不是一开始使用就有漏油的现象,而是通常在书写两万多字以后才由于磨损引起泄漏的,中田藤三郎没有像其他人那样设法提高笔珠的使用寿命,而是向相反的方向寻求问题的解,他创造性地提出,如果控制圆珠笔芯中油墨的量,使所装油墨只能书写一万五千字左右,当漏油的问题还没有出现时笔芯就已被丢弃了。经过试验,效果良好,这个困扰人们多年的问题就这样巧妙地解决了。

活塞式内燃机工作时,活塞在气缸中做直线往复运动,往复运动中的惯性力成为提高内燃机转速的重要障碍。针对这一缺点,德国人汪克尔发明了旋转活塞式内燃机,1957 年在纳卡索尔姆发动机工厂首次运转成功。这种内燃机具有许多固有的优点:因为取消了曲柄滑块机构,易于实现高速化,零件数量比活塞式内燃机减少了 40%,质量和体积减小。但是它也有一个致命的缺点:这种内燃机的活塞和气缸都不是圆形的,由于加工误差和工作中的非均匀磨损使得活塞和气缸之间的密封问题很难解决,活塞和气缸之间泄漏使得内燃机的工作效率很低。为了解决活塞和气缸之间的磨损问题,工程技术人员最初也是采用人们所习惯的方法,尽可能选用较硬的材料制作有关零部件,但是,气缸壁材料硬度的提高加剧了活塞的磨损。这时,工程技术人员运用反向探求法,提出寻求用较软的耐磨材料作气缸衬里的想法,并选择石墨材料,较好地解决了磨损的问题,使这种发动机能够投入工业化生产。

## 13.3　实例分析

**例 13.1**　自行车的开发和创新。

18 世纪末,法国人西夫拉克发明了最早的自行车。这辆最早的自行车是木制的,它的结构比较简单,既没有驱动装置,也没有转向装置,骑车人靠双脚用力蹬地前行,改变方向时也只能下车搬动车子。1816—1818 年在法国出现了两轮间用木梁连接的双轮车,骑车者骑坐在梁上,用两脚交替蹬地来推动车子前进,见图 13.4(a)。一种真正的双轮脚踏自行车是由苏格兰铁匠麦克米伦发明的,他在两轮小车的后轮上安装曲柄,曲柄与脚踏板用两根连杆相连,见图 13.4(b),只要反复蹬踏悬在前支架上的踏板,驾驶者不用蹬地就可驱动车子前进。为了提高骑行的速度,法国人拉利门特在 1865 年进行了改进,将回转曲柄置于前轮上,骑行者直接蹬踏曲柄驱车前进。此时前轮装在车架前端可转动的叉座上,能较灵活地把握方向;后轮上有杠杆制动,骑行者对车的控制能力加强了,见图 13.4(c)。这种自行车脚踏板转动一周,车子前进的距离与前轮周长相等。为了加快速度,人们不断增大前轮直径(但为了减轻质量,同时将后轮缩小),见图 13.4(d),这种结构使骑行者上下车很不方便且不安全,影响了这种"高位自行车"的使用。后来,英格兰人劳森又考虑采用后轮驱动,设计了链传动的自行车,采用较大的传动比,从而排除了采用大轮子的必要性,使骑行者安全地骑坐在合适高度的座位上,它称为安全自行车,如图 13.4(e)。由此,自行车逐渐定型,成为普遍使用的交通工具。而从开始研究到定型差不多经过了 80 年。

随着科学技术的发展,人们生活水平的不断提高,人们发现原有自行车不能满足多样性的需求,在此基础上应用组合技法、类比技法、反向探索法等创新开发了多种新型自行车。

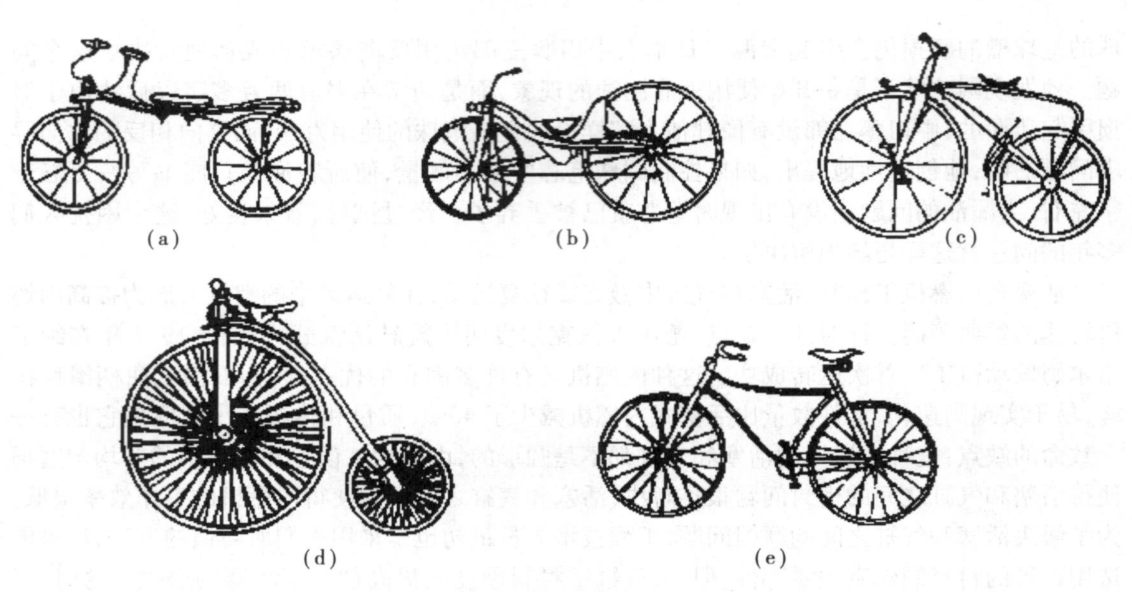


图 13.4　自行车发展过程

(1)助力车

为了省力和提高骑行速度,开发出多种助力车。为避免对环境的污染,电动车是比较受欢迎的,小巧的电机和减速装置放于后轮毂中,直接驱动车轮,电源则采用干电池。一次充电可行驶 60 ~ 80 km,速度一般在 20 ~ 40 km/h,如图 13.5 所示。

图 13.5　助力车　　　图 13.6　双人自行车

(2)双人自行车

两个人骑的自行车,可以双人共同踩踏,多出现在旅游场所,可享受共同合作骑乘的乐趣,也有三人和四人自行车,但双人自行车较为普遍,其舒适便利的代步成为更多旅游人士的选择,如图 13.6 所示。

(3)折叠自行车

一般折叠车由车架折叠关节和立管折叠关节构成。通过车架折叠,将前后两轮对折在一起,可减少 45% 左右的长度,整车在折叠后可放入折叠包以及汽车的后备厢。在折叠的过程中也不需要借助外来工具,可手动将车折叠展开,在折叠后通过座杆作为支撑点以使折叠后能立稳。折叠自行车携带、使用方便,如图 13.7 所示。

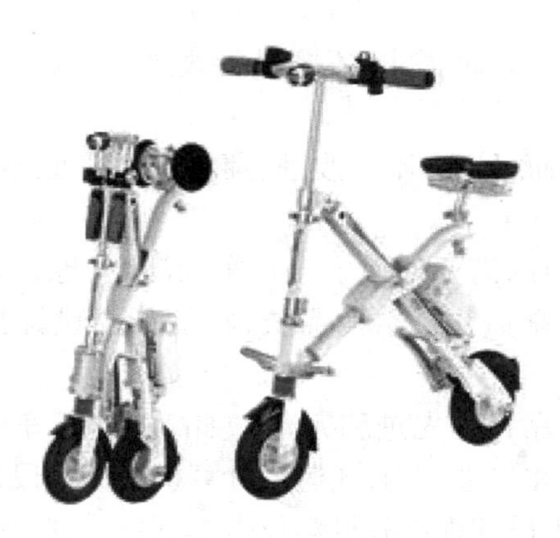

图13.7 折叠自行车

图13.8 变速自行车

(4)变速自行车

变速自行车是一种赛车,车轮细窄,目的是最大限度减轻车身质量,使骑行轻便、高速。自行车变速系统的作用就是通过改变链条和不同的前、后大小的齿轮盘的配合来改变车速快慢。前齿盘的大小和后齿盘的大小决定了自行车旋动脚蹬时的力度。前齿盘越大,后齿盘越小时,脚蹬越感到费力。前齿盘越小,后齿盘越大时,脚蹬越感到轻松。根据不同车手的能力,可通过调整前、后齿盘的大小调整自行车的车速或应对不同的路况,如图13.8所示。

(5)水陆两用自行车

如图13.9所示,对普通自行车进行改装,变成水陆两用自行车。前后轮两侧各装有两个可上下自由翻动的泡沫塑料的浮子,在车子的后轮钢丝上装上叶片,在陆上行驶时,浮子向上翻起,和普通自行车一样在陆上向前骑行。当遇到河沟时,将前后轮两侧的四个浮子翻下,车就平稳地浮在水面,踩踏脚板,后轮转动,叶片驱动自行车前进,前轮可对自行车起导向作用。这种自行车行驶平稳、安全,既可作为代步工具,又可以作为一种有趣的健身器具,很经济实用。

图13.9 水陆两用自行车

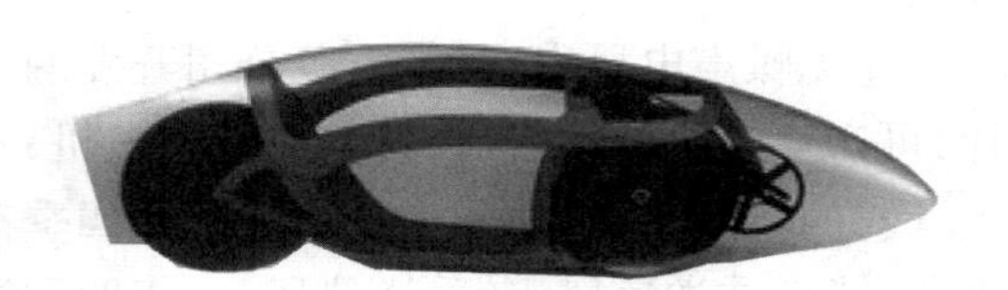

图13.10 高速自行车

(6)高速自行车

高速自行车通过优化车身,使轮廓变得流畅而不产生巨大的分离涡流,能够使空气动力阻力减少到原来的1/20。在空气动力学、机械效率和骑行阻力方面的逐步提升将使该自行车的速度有可能超过140 km/h。如图13.10所示,这款自行车是由一个加拿大的学生团队发明的,被誉为世界上速度最快的人力驱动车辆。只需一个人骑行,其速度就可超过每小时87 miles(约合140 km)。在2016世界人力极速挑战赛上再次刷新了世界最快人力自行车的记录,时速达到了144.17 km/h。

自行车创新的例子还有很多，人们在应用时根据各种需求，不断进行改进，可以从此过程中得到启示：

①小小的自行车可以有多种新型原理和结构，而且还会不断改进、翻新。可见处处有创新之物，创新设计是大有可为的。

②人类和社会的需要是创造发明的源泉。社会的需要促使了自行车的演变，也正是社会的需要产生了各种新型功能和结构的自行车。紧紧抓住社会的需要，将使创新设计具有生命力。

③不断发展的科学理论和新技术的引入，使产品日趋先进和完善。如高速自行车的开发中考虑到空气动力学和人体力学，采用了新型材料和先进结构，还应用计算机辅助手段进行优化，使其具有先进的性能。实践证明，充分利用先进设计理论和科学技术是创新设计中必须重视的问题。

**例** 13.2　电风扇的发明与创新。

机械风扇起源于1830年，一个叫詹姆斯·拜伦的美国人从钟表的结构中受到启发，发明了一种可以固定在天花板上，用发条驱动的机械风扇。这种风扇转动扇叶带来的徐徐凉风使人感到舒适，但得爬上梯子去上发条。1872年，一个叫约瑟夫的法国人又研制出一种靠发条涡轮启动，用齿轮链条装置传动的机械风扇，这个风扇比拜伦发明的机械风扇更精致，使用也方便一些。1880年，美国人舒乐首次将叶片直接装在电动机上，再接上电源，叶片飞速转动，阵阵凉风扑面而来。

随着时代的发展和人们生活水平的改善，对于家庭生活中常用的电扇提出了更多的要求，给电风扇的创新发展提供了市场需求，多类型多功能的电风扇纷纷出现。

①时控电风扇：只需要设置好电扇工作的时间，它就会根据使用者的设置，按时开、按时关。

②声控电风扇：美国通用电气公司研制出的一种声控电风扇，该风扇上装有微型电子接收器，只需在不超过一定方位的地方用声音就可以控制电风扇开启或关闭。

③冷气风电风扇：欧洲市场上推出了一种风扇与冰箱相结合的新型电风扇，其风扇有一个制冷机芯，机芯的中心圆筒中有混合液体，将此机芯置于冰箱中 3 h 后取出配用，即可吹出冷风。

④无噪声电风扇：日本三菱公司开发的一种几乎没有噪声的电风扇，装有特制的鸟翅状叶片，可产生一股涡动气流，且采用直流电机，不加防护罩，很适合在安静的场所使用。

⑤四季电风扇：德国生产出的一种四季都能用的电风扇，配有远红外线加热器和负离子发生器，能夏季送凉风，冬季送热风，一年四季送负离子风，具有送凉取暖，净化空气的功效。

⑥模糊微控电风扇：日本东芝公司推出的这种电风扇，设有强、普通、弱等7级风量，可根据传感器测定的温度和湿度，自动选择最佳送风。如果有人碰到网罩，还会自动停止转动。

⑦防伤手指电风扇：美国罗伯逊工业公司推出一种新型风扇，只要人的手指碰到这种电扇的外罩，就会给其控制系统传递一个电脉冲信号，使电扇停止转动，以免手指受伤。

⑧无叶风扇：无叶风扇也叫空气增倍机，它能产生自然持续的凉风，由于没有叶片，不会覆盖尘土，或者伤到手指。它的造型奇特，外表流线设计，给人清爽的视觉效果。和大多数桌上风扇一样，空气增倍机能转动90°，而且还可以自由调整俯仰角、遥控控制、液晶显示室内温度及日期时间，在设计上更容易操作，更具人性化。无叶风扇设计新颖时尚，因为没有风叶，阻力

更小，没有噪声和污染排放，更加节能、环保、安全。

如今的电风扇已一改人们印象中的传统形象，在外观和功能上都更追求个性化，而电脑控制、自然风、睡眠风、负离子功能等这些本属于空调器的功能，也被众多的电风扇厂家采用，并增加了照明、驱蚊等实用功能。这些外观不拘一格并且功能多样的产品，预示了整个电风扇行业的发展趋势。

## 本章小结

机械设计的创新实际上就是根据已知需求探寻最佳的设计方案。任何创新可行方案都是需要实践来验证的。但要提出一种试探方案，需要具备相关的专业知识。专业知识越渊博，可提出的试探方案就越多，在短时间内找到较好方案的可能性就越大。每找出一种试探方案，都应从理论上分析它的可行性。有条件的话，最好通过计算机仿真技术来进行仿真检测和验算，逐步检验它的原理是否可行，结构是否复杂，造价是否低廉，操作是否方便，工作寿命是否长久等，最后决定取舍。若存在问题较多且难以改进，则应考虑另找新的试探方案。只有把各种试探方案进行反复论证、比较、筛选和完善才有可能得到较佳方案。使结构方案逼近最佳状态的条件是设计者要有查漏补缺的知识和能力，更要有穷追不舍和坚忍不拔的精神。许多事情第一次发现往往要经过冥思苦想，当设计思路出现山穷水尽时，就要换位思考，常常会出现柳暗花明的局面。要善于古为今用、洋为中用。在谋求最佳方案的过程中，已经成熟的技术可以直接拿来应用，而不必每个环节都进行创新。

机械设计所涉及的知识是比较广泛的，设计者要能针对创新过程中遇到的困难参阅有关资料进行自学或独创的理论分析。只要有必胜的信心，遵循设计创新规律锲而不舍的进行探索，就一定能找到最佳的设计方案。

## 思考题与习题

13.1　查阅资料或进行调查研究，写出一份关于某项专利，或某一新技术创新设计过程的调查报告。其内容包括：新技术（新产品）名称；发明人；发明过程；使用情况。

13.2　根据自己的体会，简述影响创新活动进行的各种障碍。

13.3　利用本章所讲的创新技法，提出一项未来智慧家庭机械新产品设想。

# 参考文献


[1] 苗淑杰. 刘喜平. 机械设计基础[M]. 2 版. 北京:北京大学出版社,2019.
[2] 薛铜龙. 机械设计基础[M]. 2 版. 北京:电子工业出版社,2014.
[3] 曹彤,和丽. 机械设计制图[M]. 4 版. 北京:高等教育出版社,2011.
[4] 阎邦椿. 机械设计手册[M]. 6 版. 北京:机械工业出版社,2018.
[5] 刘江南,郭克希. 机械设计基础[M]. 4 版. 长沙:湖南大学出版社,2019.
[6] 孟玲琴,王志伟. 机械设计基础[M]. 3 版. 北京:北京理工大学出版社,2012.
[7] 刘静,朱花,王利华. 机械设计基础[M]. 2 版. 武汉:华中科技大学出版社,2020.
[8] 陈立德. 机械设计基础[M]. 3 版. 北京:高等教育出版社,2013.
[9] 朱爱华. 机械设计基础案例教程[M]. 北京:机械工业出版社,2016.
[10] 刘显贵,涂小华. 机械设计基础[M]. 北京:北京理工大学出版社,2007.
[11] 段志坚,徐来春. 机械设计基础[M]. 北京:机械工业出版社,2012.
[12] 杨可桢,程光蕴,李仲生,等. 机械设计基础[M]. 6 版. 北京:高等教育出版社,2013.
[13] 吴宗泽,罗圣国,高志,等. 机械设计课程设计手册[M]. 5 版. 北京:高等教育出版社,2018.
[14] 孙恒,陈作模,葛文杰. 机械原理[M]. 8 版. 北京:高等教育出版社,2013.
[15] 濮良贵,纪名刚. 机械设计[M]. 10 版. 北京:高等教育出版社,2020.
[16] 赵韩. 机械系统设计[M]. 2 版. 北京:高等教育出版社,2011.
[17] 吴宗泽. 机械设计实用手册[M]. 3 版. 北京:化学工业出版社,2010.
[18] 李育锡,苏华. 机械设计基础[M]. 4 版. 北京:高等教育出版社,2018.
[19] 刘艳秋,王蔓,胡建忠. 机械设计基础[M]. 北京:清华大学出版社,2018.
[20] 吴宗泽,冼建生. 机械零件设计手册[M]. 2 版. 北京:机械工业出版社,2013.
[21] 于晓雯,李康举. 机械设计基础(上)项目教程[M]. 北京:机械工业出版社,2016.
[22] 毛炳秋. 机械设计基础[M]. 北京:高等教育出版社,2010.
[23] 刘扬,王洪. 机械设计基础[M]. 北京:北京交通大学出版社,2010.
[24] 樊智敏,孟兆明. 机械设计基础[M]. 北京:机械工业出版社,2012.
[25] 师忠秀. 机械原理[M]. 北京:机械工业出版社,2012.
[26] 冯立艳. 机械原理[M]. 北京:机械工业出版社,2012.

[27] 黄平,朱文坚.机械设计基础[M].北京:科学出版社,2015.
[28] 王树才,吴晓.机械创新设计[M].武汉:华中科技大学出版社,2013.
[29] 史维玉.机械创新思维的训练方法[M].武汉:华中科技大学出版社,2013.
[30] 张春林.机械创新设计[M].6版.北京:机械工业出版社,2016.
[31] 杜永平.创新思维与创造技法[M].北京:北京交通大学出版社,2011.